*Peter Wagner*

Rezente Abtragung und geomorphologische Bedingungen im Becken von Ouarzazate (Süd-Marokko)

BERLINER GEOGRAPHISCHE ABHANDLUNGEN

Herausgegeben von Gerhard Stäblein und Wilhelm Wöhlke

Schriftleitung: Dieter Jäkel

Heft 38

Peter Wagner

# Rezente Abtragung und geomorphologische Bedingungen im Becken von Ouarzazate (Süd-Marokko)

Arbeit im Forschungsprojekt
Mobilität aktiver Kontinentalränder

63 Abbildungen, 48 Tabellen, 3 Karten

1984

Im Selbstverlag des Institutes für Physische Geographie der Freien Universität Berlin

ISBN 3-88009-037-8

# Vorwort des Herausgebers

*Neotektonische Verhältnisse und rezente Abtragungsbedingungen im Becken von Ouarzazate/Süd-Marokko*

Die in den Satellitenbildern der südmarokkanischen Randfurche deutlich hervortretenden, internen Flächengefügemuster, die eine regionale Varianz abbilden (vgl. Abb.), sind durch den geologischen Unterbau bedingt und weisen unterschiedliche Erosionsdisposition auf. Die heutige geomorphodynamische Abtragungsaktivität in den verschiedenen Teilgebieten im Becken von Ouarzazate ist im wesentlichen tektonisch bestimmt und entspricht einer Schollenstruktur mit lithologisch unterschiedlichem Unterbau, deren Grenzen häufig Verwerfungslinien folgen, die das Gewässernetz im Becken nachzeichnet. Die tektogene potentielle Abtragung wird aquatisch und fluvial entsprechend der klimatischen Situation bei geringen Niederschlägen und hohen Niederschlagsschwankungen von Jahr zu Jahr nur periodisch bzw. episodisch aktiv. Dann aber können kleinräumig variierend gewaltige Abtrags- und Sedimentmengen verlagert werden und erhebliche Landschaftsschäden auftreten. Dieser Fragestellung nach der heutigen Abtragungsdisposition und Abtragungsbilanz wird mit der vorliegenden Arbeit mit Hilfe von Beregnungsversuchen an typischen unterschiedlichen Standorten und durch eine Reliefanalyse, was Substrat- und Klimaanalysen einschließt, untersucht und mit einer Übersichtskarte der *Oberflächenerodierbarkeit* sowie mit theoretisch und empirisch abgeleiteten Rechenmodellen dargestellt. Die Arbeit schließt methodisch an Untersuchungen zur experimentellen Abtragungssimulation in mediterranen Gebieten an (vgl. VAN ASCH 1980).

Die aus der Stauseesedimentation bei Ouarzazate ermittelte aktuelle, mittlere Abtragungsrate von 310 m$^3$ pro Jahr und km$^2$ (0,3 mm pro Jahr) zeigt zonal typische Werte, ohne daß damit auf eine neotektonisch akzelerierte Abtragung und Zertalung zu schließen wäre. Die Bodenerosionsanfälligkeit für lineare und flächenhafte Abtragung differenziert sich im Beckenbereich in Anlehnung an tektonische Baumuster. Unausgeglichene Gefällsknicke der Wadi-Betten und Verstellungen in den quartären Schottern, vor allem in einer Übergangszone des nördlichen Randbereichs, zeigen subrezente Bewegungen an einigen Schollengrenzen im Beckenbereich.

Die Erklärung der Landschaftsgenese und der Reliefformen in Südmarokko erfolgte bisher vorherrschend unter klimagenetischen Aspekten. Die im Quartär mit den Klimaphasen der Kaltzeiten wechselnden geomorphodynamischen Bedingungen, insbesondere auch mit den Verschiebungen der Höhengrenzen, haben zu einleuchtenden Modellvorstellungen über die Reliefgenerationen geführt (vgl. u.a. MENSCHING & RAYNAL 1954, MENSCHING 1955, RAYNAL 1965, WICHE 1953, ANDRES 1977, BÜDEL 1977: 166ff). Die Entwicklung periglazialer und zum Teil glazialer Höhenstufen in den Gebirgen und Fußflächen- bzw. Glacisbildungen in den Vorländern wurden als Ausdruck der quartären Exogenese gesehen (u.a. CHOUBERT 1955, 1961), wobei die endogene Bedingung von Gebirgshebung im Hinterland und Beckensenkung im Vorland meist nur als initiale Voraussetzung gelten. Neuere geomorphologische Arbeiten (u.a. RISER 1978, COUVREUR 1981) sind stärker auf die regional differenzierten geologischen Verhältnisse eingegangen.

Im Rahmen des interdisziplinären Projekts zum Thema *„Mobilität aktiver Kontinentalränder"* mit regionalen geowissenschaftlichen Arbeitsgruppen, zum einen in Südamerika mit einer Geotraverse auf einer Breitenlage von Antofagasta in Nordchile vom Pazifik durch die Anden quer über die markante Subduktions- und Gebirgszone, zum anderen im Bereich des Hohen Atlas und Antiatlas am Rand der afrikanischen Platte zum alpidischen mediterranen Gebirgsgürtel wurde im physiogeographischen Teilprojekt *„Reliefentwicklung und Neotektonik"* von der Marokkogruppe nach Spuren und Auswirkungen der Neotektonik in der Landschaft, speziell im Relief, untersucht. Es wurde zunächst der Bereich des Beckens von Ouarzazate und seine unmittelbare Umrandung bearbeitet (MÖLLER et al. 1983) (vgl. Abb.).

Folgende allgemeinen Ergebnisse aus den Untersuchungen haben sich ergeben, die auch für die Interpretation der rezenten Abtragung von Bedeutung sind. Die meist nur geringmächtigen, verfestigten Glacisschotterdecken (2 bis 5 m mächtige Konglomerate) sind zwar topographisch aufgrund ihrer Höhenlage in fünf Niveaus zu gliedern, ihre Zuordnung zu den pleistozänen Kaltzeiten, wie das bisher schematisch erfolgte, ließ sich aber durch Datierungen nicht nachweisen. Auch die Grobsedimentanalysen haben keine Einheitlichkeit in der Zusammensetzung bezogen auf ein Niveau erbracht. Die regionalen Unterschiede in den Schüttungsfolgen sind größer als die zeitlichen. In den älteren Glacisschottern spielt der Anteil der Gesteine aus dem Antiatlas eine größere Rolle. Daraus, wie aus dem Imbrikationsmessungen, wird der Schluß gezogen, daß die ältere Glacisschüttung bis weit ins Becken von Süden aus erfolgte.

Abb.: Das Becken von Ouarzazate im Satellitenbildmosaik (NASA/ERTS-Szenen Nr. E 1551-10251-701, E 1551-10253-701, 25. Jan. 1974 10.25 h MSS-Kanal 7).

Die bis mehr als 100 m tiefe Zertalung der Glacisniveaus ist in erster Linie durch die tektonisch gesteuerte Entwicklung des Vorfluterniveaus am Dadès bedingt. Dabei zeigt sich eine Einengung des Beckenbereichs seit dem Pliozän. Vor allem am südlichen Rand zum Antiatlas greifen Beckenreste mit pliozänen Sedimenten und Fußflächen weit aus, so südlich von Ouarzazate und Skoura in einer Höhe von 1300 bis 1400 m, 100 bis 200 m über dem Dadès. Die ehemaligen Beckenränder treten dabei geomorphologisch deutlich in Erscheinung. Entsprechende Erosionsniveaureste setzen sich als flache Hochtalböden ohne ausgeprägte Schotterbedeckung hoch über dem heutigen Dra-Tal nach Süden fort. Die Achse der Absenkung im Becken hat sich im Laufe des Quartärs nach Süden verlagert. Damit wurde der Schüttungsanteil des Hohen Atlas nach Süden ausgeweitet.

Die ältere westvergente, flache, erosionsarme Entwässerung, die noch für das Tertiär aus Rinnenfüllungen nachweisbar ist, wurde durch jüngere Hebungen im Siroua-Massiv plombiert. Aus dem Vergleich der Glacisschüttungen kann geschlossen werden, daß dies im Altpleistozän (Amirien bzw. Mindel) erfolgt sein muß. Entscheidend für die jüngste Phase der Reliefentwicklung ist die Eintiefung des Dra-Durchbruchs durch den Antiatlas. Im schmalen Canyon zwischen Ouarzazate und Agdz fehlen jegliche Flußterrassen. Dies ist ein Argument dafür, daß die Ablenkung des Beckenvorfluters nach Süden erst jung erfolgt sein könnte. Zwischen Agdz und Zagora zeigen zahlreiche Terrassenreste bis zu einer Höhe 30 m über dem Fluß, daß diese Talanlage weit älter ist. Es kann daraus gefolgert werden, daß eine junge Hebung des Antiatlas zu einer Verstärkung des Talgefälles und damit der rückschreitenden Erosionsleistung des Dra und schließlich zur Anzapfung des Dadès-Systems in den Beckenbereich hinein geführt hat. Dabei werden streckenweise ehemalige Dadès-Seitentäler eine Umkehr der Fließrichtung erfahren haben.

Der Dra-Durchbruch ist der Anlaß für die tiefgreifende Zertalung in den Untergrund aus weitgehend noch flachlagernden, tertiären, limnischen, terrestrischen aber auch marinen Beckensedimenten. Diese zeigen, daß das Becken als ganzes bereits im Alttertiär angelegt wurde. Die wechselnde Öffnung und Schließung des Beckens ergab eine Reliefentwicklung, die insgesamt gesteuert ist durch eine anhaltende Absenkungstendenz in einem räumlich differenzierten Schwellen- und Schollenmosaik, wie es Grundlage der Gefügemuster der Oberflächenerodierbarkeit darstellt.

Berlin 1984             GERHARD STÄBLEIN

*zitierte Literatur:*

ANDRES, W. 1977: Studien zur jungquartären Reliefentwicklung des südwestlichen Anti-Atlas und seines saharischen Vorlandes (Marokko). — Mainzer Geogr. Studien, 9: 1-147, Mainz.

BÜDEL, J. 1977: Klima-Geomorphologie. — 1-304, Stuttgart.

CHOUBERT, G. 1955: Sur les Mouvements tectoniques quaternaires au Maroc. — Geol. Rdsch., 43 (1): 2031, Stuttgart.

CHOUBERT, G. 1961: Quaternaire au Maroc. — Biuletyn peryglacialny, 10: 9-28, Lodz.

COUVREUR, G. 1981: Essai sur l'évolution morphologique du Haut Atlas Central Calcaire (Maroc). — Thèse l'Université de Strasbourg (1978): 1-877, Lille, Paris.

MENSCHING, H. & RAYNAL, R. 1954: Fußflächen in Marokko. — Petermanns Geogr. Mitt., 98 (2): 171-176, Gotha.

MENSCHING, H. 1955: Das Quartär in den Gebirgen Marokkos. — Petermanns Geogr. Mitt., Erg.-H. 256: 1-79, Gotha.

MÖLLER, K., STÄBLEIN, G., WAGNER, P. & ZILLBACH, K. 1983: Georelief, Abtragung und Gefügemuster an einem aktiven Kontinentalrand, Bericht zum Forschungsprojekt in Süd-Marokko. — Die Erde, 114: 309-331, Berlin.

RAYNAL, R. 1965: Morphologie de piedmonts et tectonique quaternaire au Maroc oriental. — Notes Serv. Géol. Maroc, 25 (185): 87-90, Rabat.

RISER, J. 1978: Le Jbel Sarhro et sa retombée Saharienne (Sud-Est Marocain), étude géomorphologique. — Thèse Université d'Aix/Marseille, II: 1-421, Aix en Provence.

VAN ASCH, T.W.J. 1980: Water erosion on slopes and landsliding in a mediterranean landscape. — Utrechtse Geogr. Stud., 20: 1-238, Utrecht.

WICHE, K. (1953): Pleistozäne Klimazeugen in den Alpen und im Hohen Atlas. — Mitt. Geogr. Ges. Wien, 95: 143-165, Wien.

# Vorwort des Autors

Die vorliegende Arbeit wurde von Herrn Prof. Dr. Gerhard STÄBLEIN angeregt, dem ich für die wissenschaftliche Betreuung und Unterstützung danke.

Der Durchführung der Geländearbeiten dienten vier jeweils mehrwöchige Aufenthalte während der Jahre 1982 - 1984. Die erste Reise wurde durch ein großzügiges Stipendium der Humboldt-Ritter-Penck-Stiftung der Gesellschaft für Erdkunde zu Berlin ermöglicht, für das ich mich bedanke. Die späteren Fahrten fanden im Rahmen von Projektarbeiten für den DFG-geförderten Forschungsgebietsschwerpunkt "Mobilität aktiver Kontinentalränder" der Freien Universität Berlin statt.

Während der Geländeaufenthalte war die Unterstützung des Geologischen Dienstes des Ministeriums für Energie und Minen in Rabat eine große Hilfe. Seinen Mitarbeitern, von denen ich hier nur den Chef des regionalen geologischen Dienstes in Ouarzazate, Herrn KHALEK, nennen möchte, gilt ebenfalls mein Dank.

Besonderer Dank gebührt der Unterstützung von Herrn Dr. Alexandre CLONARU, der sich während der genannten Jahre als Leiter eines Projektes der FAO in Ouarzazate aufhielt. Durch seine Hilfe konnten zahlreiche wichtige lokale Kontakte geknüpft werden.

Für die Diskussion sich ergebender geologischer Fragestellungen und Probleme möchte ich Herrn Prof. Dr. Volker JACOBSHAGEN vom Institut für Geologie der Freien Universität Berlin danken.

Die Laboruntersuchungen der zahlreichen Proben wurden in Kooperation mit Frau Dr. Käthe ZILLBACH durchgeführt. Ihr und Herrn Dr. Karl-Heinz SCHMIDT vom Geomorphologischen Laboratorium der Freien Universität Berlin möchte ich für die Zusammenarbeit in Labor und Gelände sowie die Bereitschaft zur Diskussion besonders danken.

Berlin, im Mai 1984          PETER WAGNER

# Inhaltsverzeichnis

|     |     | Seite |
| --- | --- | --- |
| 1.  | Problemstellung | 13 |
| 2.  | Beschreibung des Untersuchungsgebietes | 14 |
|     | 2.1 Klima und Vegetation | 14 |
|     | 2.2. Beschreibung der Untergrundstruktur | 20 |
|     | 2.3 Beschreibung des Reliefs | 24 |
|     |     2.3.1 Bereiche existenter Flächen | 24 |
|     |     2.3.2 Stufen in mio-pliozänen Schichten | 31 |
|     |     2.3.3 Oueds | 31 |
|     |     2.3.4 Bereiche junger Terrassenschüttungen | 33 |
|     |     2.3.5 Bereiche intensiver Zerschneidung | 34 |
| 3.  | Theoretischer Ansatz und Methoden | 38 |
|     | 3.1 Prozeßkombinationen der Abtragung unter ariden bis semiariden Bedingungen | 38 |
|     |     3.1.1 Aquatische Abtragung | 38 |
|     |     3.1.2 Splash | 40 |
|     |     3.1.3 Äolische Abtragung | 42 |
|     | 3.2 Angewandte Untersuchungsmethoden | 44 |
|     |     3.2.1 Geländemethoden | 44 |
|     |         3.2.1.1 Standortaufnahme | 44 |
|     |         3.2.1.2 Abspülversuche | 44 |
|     |     3.2.2 Labormethoden | 46 |
|     |         3.2.2.1 Bodenchemische Untersuchungen | 46 |
|     |             3.2.2.1.1 Gasvolumetrische Kalkgehaltsbestimmung | 46 |
|     |             3.2.2.1.2 Titrimetrische Calcium- und Magnesiumbestimmung | 46 |
|     |             3.2.2.1.3 Bestimmung des Anteils organischer Substanz | 47 |
|     |             3.2.2.1.4 Bestimmung des pH-Wertes | 47 |
|     |             3.2.2.1.5 Bestimmung der Leitfähigkeit einer Bodenlösung | 47 |
|     |         3.2.2.2 Bodenphysikalische Untersuchungen | 48 |
|     |             3.2.2.2.1 Korngrößenbestimmung | 48 |
|     |             3.2.2.2.2 Bestimmung der Aggregatstabilität | 48 |
|     |             3.2.2.2.3 Morphoskopische Sanduntersuchungen | 49 |
|     |     3.2.3 Angewendete Datenverarbeitung | 49 |
| 4.  | Möglichkeiten der Bilanzierung und Abschätzung der Abtragungsbeträge | 50 |
|     | 4.1 Möglichkeiten der direkten Bilanzierung | 50 |
|     | 4.2 Anwendbarkeit von Modellrechnungen | 50 |
|     | 4.3. Sedimentation im Bereich des Stausees bei Quarzazate | 54 |
| 5.  | Das regionale Modell der Abtragungsdisposition | 55 |
|     | 5.1 Die Kennzeichnung der Substrate der geologischen Einheiten | 55 |
|     | 5.2 Die Erodierbarkeit der Substrate | 63 |
|     |     5.2.1 Ansätze in der Literatur | 63 |
|     |     5.2.2 Die Auswertung der Abspülsimulationen | 72 |
|     |     5.2.3 Die Veränderung der Substratoberflächen | 77 |
|     | 5.3 Ausweisung von Prozeßbereichen | 89 |
|     |     5.3.1 Aktuelle Prozesse auf den Flächen | 89 |
|     |     5.3.2 Stufen in mio-pliozänem Untergrund | 92 |
|     |     5.3.3 Oueds | 95 |
|     |     5.3.4 Junge Terrassenschüttungen | 96 |
|     |     5.3.5 Badlands | 96 |

| | 5.4 | Die räumliche Verteilung der Abtragungsdisposition. | 98 |
|---|---|---|---|
| | | 5.4.1 Der Abflußprozeß auf den Oberflächen | 98 |
| | | 5.4.2 Der Einfluß vorhandener Reliefformen und Reliefelemente auf den Abspülprozeß | 100 |
| | | 5.4.3 Der Einfluß des Menschen auf die aktuelle Reliefentwicklung | 101 |
| | | 5.4.4 Die räumliche Verteilung der Reliefentwicklung | 102 |
| 6. | Quellenverzeichnis. | | 104 |
| | 6.1 | Literatur | 104 |
| | 6.2 | Karten. | 109 |
| | Kurzfassung | | 109 |
| | Summary | | 110 |
| | Résumé | | 111 |

# Verzeichnis der Abbildungen, Tabellen und Beilagen

Seite

| | | | |
|---|---|---|---|
| Abb. | 1: | Absolute Maxima und mittlere Maxima der Niederschlagssummen für 24 Stunden der Stationen Ouarzazate und Errachidia. | 18 |
| Abb. | 2: | Häufigkeiten der Windrichtungen und mittlere Windgeschwindigkeiten für die Station Ouarzazate | 19 |
| Abb. | 3: | Übersichtskarte mit der Lage des Beckens von Ouarzazate in der präafrikanischen Furche. | 21 |
| Abb. | 4: | Ergänztes quartärstratigraphisches Schema von CHOUBERT (1951, 1961). | 23 |
| Abb. | 5: | Profil durch mio-pliozäne Schichten am Oued Imassine. | 24 |
| Abb. | 6: | Korngrößenverteilung der Oberfläche einer Feinsedimentakkumulation auf q3 westlich Toundoute. | 26 |
| Abb. | 7: | Probe aus Feinsedimentakkumulation auf q3 westlich Toundoute. | 27 |
| Abb. | 8: | Probe von q3-Substrat unterhalb der Feinsedimentakkumulation | 27 |
| Abb. | 9: | Substratprobe von q3 südlich der Feinsedimentakkumulation | 28 |
| Abb. | 10: | Substratprobe von q3 südlich der Feinsedimentakkumulation | 28 |
| Abb. | 11: | Standort 201/1, Blick nach Norden über Glacis q3. | 29 |
| Abb. | 12: | Probe aus Rinnenspülung auf Glacis q2 | 30 |
| Abb. | 13: | Probe von der Oberfläche des der Rinne benachbarten Glacis q2. | 30 |
| Abb. | 14: | Pilzfelsen auf mergeliger Schuttrampe im westexponierten mpc-Hang bei Tikniwine. | 32 |
| Abb. | 15: | Probe aus Nebka in Oued südlich Ghassat. | 33 |
| Abb. | 16: | Zerstörter Nebka im Flußbett des Assif Izerki. | 34 |
| Abb. | 17: | Probe des Feinsediments einer Schotterbank südlich Ghassat | 35 |
| Abb. | 18: | Probe aus Verspülung in Oued südlich Ghassat. | 35 |
| Abb. | 19: | Gullyerosion auf lehmiger unterer Niederterrasse nordwestlich von Tikirt. | 36 |
| Abb. | 20: | Badlands zwischen Oued Idelsane und Oued Idami. | 36 |
| Abb. | 21: | Probe aus Badlands östlich Skoura | 37 |
| Abb. | 22: | Probe aus Badlands östlich Skoura | 38 |
| Abb. | 23: | Änderung der kritischen Geschwindigkeiten mit der Teilchengröße für Wasser und Luft | 39 |
| Abb. | 24: | Beziehung zwischen Hangneigung und Bodenabtrag nach verschiedenen Autoren. | 39 |
| Abb. | 25: | Allgemeiner Massenhaushalt sowie Wirkung des Splash auf Teststrecken. | 41 |
| Abb. | 26: | Schema der Versuchsanordnung bei den durchgeführten Abspülversuchen | 44 |

| | | | |
|---|---|---|---|
| Abb. | 27: | Niederschlagssimulator | 45 |
| Abb. | 28: | Erosivität der Niederschläge an Stationen des Beckens von Ouarzazate. | 52 |
| Abb. | 29: | Nomogramm zur Bestimmung des K-Faktors der universellen Bodenverlustgleichung | 53 |
| Abb. | 30: | Mittlere Korngrößenverteilung der jüngsten Terrassensedimente | 66 |
| Abb. | 31: | Mittlere Korngrößenverteilung der lehmigen unteren Niederterrassen. | 66 |
| Abb. | 32: | Mittlere Korngrößenverteilung der Glacis q1. | 67 |
| Abb. | 33: | Mittlere Korngrößenverteilung der Glacis q2. | 67 |
| Abb. | 34: | Mittlere Korngrößenverteilung der Glacis q3. | 68 |
| Abb. | 35: | Mittlere Korngrößenverteilung der Glacis q4. | 68 |
| Abb. | 36: | Mittlere Korngrößenverteilung der Glacis q5. | 69 |
| Abb. | 37: | Mittlere Korngrößenverteilung der Glacis q6. | 69 |
| Abb. | 38: | Mittlere Korngrößenverteilung der verwitterten mpc-Konglomerate. | 70 |
| Abb. | 39: | Mittlere Korngrößenverteilung der verwitterten mpc-Sandsteine | 70 |
| Abb. | 40: | Mittlere Korngrößenverteilung der verwitterten mpc-Mergel. | 71 |
| Abb. | 41: | Mittlere Korngrößenverteilung verwitterter Anti-Atlas-Gesteine | 71 |
| Abb. | 42: | Beispiel der Korngrößenverteilung bei Abspülversuchen | 78 |
| Abb. | 43: | Beispiel der Korngrößenverteilung bei Abspülversuchen | 78 |
| Abb. | 44: | Beispiel der Korngrößenverteilung bei Abspülversuchen | 79 |
| Abb. | 45: | Beispiel der Korngrößenverteilung bei Abspülversuchen | 79 |
| Abb. | 46: | Beispiel der Korngrößenverteilung bei Abspülversuchen | 80 |
| Abb. | 47: | Beispiel der Korngrößenverteilung bei Abspülversuchen | 80 |
| Abb. | 48: | Beispiel der Korngrößenverteilung bei Abspülversuchen | 81 |
| Abb. | 49: | Beispiel der Korngrößenverteilung bei Abspülversuchen | 81 |
| Abb. | 50: | Änderung der Quarzkornbearbeitung am Westufer des Assif el Mengoub auf q1. | 90 |
| Abb. | 51: | Standort mit tektonisch verursachter Spalte in mpc-Konglomerat. | 91 |
| Abb. | 52: | Ränder der Spalte im Konglomerat. | 92 |
| Abb. | 53: | Abbruch von mpc-Konglomeratblock an westexponiertem Hang im Bereich Tikniwine | 93 |
| Abb. | 54: | Blick nach Norden auf mpc-Stufe bei Sidi Abdallah | 94 |
| Abb. | 55: | Wabenverwitterung an mpc-Sandstein nordwestlich von Skoura | 95 |
| Abb. | 56: | Nebka im Bereich des Assif el Mengoub | 96 |
| Abb. | 57: | Korngrößenverteilung einer Probe aus dem Flußbett des Assif Izerki. | 97 |
| Abb. | 58: | Korngrößenverteilung einer Probe aus dem Flußbett des Assif Izerki. | 97 |
| Abb. | 59: | Badlandbildung in lehmiger unterer Niederterrasse am Ostufer des Assif Marghene. | 98 |
| Abb. | 60: | Flußmodell der aquatischen Abtragung im Becken von Ouarzazate | 99 |
| Abb. | 61: | Einfluß des Vorzeitreliefs auf die aktuellen geomorphologischen Prozesse | 101 |
| Abb. | 62: | Ehemalige Seespiegelstände im trockengefallenen Teil des Stausees Mansour Eddahbi. | 103 |
| Abb. | 63: | Wasserführung des Oued Imassine nach Starkregen am 23.3.1983. | 103 |

| | | | |
|---|---|---|---|
| Tab. | 1: | Werte der potentiellen Evapotranspiration nach THORNTHWAITE an Stationen im Becken von Ouarzazate. | 14 |
| Tab. | 2: | Niederschläge an Stationen des Beckens von Ouarzazate und seiner Umgebung | 15 |
| Tab. | 3: | Kurzzeitige Intensitätsschwankungen während eines Starkregens am 23.3.1983 am Oued Imassine | 20 |
| Tab. | 4: | Größentypen des Reliefs. | 25 |
| Tab. | 5: | Vergesellschaftung von Reliefelementen auf Reliefformen des Beckens von Ouarzazate. | 25 |
| Tab. | 6: | Erosivität der Niederschläge an Stationen des Beckens von Ouarzazate. | 50 |
| Tab. | 7: | Ergebnisse der Basic-Wischmeier-Gleichung. | 53 |
| Tab. | 8: | Abtragungsraten unter verschiedenen Klimabedingungen. | 54 |
| Tab. | 9: | Mittlerer pH-Wert der Substrate der geologischen Einheiten im Becken von Ouarzazate. | 56 |
| Tab. | 10: | Mittlerer Kalkgehalt der Substrate der geologischen Einheiten im Becken von Ouarzazate. | 56 |
| Tab. | 11: | Mittlerer Ca-Gehalt der Substrate der geologischen Einheiten im Becken von Ouarzazate. | 57 |
| Tab. | 12: | Mittlerer Mg-Gehalt der Substrate der geologischen Einheiten im Becken von Ouarzazate. | 57 |
| Tab. | 13: | Mittlerer Gehalt an organischem Kohlenstoff der Substrate der geologischen Einheiten im Becken von Ouarzazate. | 58 |
| Tab. | 14: | Mittlere elektrische Leitfähigkeit von 1:2.5-Bodenextrakten der geologischen Einheiten im Becken von Ouarzazate. | 58 |

| | | | |
|---|---|---|---|
| Tab. 15: | Mittelwerte der Sortierung der Substrate der geologischen Einheiten im Becken von Ouarzazate | | 59 |
| Tab. 16: | Mittelwerte der Ungleichförmigkeit der Substrate der geologischen Einheiten im Becken von Ouarzazate | | 59 |
| Tab. 17: | Mittelwerte der Kurtosis der Substrate der geologischen Einheiten im Becken von Ouarzazate | | 60 |
| Tab. 18: | Mittelwerte der Schiefe der Substrate der geologischen Einheiten im Becken von Ouarzazate | | 60 |
| Tab. 19: | Mittelwerte der Körnung der Substrate der geologischen Einheiten im Becken von Ouarzazate | | 61 |
| Tab. 20: | Mittelwerte des Mittleren Durchmessers der Substrate der geologischen Einheiten im Becken von Ouarzazate | | 61 |
| Tab. 21: | Mittelwerte des Mediandurchmessers der Substrate der geologischen Einheiten im Becken von Ouarzazate | | 62 |
| Tab. 22: | Lineares Regressionsmodell des Zusammenhanges zwischen den ermittelten pedochemischen Variablen | | 63 |
| Tab. 23: | Matrix der ermittelten Variablen | | 64 |
| Tab. 24: | Mittlere K-Faktoren der Bodenerodierbarkeit der geologischen Einheiten des Beckens von Ouarzazate | | 73 |
| Tab. 25: | Werte zur Kennzeichnung der Neigung an Probeentnahmeorten | | 74 |
| Tab. 26: | Werte zur Kennzeichnung der Steinpflasterdichte an Probeentnahmeorten | | 74 |
| Tab. 27: | Werte zur Kennzeichnung des Bodenskelettgehalts an Probeentnahmeorten | | 74 |
| Tab. 28: | Werte zur Kennzeichnung des Auftretens einer Oberflächenverdichtungskruste | | 74 |
| Tab. 29: | Einfache lineare Regressionsmodelle des Zusammenhanges zwischen der abgespülten Masse und den Fraktionen der Oberflächensubstrate | | 74 |
| Tab. 30: | Einfache lineare Regressionsmodelle des Zusammenhanges zwischen der abgespülten Masse und den granulometrischen Parametern der Oberflächensubstrate | | 75 |
| Tab. 31: | Einfache lineare Regressionsmodelle des Zusammenhanges zwischen der abgespülten Masse und den pedochemischen Eigenschaften der Oberflächensubstrate | | 75 |
| Tab. 32: | Einfache lineare Regressionsmodelle des Zusammenhanges zwischen der abgespülten Masse und der Beschaffenheit der Oberfläche | | 75 |
| Tab. 33: | Multiples lineares Regressionsmodell: Abhängige Variable Masse | | 76 |
| Tab. 34: | Die Oberflächenerodierbarkeit der geologischen Einheiten | | 77 |
| Tab. 35: | Multiples lineares Regressionsmodell: Verschiebung des Mediandurchmessers bei Abspülversuchen | | 82 |
| Tab. 36: | Multiples lineares Regressionsmodell: Veränderung des Mittleren Durchmessers bei Abspülversuchen | | 82 |
| Tab. 37: | Multiples lineares Regressionsmodell: Veränderung der Ungleichförmigkeit bei Abspülversuchen | | 83 |
| Tab. 38: | Multiples lineares Regressionsmodell: Veränderung der Kurtosis bei Abspülversuchen | | 83 |
| Tab. 39: | Multiples lineares Regressionsmodell: Veränderung der Schiefe bei Abspülversuchen | | 84 |
| Tab. 40: | Multiples lineares Regressionsmodell: Veränderung der Körnung bei Abspülversuchen | | 84 |
| Tab. 41: | Multiples lineares Regressionsmodell: Veränderung der Sortierung bei Abspülversuchen | | 85 |
| Tab. 42: | Multiples lineares Regressionsmodell: Veränderung des Grobsandanteils bei Abspülversuchen | | 85 |
| Tab. 43: | Multiples lineares Regressionsmodell: Veränderung des Mittelsandanteils bei Abspülversuchen | | 86 |
| Tab. 44: | Multiples lineares Regressionsmodell: Veränderung des Feinsantanteils bei Abspülversuchen | | 86 |
| Tab. 45: | Multiples lineares Regressionsmodell: Veränderung des Grobschluffanteils bei Abspülversuchen | | 87 |
| Tab. 46: | Multiples lineares Regressionsmodell: Veränderung des Mittelschluffanteils bei Abspülversuchen | | 87 |
| Tab. 47: | Multiples lineares Regressionsmodell: Veränderung des Feinschluffanteils bei Abspülversuchen | | 88 |
| Tab. 48: | Multiples lineares Regressionsmodell: Veränderung des Tonanteils bei Abspülversuchen | | 88 |
| Karte 1: | Becken von Ouarzazate. Hydrographie und Stufen | | Beilage |
| Karte 2: | Becken von Ouarzazate. Oberflächenerodierbarkeit | | Beilage |

# 1. Problemstellung

Das Becken von Ouarzazate, das den regionalen Rahmen für diese Untersuchung der aktuellen Abtragungsprozesse und ihrer geomorphologischen Randbedingungen auf den hier vorliegenden neogenen Sedimenten darstellt, kann klima-geomorphologisch der "warmen Trockenzone der Flächenerhaltung und traditionalen Weiterbildung, vorweg durch Sandschwemmebenen" (BÜDEL 1977) bzw. den "Formengruppen der subtropisch-tropischen Wüstenklimate" (WILHELMY 1974) zugeordnet werden. Nach GELLERT (1981) läßt sich die rezente Geomorphodynamik durch Zuordnung zur "Zone der intrakontintalen Wüsten und Halbwüsten (der mittleren Breiten) mit hohen Sommertemperaturen und Frost, mit periodischen und episodischen Gewässern sowie Fremdflüssen" kennzeichnen. In dem globalen Modell von HAGEDORN & POSER (1974) muß man das Untersuchungsgebiet der Zone mit "intensivsten äolischen Prozessen, episodisch starker Flächenspülung und episodischen fluvialen Prozessen" zurechnen.

In seiner Untersuchung der Bodenerosion in Marokko kennzeichnete RAYNAL (1957) das Becken von Ouarzazate durch kräftige Erosion in sporadischen Einschnitten und Rillen. Auf der Übersichtskarte von RIQUIER (1977) liegt es hinsichtlich des aktuellen Abtrags im Übergang zwischen Bereichen mittlerer und hoher Intensitäten der dominierenden aktuellen Prozesse.

Vergleicht man die großräumigen Modelle, so fallen die zum Teil zwischen ihnen bestehenden Widersprüche auf. Die Ergebnisse von RAYNAL widersprechen für das Untersuchungsgebiet der Zuordnung nach BÜDEL, auch die in der Legende von GELLERT ausgewiesene räumliche Zuordnung zu den "mittleren Breiten" kann nicht übernommen werden. Die großräumigen Übersichten lassen eine Charakterisierung der differenzierten aktuellen Geomorphodynamik und ihrer steuernden Randparameter im Becken von Ouarzazate nur bedingt zu. Dieses ist das Ziel der hier vorliegenden Arbeit, die sich mit der aktuellen Reliefüberprägung durch Abtragung und ihrer Steuerung durch die vorgegebenen Einflußgrößen befaßt.

Neben den klimatischen Parametern (vgl. 2.1.) stellt das vorgegebene Relief einen wesentlichen Faktor dar, dessen Kennzeichnung eine der Hauptaufgaben der Geländearbeiten war (vgl. 2.3.). Die geologischen Einheiten (vgl. 2.2.) konnten durch die Untersuchungen ihrer Substrat- und Oberflächeneigenschaften charakterisiert werden (vgl. 5.1.). Aus der räumlichen Verteilung der klimatischen Bedingungen sowie den Eigenschaften des Reliefs und Untergrundes wird dann die Beschreibung eines regionalen Modelles der Abtragungsdisposition möglich, das auch die qualitative Beurteilung der Reliefentwicklung bei unveränderten klimatischen Bedingungen gestattet (vgl. 5.).

Arbeiten über aktuelle Abtragungsprozesse werfen oft das terminologische Problem des Begriffes "Bodenerosion" als Übersetzung des im angelsächsischen Sprachraum verwendeten Begriffes "soil erosion" auf, wobei häufig nicht beachtet wurde, daß in der englischsprachigen Literatur die Termini "erosion" und "degradation" für den übergeordneten Begriff der "Abtragung" stehen. Schwierigkeiten entstehen aber nicht nur dadurch, daß die deutsche Physiogeographie den Begriff der "Erosion" auf die linienhafte Abtragung beschränkt und damit von der flächenhaften Abtragung ("Denudation") abgrenzt. Im Becken von Ouarzazate ist es unter den gegebenen Klimabedingungen aber auch nicht zu einer eigentlichen Bodenbildung gekommen, die vorliegenden Aridisole sind als Rohböden zu betrachten. Im folgenden werden daher die Begriffe "Bodenerosion" und "Bodenabtragung" ("Abtragung") synonym verwendet und beziehen sich auf eine durch exogene Kräfte sowie geologische Zustände bewirkte und gegebenenfalls beschleunigte Verlagerung von Massen als Teilen des Reliefs. Hierbei gelten die in Kap. 3.1. beschriebenen Bedingungen. Die Anfälligkeit gegenüber diesen reliefverändernden Prozessen wird als "Abtragungsdisposition" bezeichnet.

# 2. Beschreibung des Untersuchungsgebietes

Auftreten und Intensität von Abtragungsprozessen sind an die Verfügbarkeit der erodierenden Medien (Wasser, bewegte Luftmassen) und damit an klimatische Parameter gebunden. Daneben spielen der geologische Untergrund und das eng mit ihm zusammenhängende Relief eine wesentliche Rolle, denn "was die Dynamische Geomorphologie an Gegenwartsprozessen verfolgt, spielt sich auch im größten Teil der Erde...auf einer schon bestehenden älteren Bühne ab!" (BÜDEL 1977: 142). Eine Untersuchung der aktuellen geomorphodynamischen Prozesse eines Raumes kann daher nicht auf eine Kennzeichnung der in diesem herrschenden Bedingungen des Klimas und des Untergrundes (geologische Verhältnisse und vorgegebenes Relief) verzichten.

## 2.1 Klima und Vegetation

Das Becken von Ouarzazate, das man den B-Klimaten im Sinne der KÖPPENschen Klassifikation zurechnen kann, stellt einen Übergangsbereich zwischen mediterran und saharisch beeinflußten Zonen dar. Das Vorherrschen der winterlichen Niederschläge, das sich bei allen hier erfaßten Stationen zeigt, spricht für den mediterranen Einfluß.

Aus den mittleren Monatstemperaturen $t_m$ läßt sich mit Hilfe der THORNTHWAITE-Formel die potentielle Evapotranspiration $ET_{pot}$ berechnen (RICHTER & LILLICH 1975: 118):

(1) $$ET_{pot} = 16 \cdot (10 \cdot t_m / I)^a$$

(2) $$I = 0.2 \cdot t_m^{1.51}$$

(3) $$a = 6.75 \cdot 10^{-7} I^3 - 7.71 \cdot 10^{-5} I^2 + 17.92 \cdot 10^{-3} I + 0.49$$

Vergleicht man die auf diese Weise berechneten Werte der potentiellen Evapotranspiration mit den Niederschlagswerten (Tab. 1), so werden die ariden Verhältnisse im Untersuchungsgebiet deutlich.

Der zunehmende saharische Einfluß führt auch zu einem Absinken der mittleren Niederschlagsmengen mit geringer werdender Breitenlage. Die Meßreihen innerhalb des Beckens von Ouarzazate lieferten höhere Werte als an den weiter südlich gelegenen Stationen Zagora und Imdghar N'Izdar.

Innerhalb des Beckens und seiner unmittelbaren Umgebung wird eine Diffenzierung durch die Höhenlage und die damit verbundene Nachbarschaft zum Atlasrand deutlich. Die atlasnahen Stationen (Agouim, Ifar, Ait Moutade, Boumalne) haben höhere Niederschlagswerte als die in zentralen und tieferen Beckenbereichen gelegenen. Dieser Effekt überlagert einen West-Ost-Wandel, der sich hier nur an den für vergleichbare Zeiträume und in vergleichbarer Höhenlage sowie Atlasentfernung vorliegenden Werten der Stationen Ouarzazate und Skoura als ostorientierte Abnahme deutlich macht.

Die Mittelwerte der Niederschläge spiegeln die tatsächlichen hygrischen Verhältnisse dieses Raumes jedoch nur schlecht wider. Man muß mit einer hohen Variabilität der Monats- und Jahresniederschlagssummen rechnen, was in Tabelle 2 durch die recht

Tab. 1: Werte der potentiellen Evapotranspiration nach THORNTHWAITE (in mm) an Stationen im Becken von Ouarzazate 1933 - 1963.

In die Berechnungen eingehende Temperatur- und Niederschlagswerte in: CHAMAYOU & RUHARD (1977: 230).

| Station (Mittl. Jahresniederschl. in mm) | Potentielle Evapotranspiration (mm) | | | | | | | | | | | | |
|---|---|---|---|---|---|---|---|---|---|---|---|---|---|
| | Jan | Feb | Mrz | Apr | Mai | Jun | Jul | Aug | Sep | Okt | Nov | Dez | Jahr |
| Ouarzazate (119) | 14.81 | 23.60 | 40.60 | 62.48 | 92.85 | 133.83 | 175.26 | 165.54 | 120.30 | 72.16 | 35.10 | 16.18 | 952.73 |
| El Kelaa des Mgouna (165) | 15.40 | 23.47 | 39.01 | 59.12 | 86.60 | 124.09 | 167.13 | 151.71 | 111.77 | 68.18 | 33.73 | 16.45 | 896.66 |
| Boumalne (177) | 13.46 | 21.08 | 35.65 | 54.93 | 80.93 | 117.65 | 155.53 | 146.59 | 106.39 | 63.97 | 30.72 | 14.45 | 841.35 |

Tab. 2: Niederschläge (in mm) an Stationen des Beckens von Ouarzazate und seiner Umgebung (nach Werten des SERVICE HYDRAULIQUE und des SERVICE NATIONAL DE CLIMATOLOGIE).

Agouim (x = 305.8, y = 464.2; Höhe: 1648 m)
Zeitraum: 1933-1939, 1963-1981

|  | Jan | Feb | Mrz | Apr | Mai | Jun | Jul | Aug | Sep | Okt | Nov | Dez | Jahr |
|---|---|---|---|---|---|---|---|---|---|---|---|---|---|
| Mittelwert | 30.3 | 24.2 | 20.6 | 14.3 | 12.4 | 9.1 | 5.0 | 12.5 | 28.9 | 38.3 | 39.4 | 21.8 | 257.0 |
| Standardabw. | 38.9 | 33.5 | 29.2 | 16.3 | 20.4 | 16.4 | 9.4 | 19.5 | 36.4 | 61.7 | 62.0 | 28.4 | 173.2 |
| Minimum | 0.0 | 0.0 | 0.0 | 0.0 | 0.0 | 0.0 | 0.0 | 0.0 | 0.0 | 0.0 | 0.0 | 0.0 | 160.6 |
| Maximum | 134.5 | 153.0 | 121.1 | 59.0 | 86.0 | 70.0 | 34.0 | 86.0 | 170.0 | 309.2 | 307.6 | 106.4 | 670.3 |

Imdghar N'Izdar (x = 314.1, y = 404.0; Höhe: 1500 m)
Zeitraum: 1977-1981

|  | Jan | Feb | Mrz | Apr | Mai | Jun | Jul | Aug | Sep | Okt | Nov | Dez | Jahr |
|---|---|---|---|---|---|---|---|---|---|---|---|---|---|
| Mittelwert | 17.0 | 8.1 | 1.2 | 0.3 | 0.0 | 0.6 | 0.5 | 1.0 | 12.0 | 7.0 | 4.9 | 12.2 | 64.6 |
| Standardabw. | 36.4 | 16.5 | 2.8 | 0.6 | 0.0 | 1.3 | 1.1 | 2.4 | 16.1 | 9.1 | 7.5 | 19.5 | 50.5 |
| Minimum | 0.0 | 0.0 | 0.0 | 0.0 | 0.0 | 0.0 | 0.0 | 0.0 | 0.0 | 0.0 | 0.0 | 0.0 | 33.8 |
| Maximum | 90.7 | 41.3 | 6.9 | 1.5 | 0.0 | 3.3 | 2.8 | 5.8 | 33.4 | 22.6 | 14.7 | 44.1 | 106.4 |

Tamdrouste (x = 328.9, y = 440.5; Höhe: 1240 m)
Zeitraum: 1977-1981

|  | Jan | Feb | Mrz | Apr | Mai | Jun | Jul | Aug | Sep | Okt | Nov | Dez | Jahr |
|---|---|---|---|---|---|---|---|---|---|---|---|---|---|
| Mittelwert | 7.2 | 5.2 | 1.2 | 0.0 | 0.1 | 0.7 | 0.5 | 1.4 | 6.6 | 0.9 | 2.4 | 8.9 | 35.1 |
| Standardabw. | 17.4 | 13.3 | 3.3 | 0.0 | 0.3 | 1.6 | 1.3 | 2.6 | 12.0 | 1.4 | 4.9 | 15.7 | 33.3 |
| Minimum | 0.0 | 0.0 | 0.0 | 0.0 | 0.0 | 0.0 | 0.0 | 0.0 | 0.0 | 0.0 | 0.0 | 0.0 | 0.0 |
| Maximum | 46.5 | 35.4 | 8.6 | 0.0 | 0.7 | 4.4 | 3.4 | 6.8 | 30.4 | 3.5 | 15.0 | 38.0 | 68.6 |

Assaka Tazenakht (x = 332.9, y = 400.5; Höhe: 1380 m)
Zeitraum: 1975-1981

|  | Jan | Feb | Mrz | Apr | Mai | Jun | Jul | Aug | Sep | Okt | Nov | Dez | Jahr |
|---|---|---|---|---|---|---|---|---|---|---|---|---|---|
| Mittelwert | 18.1 | 5.6 | 4.8 | 3.3 | 4.9 | 0.8 | 1.4 | 2.9 | 17.6 | 7.6 | 1.7 | 6.7 | 75.5 |
| Standardabw. | 23.5 | 8.7 | 11.4 | 6.6 | 7.8 | 2.3 | 3.8 | 5.7 | 37.7 | 13.6 | 5.2 | 15.6 | 64.6 |
| Minimum | 0.0 | 0.0 | 0.0 | 0.0 | 0.0 | 0.0 | 0.0 | 0.0 | 0.0 | 0.0 | 0.0 | 0.0 | 23.7 |
| Maximum | 62.0 | 20.6 | 34.0 | 19.1 | 18.8 | 6.9 | 11.5 | 17.4 | 110.5 | 34.4 | 15.5 | 47.4 | 174.1 |

Aguillal (x = 337.3, y = 447.5; Höhe: 1220 m)
Zeitraum: 1975-1981

|  | Jan | Feb | Mrz | Apr | Mai | Jun | Jul | Aug | Sep | Okt | Nov | Dez | Jahr |
|---|---|---|---|---|---|---|---|---|---|---|---|---|---|
| Mittelwert | 21.9 | 9.6 | 9.8 | 5.0 | 6.3 | 1.4 | 0.4 | 3.0 | 15.3 | 14.5 | 4.0 | 9.0 | 100.1 |
| Standardabw. | 32.6 | 14.2 | 20.0 | 11.0 | 10.5 | 2.5 | 0.6 | 5.9 | 19.1 | 28.1 | 5.1 | 15.1 | 81.2 |
| Minimum | 0.0 | 0.0 | 0.0 | 0.0 | 0.0 | 0.0 | 0.0 | 0.0 | 0.0 | 0.0 | 0.0 | 0.0 | 86.0 |
| Maximum | 95.0 | 40.8 | 60.4 | 32.6 | 31.0 | 7.1 | 1.5 | 18.2 | 44.3 | 85.6 | 14.0 | 40.3 | 197.5 |

Fortsetzung von Tab. 2

Tiffoultoute (x = 345.6, y = 437.0; Höhe: 1170 m)
Zeitraum: 1963-1981

|  | Jan | Feb | Mrz | Apr | Mai | Jun | Jul | Aug | Sep | Okt | Nov | Dez | Jahr |
|---|---|---|---|---|---|---|---|---|---|---|---|---|---|
| Mittelwert | 8.4 | 12.0 | 3.4 | 9.0 | 4.5 | 1.4 | 0.5 | 2.9 | 10.4 | 10.1 | 12.5 | 6.2 | 81.6 |
| Standardabw. | 18.8 | 27.8 | 5.2 | 16.7 | 6.4 | 3.2 | 2.1 | 5.1 | 16.5 | 18.7 | 18.9 | 8.6 | 69.4 |
| Minimum | 0.0 | 0.0 | 0.0 | 0.0 | 0.0 | 0.0 | 0.0 | 0.0 | 0.0 | 0.0 | 0.0 | 0.0 | 42.6 |
| Maximum | 79.7 | 118.9 | 16.5 | 66.2 | 22.5 | 12.4 | 7.0 | 21.7 | 61.7 | 73.9 | 64.1 | 33.0 | 279.5 |

Taharbilte (x= 355.4, y = 425.0; Höhe: 1180 m)
Zeitraum: 1967-1981

|  | Jan | Feb | Mrz | Apr | Mai | Jun | Jul | Aug | Sep | Okt | Nov | Dez | Jahr |
|---|---|---|---|---|---|---|---|---|---|---|---|---|---|
| Mittelwert | 6.7 | 7.4 | 2.9 | 8.4 | 2.8 | 0.7 | 1.0 | 2.6 | 8.9 | 8.1 | 35.0 | 8.6 | 93.1 |
| Standardabw. | 16.8 | 11.3 | 4.7 | 17.8 | 7.0 | 1.8 | 1.8 | 3.5 | 11.0 | 14.5 | 93.4 | 11.6 | 99.1 |
| Minimum | 0.0 | 0.0 | 0.0 | 0.0 | 0.0 | 0.0 | 0.0 | 0.0 | 0.0 | 0.0 | 0.0 | 0.0 | 40.6 |
| Maximum | 68.0 | 33.9 | 14.6 | 62.6 | 23.3 | 6.8 | 5.4 | 10.4 | 32.9 | 52.0 | 379.6 | 37.1 | 425.1 |

Ouarzazate (x = 356.0, y = 437.0; Höhe: 1135 m)
Zeitraum: 1931-1981

|  | Jan | Feb | Mrz | Apr | Mai | Jun | Jul | Aug | Sep | Okt | Nov | Dez | Jahr |
|---|---|---|---|---|---|---|---|---|---|---|---|---|---|
| Mittelwert | 7.6 | 7.2 | 8.5 | 6.2 | 4.9 | 2.9 | 1.3 | 5.2 | 13.4 | 13.4 | 13.3 | 10.4 | 94.4 |
| Standardabw. | 14.4 | 14.5 | 15.0 | 11.3 | 7.9 | 10.3 | 2.7 | 10.0 | 17.6 | 18.5 | 28.1 | 20.4 | 65.6 |
| Minimum | 0.0 | 0.0 | 0.0 | 0.0 | 0.0 | 0.0 | 0.0 | 0.0 | 0.0 | 0.0 | 0.0 | 0.0 | 24.3 |
| Maximum | 77.0 | 79.9 | 71.7 | 63.4 | 33.7 | 72.0 | 15.1 | 65.3 | 81.2 | 71.7 | 176.2 | 131.9 | 273.5 |

Tiflite (x = 364.2, y = 454.0; Höhe: 1250 m)
Zeitraum: 1967-1981

|  | Jan | Feb | Mrz | Apr | Mai | Jun | Jul | Aug | Sep | Okt | Nov | Dez | Jahr |
|---|---|---|---|---|---|---|---|---|---|---|---|---|---|
| Mittelwert | 9.2 | 6.2 | 8.8 | 7.1 | 2.3 | 1.8 | 0.3 | 1.9 | 6.9 | 10.6 | 18.2 | 7.8 | 81.1 |
| Standardabw. | 19.7 | 10.7 | 22.8 | 12.0 | 5.0 | 3.4 | 0.6 | 4.1 | 7.9 | 15.2 | 29.2 | 14.0 | 62.5 |
| Minimum | 0.0 | 0.0 | 0.0 | 0.0 | 0.0 | 0.0 | 0.0 | 0.0 | 0.0 | 0.0 | 0.0 | 0.0 | 39.8 |
| Maximum | 76.5 | 32.2 | 91.6 | 38.7 | 18.5 | 12.8 | 2.0 | 13.6 | 23.1 | 53.0 | 111.7 | 55.5 | 216.9 |

Barrage Mansour Eddahbi (x = 370.0, y = 436.0; Höhe: 1050 m)
Zeitraum: 1974-1981

|  | Jan | Feb | Mrz | Apr | Mai | Jun | Jul | Aug | Sep | Okt | Nov | Dez | Jahr |
|---|---|---|---|---|---|---|---|---|---|---|---|---|---|
| Mittelwert | 7.4 | 2.8 | 1.3 | 2.5 | 7.2 | 0.7 | 1.0 | 2.0 | 8.0 | 4.1 | 2.6 | 9.3 | 48.7 |
| Standardabw. | 22.2 | 6.3 | 3.5 | 5.2 | 14.6 | 1.2 | 2.0 | 3.9 | 11.2 | 7.9 | 5.3 | 17.7 | 50.3 |
| Minimum | 0.0 | 0.0 | 0.0 | 0.0 | 0.0 | 0.0 | 0.0 | 0.0 | 0.0 | 0.0 | 0.0 | 0.0 | 22.8 |
| Maximum | 70.4 | 19.8 | 11.2 | 16.2 | 46.0 | 3.4 | 6.1 | 11.9 | 26.7 | 25.4 | 16.3 | 57.6 | 140.7 |

Fortsetzung von Tab. 2

### Tinouar (x = 384.2, y = 446.0; Höhe: 1200 m)
### Zeitraum: 1974-1981

|  | Jan | Feb | Mrz | Apr | Mai | Jun | Jul | Aug | Sep | Okt | Nov | Dez | Jahr |
|---|---|---|---|---|---|---|---|---|---|---|---|---|---|
| Mittelwert | 0.7 | 2.5 | 0.0 | 4.2 | 3.6 | 0.3 | 0.1 | 0.3 | 1.2 | 0.0 | 3.6 | 1.0 | 17.5 |
| Standardabw. | 2.0 | 5.5 | 0.1 | 12.5 | 9.3 | 0.9 | 0.2 | 0.9 | 3.0 | 0.0 | 6.8 | 2.3 | 27.0 |
| Minimum | 0.0 | 0.0 | 0.0 | 0.0 | 0.0 | 0.0 | 0.0 | 0.0 | 0.0 | 0.0 | 0.0 | 0.0 | 0.0 |
| Maximum | 5.9 | 19.5 | 0.4 | 37.4 | 28.2 | 2.8 | 0.7 | 2.6 | 9.0 | 0.1 | 15.8 | 6.8 | 74.4 |

### Skoura (x = 389.3, y = 451.8; Höhe: 1225 m)
### Zeitraum: 1937-1981

|  | Jan | Feb | Mrz | Apr | Mai | Jun | Jul | Aug | Sep | Okt | Nov | Dez | Jahr |
|---|---|---|---|---|---|---|---|---|---|---|---|---|---|
| Mittelwert | 5.3 | 4.5 | 5.9 | 7.1 | 5.2 | 0.7 | 0.8 | 4.7 | 11.3 | 12.6 | 14.7 | 8.7 | 81.3 |
| Standardabw. | 10.2 | 9.2 | 12.7 | 9.8 | 11.2 | 1.9 | 2.6 | 10.2 | 15.9 | 18.4 | 29.7 | 12.3 | 58.4 |
| Minimum | 0.0 | 0.0 | 0.0 | 0.0 | 0.0 | 0.0 | 0.0 | 0.0 | 0.0 | 0.0 | 0.0 | 0.0 | 24.5 |
| Maximum | 59.4 | 50.8 | 74.4 | 33.0 | 55.0 | 11.0 | 16.5 | 61.0 | 71.0 | 80.5 | 176.6 | 62.9 | 227.5 |

### Ifar (x = 425.2, y = 482.2; Höhe: 1505 m)
### Zeitraum: 1965-1981

|  | Jan | Feb | Mrz | Apr | Mai | Jun | Jul | Aug | Sep | Okt | Nov | Dez | Jahr |
|---|---|---|---|---|---|---|---|---|---|---|---|---|---|
| Mittelwert | 13.8 | 17.8 | 8.5 | 11.9 | 11.4 | 1.7 | 0.9 | 4.3 | 12.4 | 14.6 | 32.4 | 11.6 | 141.6 |
| Standardabw. | 24.1 | 36.0 | 10.8 | 17.0 | 24.4 | 2.6 | 2.0 | 6.7 | 17.8 | 26.6 | 43.9 | 23.0 | 113.3 |
| Minimum | 0.0 | 0.0 | 0.0 | 0.0 | 0.0 | 0.0 | 0.0 | 0.0 | 0.0 | 0.0 | 0.0 | 0.0 | 94.3 |
| Maximum | 91.2 | 147.0 | 34.0 | 63.6 | 99.6 | 8.7 | 6.0 | 19.8 | 68.0 | 87.4 | 182.4 | 98.0 | 399.6 |

### Ait Moutade (x = 443.6, y = 490.2; Höhe: 1550 m)
### Zeitraum: 1974-1981

|  | Jan | Feb | Mrz | Apr | Mai | Jun | Jul | Aug | Sep | Okt | Nov | Dez | Jahr |
|---|---|---|---|---|---|---|---|---|---|---|---|---|---|
| Mittelwert | 13.3 | 19.7 | 7.6 | 13.2 | 9.6 | 1.9 | 0.7 | 4.4 | 13.2 | 18.8 | 25.3 | 11.9 | 139.6 |
| Standardabw. | 20.0 | 35.6 | 11.9 | 15.6 | 14.4 | 3.5 | 1.5 | 6.4 | 18.4 | 34.3 | 39.2 | 18.4 | 97.3 |
| Minimum | 0.0 | 0.0 | 0.0 | 0.0 | 0.0 | 0.0 | 0.0 | 0.0 | 0.0 | 0.0 | 0.0 | 0.0 | 83.4 |
| Maximum | 68.4 | 150.0 | 47.0 | 59.7 | 44.7 | 12.5 | 6.0 | 23.3 | 69.2 | 130.0 | 161.1 | 72.0 | 367.6 |

### Zagora (x = 457.2, y = 369.1; Höhe: 707 m)
### Zeitraum: 1963-1981

|  | Jan | Feb | Mrz | Apr | Mai | Jun | Jul | Aug | Sep | Okt | Nov | Dez | Jahr |
|---|---|---|---|---|---|---|---|---|---|---|---|---|---|
| Mittelwert | 4.4 | 4.5 | 1.3 | 5.4 | 2.7 | 0.4 | 0.3 | 2.6 | 6.6 | 5.7 | 7.5 | 4.1 | 45.5 |
| Standardabw. | 8.5 | 10.6 | 3.6 | 8.3 | 8.2 | 1.4 | 1.0 | 5.2 | 14.8 | 17.8 | 9.2 | 6.2 | 42.7 |
| Minimum | 0.0 | 0.0 | 0.0 | 0.0 | 0.0 | 0.0 | 0.0 | 0.0 | 0.0 | 0.0 | 0.0 | 0.0 | 25.5 |
| Maximum | 30.9 | 47.0 | 16.0 | 32.5 | 34.8 | 6.0 | 4.5 | 22.9 | 63.0 | 81.3 | 26.5 | 22.0 | 155.9 |

Fortsetzung von Tab. 2

Errachidia (x = 593.8, y = 550.6; Höhe: 1060 m)
Zeitraum: 1973-1981

|  | Jan | Feb | Mrz | Apr | Mai | Jun | Jul | Aug | Sep | Okt | Nov | Dez | Jahr |
|---|---|---|---|---|---|---|---|---|---|---|---|---|---|
| Mittelwert | 20.8 | 6.9 | 8.0 | 27.8 | 10.6 | 2.3 | 0.4 | 2.3 | 9.8 | 13.7 | 8.7 | 6.5 | 117.9 |
| Standardabw. | 30.2 | 10.6 | 11.1 | 33.0 | 18.0 | 3.3 | 0.8 | 2.4 | 10.1 | 34.9 | 11.8 | 10.0 | 59.6 |
| Minimum | 0.0 | 0.0 | 0.0 | 0.0 | 0.0 | 0.0 | 0.0 | 0.0 | 0.0 | 0.0 | 0.0 | 0.0 | 41.7 |
| Maximum | 94.2 | 29.1 | 28.3 | 109.9 | 55.3 | 10.2 | 2.3 | 6.2 | 30.6 | 106.5 | 34.5 | 28.5 | 221.1 |

hohen Werte der Standardabweichung sowie die Spannweiten zwischen Minima und Maxima deutlich wird. Gleichzeitig ist die relative Trockenheit der letzten Jahre zu berücksichtigen, deren geringe Niederschlagssummen die hier angegebenen Mittelwerte unter die für früher endende Meßperioden (CHAMAYOU & RUHARD 1977, WALTER & LIETH 1960/67) sinken lassen.

Der Wechsel längerer Trockenperioden mit kurzen Phasen heftiger Niederschläge stimmt mit den Untersuchungen von COTE & LEGRAS (1966) überein, die darauf schließen lassen, daß im Becken von Ouarzazate mehr als 40% des Zeitraumes von 1923 - 1963 Dürrejahre waren, in denen die Niederschlagsmenge weniger als 25% des langjährigen Mittelwertes betrug. Die dennoch ganzjährige Wasserführung des Dra kann nur durch Niederschläge im Atlasbereich gesichert werden, innerhalb des Beckens überwiegt die potentielle Verdunstung gegenüber den mittleren Niederschlagswerten.

Von geomorphologischer Bedeutung ist das Auftreten von Starkregenereignissen. Betrachtet man die Extrema der Niederschlagsintensitäten während 24 h, so fallen an der Station Ouarzazate Spitzenwerte von 53 mm (November 1972) oder 40 mm (Januar 1978) auf, während in anderen Jahren diese Monate niederschlagsfrei blieben; ein Phänomen, das typisch für diesen Klimabereich ist und sich z.B. auch an der östlich des Beckens gelegenen Station Errachidia (Spitzenwerte: 54.8 mm[1] im Oktober 1979, 48.5 mm im April 1975) zeigt (Abb. 1). Leider liegen keine Messungen stündlicher Intensitäten vor, doch muß man von einer Konzentrierung der gelegentlichen Niederschläge auf relativ kurze Zeitspannen ausgehen, wodurch eine erhebliche geomorphologische Wirksamkeit erreicht wird. Verstärkte Abflußereignisse als Folge heftiger Regenfälle beschreibt RISER (1973).

[1] Im gesamten Text sind die Dezimalkommata entsprechend den Computerauszügen in den Abbildungen und Tabellen durch Dezimalpunkte ersetzt.

Eine Niederschlagssumme von 80 mm in den Tagen vom 10.–16. November 1970 (Station Ouarzazate) mit Spitzenwerten von 29 mm (11.11.1970) und 21 mm (15.11.1970) führten zu Abflußspitzen des Dra.

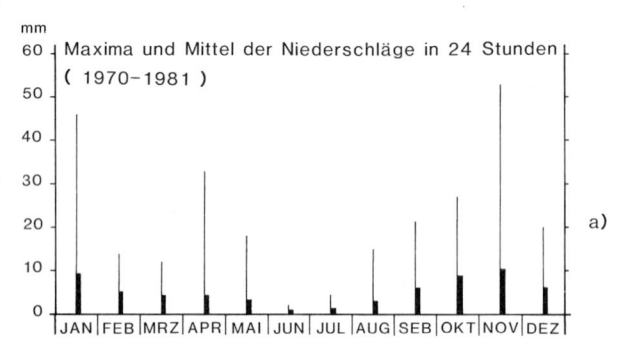

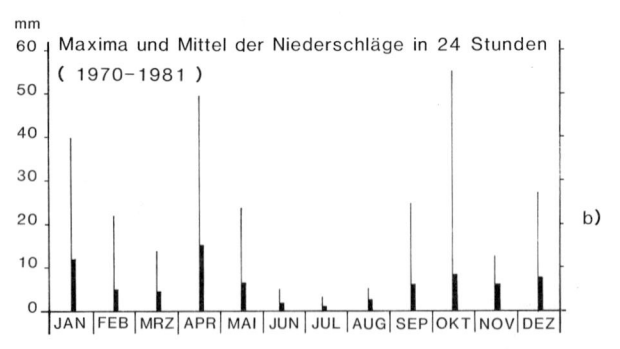

Abb. 1: Absolute Maxima und mittlere Maxima der Niederschlagssummen für 24 Stunden (Niederschlagsintensitäten) nach Werten des SERVICE NATIONAL DE CLIMATOLOGIE:
a) Station Ouarzazate
b) Station Errachidia

Die Starkregen können räumlich eng begrenzte Gebiete betreffen. Bei den Geländearbeiten konnte ich z.B. während eines derartigen Ereignisses im Bereich des Oued Imassine (östl. Skoura) an der Piste Skoura – El Kelaa de Mgouna am 23.3.1983 eine Stundenintensität von 16 mm/h messen, wobei Phasen unterschiedlicher Intensität zu beobachten waren (Tab. 3). An der Station Ouarzazate fing man an diesem Tag nur 3.5 mm Niederschlag auf.

JANUAR
06.00: 0.8
12.00: 1.3
18.00: 2.4

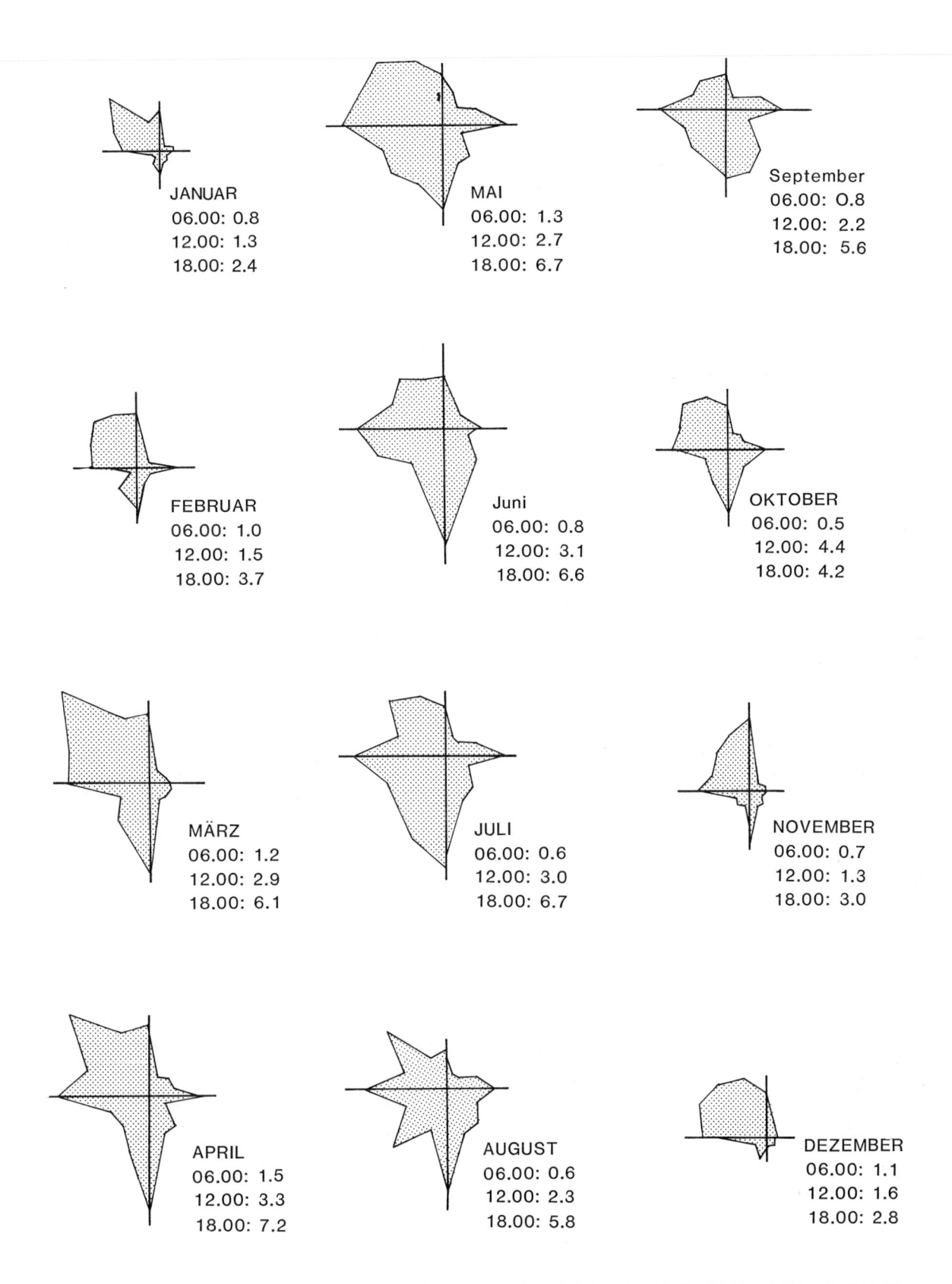

MAI
06.00: 1.3
12.00: 2.7
18.00: 6.7

September
06.00: 0.8
12.00: 2.2
18.00: 5.6

FEBRUAR
06.00: 1.0
12.00: 1.5
18.00: 3.7

Juni
06.00: 0.8
12.00: 3.1
18.00: 6.6

OKTOBER
06.00: 0.5
12.00: 4.4
18.00: 4.2

MÄRZ
06.00: 1.2
12.00: 2.9
18.00: 6.1

JULI
06.00: 0.6
12.00: 3.0
18.00: 6.7

NOVEMBER
06.00: 0.7
12.00: 1.3
18.00: 3.0

APRIL
06.00: 1.5
12.00: 3.3
18.00: 7.2

AUGUST
06.00: 0.6
12.00: 2.3
18.00: 5.8

DEZEMBER
06.00: 1.1
12.00: 1.6
18.00: 2.8

Abb. 2: Häufigkeiten der Windrichtungen und mittlere Windgeschwindigkeiten in m/s für 06.00, 12.00 und 18.00 Uhr an der Station Ouarzazate 1953-1964 nach Angaben des SERVICE NATIONAL DE CLIMATOLOGIE.

Tab. 3: Kurzzeitige Intensitätsschwankungen (5-min-Intervalle) während eines Starkregens am 23.3.1983 am Oued Imassine.

Beginn der Messung: 15.10 Uhr, Ende der Messung: 16.10 Uhr

| Zeitintervall (min) | Niederschlagsmenge (mm) | Erscheinungsform |
|---|---|---|
| 0 - 5 | 0.5 | Regen |
| 5 - 10 | 0.5 | Regen |
| 10 - 15 | 1.0 | Regen |
| 15 - 20 | 2.5 | Regen |
| 20 - 25 | 3.5 | Regen, Hagel |
| 25 - 30 | 1.0 | Regen |
| 30 - 35 | 0.0 | – |
| 35 - 40 | 0.5 | Regen |
| 40 - 45 | 1.5 | Regen |
| 45 - 50 | 3.0 | Regen, Hagel |
| 50 - 55 | 1.5 | Regen |
| 55 - 60 | 0.5 | Regen |

Ein geomorphologisch wichtiges Klimaelement kann in Trockengebieten der Wind darstellen. Die Häufigkeitsverteilung der Windrichtung an der Station Ouarzazate zeigt ganzjährig vorherrschende westliche Winde, wobei in den Sommermonaten der Anteil südlicher Luftströmungen (und damit der Einfluß saharischer Luftmassen) zunimmt. Vergleicht man die Werte der Windgeschwindigkeiten, so zeigt sich ein Jahres- und Tageszeitenwandel. Die Monate November, Dezember und Januar, in denen die Richtungshäufigkeit im Quadranten zwischen Nord und West überwiegt, zeichnen sich durch die geringsten mittleren Windgeschwindigkeiten aus, welche im späten Frühjahr und im Sommer am größten sind (Abb.2).

Auffällig ist ebenfalls der Tagesgang der Windgeschwindigkeiten. Während aller Monate steigt die mittlere Windgeschwindigkeit zum Abend hin deutlich an. Die im Tagesverlauf zunehmende Erwärmung der Luftmassen, die im Vorland stärker als im Gebirgsbereich ist, ist für das Einsetzen ausgleichender, vorlandgerichteter Gebirgswinde in den Nachmittags- und Abendstunden verantwortlich. Deflationsvorgänge werden, soweit sie überhaupt möglich sind, während dieser Zeit also stärker als in den Vormittagsstunden sein. In den Wintermonaten sind die Temperaturdifferenzen und damit auch die Anstiege der Windgeschwindigkeiten geringer.

Die beschriebenen klimatischen Bedingungen, vor allem das Wasserangebot, beeinflussen deutlich die Vegetation im Becken von Ouarzazate. Die geringen Niederschläge, für die nach MÜLLER-HOHENSTEIN (1979) ein linearer Zusammenhang mit der pflanzlichen Produktion im Sinne einer Steuerung der Vegetationsdichte angenommen werden kann, haben zur Dominanz angepaßter trockenresistenter Arten geführt. Im Bereich der Glacisflächen kommt es zum häufigen Auftreten von Haloxylon-Steppen, daneben findet man häufig *Artemisia herba-alba*. In edaphisch begünstigten Tiefenlinien nimmt die Vegetationsdichte deutlich zu. Hier können nicht nur Sträucher, sondern auch Baumarten wie *Zizyphus Lotus* sowie Palmen auftreten (s.a. MÖLLER et al. 1983). Die allgemein geringe Vegetationsdichte läßt diesen Steuerparameter des Prozeßgefüges der Abtragung im Arbeitsgebiet als unbedeutend erscheinen.

## 2.2 Beschreibung der Untergrundstruktur

Das Becken von Ouarzazate gehört zur präafrikanischen Furche (= präsaharische Senke) und wird im Süden vom Anti-Atlas, im Norden von den Ausläufern des Hohen Atlas begrenzt (Abb. 3).

Der Anti-Atlas ist Teil des afrikanischen Kratons. Sein Sockel, der aus metamorphen Gesteinen (z.B. Gneisen, Glimmerschiefern, Quarziten) besteht, wird diskordant von Konglomeraten, Quarziten und Rhyoliten bedeckt (MICHARD 1976). "Diese werden wiederum von einer klastischen Basalserie überlagert, die zum Hangenden in mächtige eintönige Dolomitserien übergeht, die den gesamten Anti-Atlas überziehen. Diese jungpräkambrischen bis altpaläozoischen Sedimente...sind weitspannig verfaltet. Sie erfuhren letztmalig im ausgehenden Paläozoikum eine geringfügige Verformung. Damit wurde eine endgültige Konsolidierung erreicht. Während des Mesozoikums handelte es sich um eine epikontinentale stabile Plattform, ein Hochgebiet, von dem aus Abtragungsschutt in den nördlich angrenzenden Ablagerungsraum des Hohen Atlas geschüttet wurde" (STETS & WURSTER 1981: 806). Die Gebirgsbildung des Hohen Atlas im Tertiär führte zu einer Anhebung des starren Anti-Atlas-Blockes, wobei Brüche und Verbiegungen, jedoch keine Faltungen auftraten (ANDRES 1977).

Der nördlich des Beckens von Ouarzazate gelegene Hohe Atlas kann in zwei Stockwerke gegliedert werden: einen Sockel, dessen Anlage in das Paläozoikum und Präkambrium zurückreicht, und dessen Strukturen die spätere Ausgestaltung beeinflußt haben, sowie das mesozoische Deckgebirge (DRESCH 1952a,b, STETS & WURSTER 1981). Nach dem Ende der variskischen Gebirgsbildung begann die jüngere Strukturgeschichte des Hohen Atlas. Vom Perm bis zum Alttertiär entwickelte sich im Bereich des Hohen Atlas eine Grabenzone mit gebietsweise sehr großen Sedimentmächtigkeiten. STETS & WURSTER (1981) schlugen hierfür als geotektonisches Modell eine abgebrochene Riftentwicklung vor.

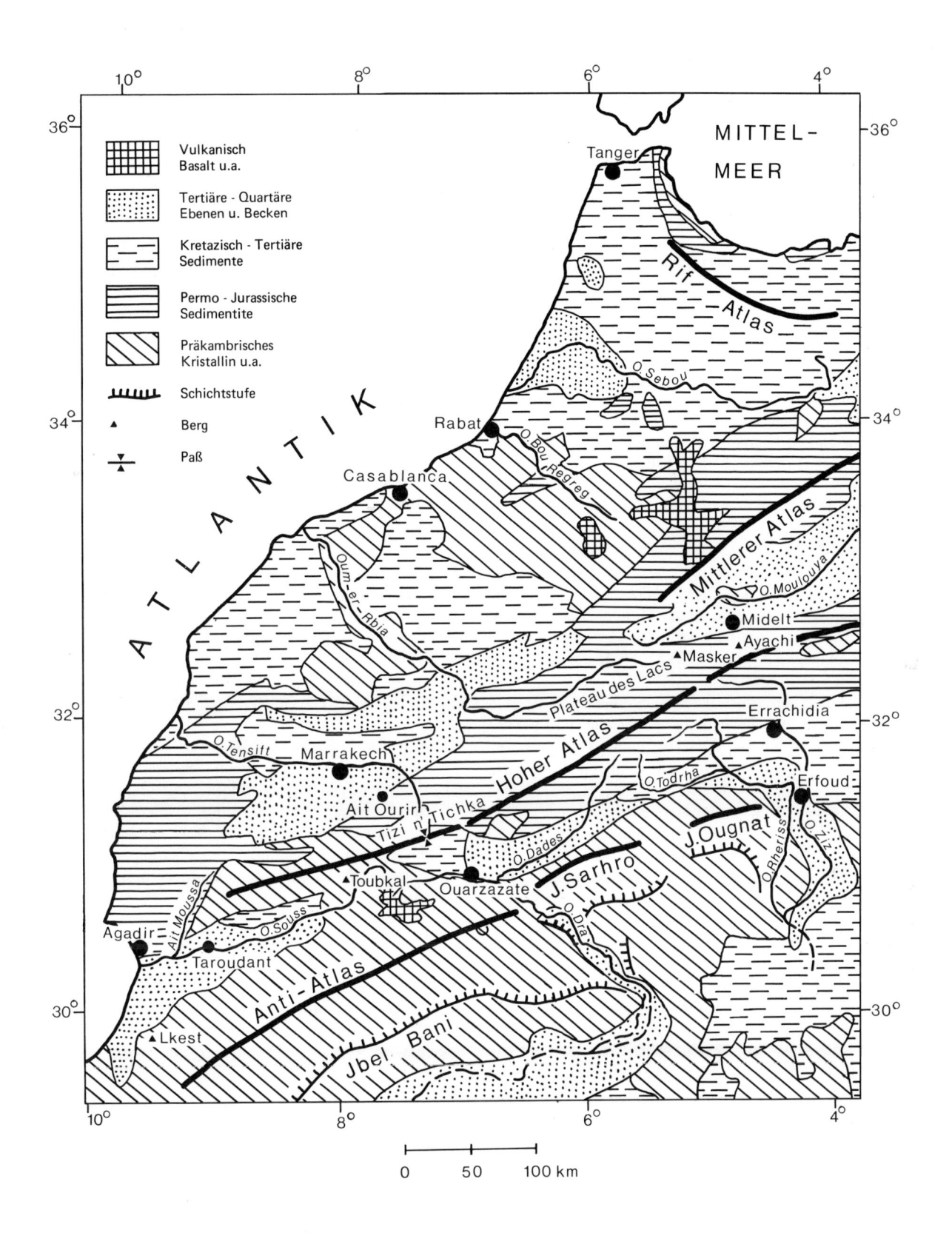

Abb. 3: Übersichtskarte mit der Lage des Beckens von Ouarzazate in der präafrikanischen Furche (aus MÖLLER et al. 1983:311).

Zu erheblichen tektonischen Deformationen kam es erstmals im höheren Jura (JENNY et al. 1981). Tektonische aktive Phasen in der Kreide werden heute bezweifelt. Eine Inversionstektonik im Sinne von STETS & WURSTER (1981) hat diesen Riftgraben seit dem späten Eozän phasenhaft herausgehoben, wobei es bereichsweise auch zu kompressiver Verformung kam (MATTAUER et al. 1977, COURBOULEIX et al. 1981). An den beiden Flanken des aufsteigenden Gebirges bildeten sich Randtröge, zu denen das Becken von Ouarzazate zählt. Zwischen der präafrikanischen Furche und dem Hohen Atlas entwickelte sich nach Ansicht verschiedener Autoren (u.a. CHOUBERT & FAURE-MURET 1962, STETS & WURSTER 1981) eine Störungszone aus fiederförmig angeordneten Verwerfungen (Süd-Atlas-Störung, accident sud-atlassique), deren Existenz neuerdings in Zweifel gezogen wird (LAVILLE et al. 1977, NAIRN et al. 1980, JENNY 1983).

Während des Tertiärs muß von einem Wechsel von Hebungs- und Flächenbildungsphasen ausgegangen werden (AMBOS 1977), wobei die aus heutiger Sicht grundlegenden Strukturen während des Eozäns angelegt wurden (DRESCH 1952a). Die letzte entscheidende Hebungsphase des Hohen Atlas wird für das Ende des Villafranchien angenommen (AMBOS 1977, CHOUBERT 1961, RAYNAL 1965).

Hinsichtlich der modellhaften Beschreibung der Gebirgsbildung des Hohen Atlas bietet die Literatur verschiedene Ansichten, doch ist man in neuerer Zeit von der Vorstellung eines alpinotypen Orogens abgerückt und spricht mit STETS & WURSTER (1981) eher von einem Schollengebirge.

Im Verlauf des Quartärs fand eine Abschwächung der tektonischen Bewegungen statt (AMBOS 1977, CHOUBERT 1961, 1963, CHOUBERT & FAURE-MURET 1965, COUVREUR 1981, RAYNAL 1965). Während im Bereich der präafrikanischen Furche die Schüttungen des Salétien, des Amirien und des Tensiftien (Alt- und Mittel-Pleistozän) verstellt sein können, scheinen die Ablagerungen des Soltanien (Jung-Pleistozän) und des Rharbien (Holozän) tektonisch unberührt zu sein (CHOUBERT & FAURE-MURET 1965) (Abb. 4). Diese Akkumulationen überdecken im Bereich des Beckens von Ouarzazate im Untergrund vorhandene Störungslinien und lassen sie oberflächlich nicht direkt sichtbar werden.

Die endogenen quartären Bewegungen beeinflußten natürlich auch die Entwicklung des heute sichtbaren Reliefs im Arbeitsgebiet. Tektonische und klimatische Impulse, die sich zeitlich überlagerten (CHOUBERT 1965), führten zur Ausbildung verschachtelter Flächensysteme, die in der bisherigen Terminologie vom jüngsten und tiefstgelegenen bis zum ältesten Niveau als q1 bis q6 bezeichnet werden (SERVICE GEOLOGIQUE DU MAROC 1966, 1975). Als wesentlich für die Reliefentwicklung erwies sich die Ablenkung des Dadès. Dieser floß ursprünglich nach Südosten und gehörte damit zum System des Oued Todhra bzw. des Oued Rheris, was durch Ablagerungen des Villafranchien im heutigen Wasserscheidenbereich östlich von Boumalne belegt wird. Gegen Ende des Saletien (Alt-Pleistozän) führten tektonische Bewegungen zum Anschluß des Dadès an das Dra-System (CHOUBERT & FAURE-MURET 1965). Vulkanische Aktivitäten im Siroua-Massiv plombierten während des Amirien (Mittel-Pleistozän) den bis dahin erfolgenden Abfluß und zwangen den Dra aus seiner südwestlichen Richtung in den heute festzustellenden südlichen Abfluß. Im Zusammenwirken mit den endogenen Lageänderungen des Vorfluters sorgten die klimatisch bedingten Aufschüttungs- und Einschneidungsphasen der Pluvial- bzw. Interpluvialzeiten des Quartärs für die Ausbildung der heute sichtbaren Glacisflächen und Flußterrassen.

Faziell lassen sich die anstehenden Sedimentgesteine des Beckens von Ouarzazate durch Ablagerungen seit dem Eozän beschreiben.

Bei den stellenweise an den Beckenrändern anstehenden eozänen Schichten sind drei Horizonte charakteristisch (CHAMAYOU & RUHARD 1977):

— das untere Eozän, bei dem verschiedene marine Serien mit muschelhaltigen Sandsteinen und geringmächtigen Kalkbändern auftreten, welche durch Mergelhorizonte und gröbere Brekzien getrennt werden;
— das mittlere Eozän mit seinen kalkigen Ablagerungen, die durch Mergelbänder unterbrochen sind;
— das obere Eozän, in dem kalkhaltige, mergelige Sandsteine mit gipshaltigen Mergeln wechseln.

Oligozäne limnische Ablagerungen werden von Sedimenten des Mio-Pliozäns diskordant überdeckt. Sie enthalten keine Fossilien und lassen sich mit denen des oberen Eozäns vergleichen (GAUTHIER 1960).

Die Sedimente die Mio-Pliozäns, die die geologische Karten 1:200 000 (SERVICE GEOLOGIQUE DU MAROC 1966, 1975) als mio-pliozäne Konglomerate (mpc) zusammenfaßt, bestehen aus einer Wechselfolge von Sandsteinen, Mergeln und Kalkbänken, zu denen in den oberen Bereichen unterschiedlich mächtige Konglomeratbänke kommen (Abb. 5). Die weite Verbreitung dieser Sedimente des Tertiärs im Arbeitsgebiet ermöglicht die Kennzeichnung fazieller Besonderheiten in verschiedenen räumlichen Einheiten des Beckens.

CHOUBERT 1951 u. 1961

| Höhe üb. NN | Strandniveaus (interpluviale Transgr.) | Pluviale | Terr. Niveaus der Pluviale (Terrassen) | rel. Höhe | typische Bildungen | prähistorische Entwicklungsstufen | AMBOS 1977 | RAYNAL 1957 | CHOUBERT et al. 1975 |
|---|---|---|---|---|---|---|---|---|---|
| +0 m | heutiges Strandniveau | | | | | | Oued | A 2 | A |
| 2 m | Mellahien (flandr. Transgr.) | Rharbien | unterste Terrasse | 2-3 | Tirs | Neolithiker | T 1 | A 1 | q A Reg le plus Recent |
| | | | | | | Epipaläolithiker | | | |
| 5-10 m | Ouljien (Tyrrhenien II) | Soltanien (Würm) | untere Terrasse (rotbraun, lehmig) | 10 | rote Lehme, unverkrustet | Aterien | T 2 | Q 4 | q 1 Reg Recent |
| 15 m | Rabatien (Tyrrhenien Ib) | Tensiftien (Riss) | mittlere Terrasse (Schotter) | 20-30 | Kalkkrusten, lakustrische Kalke | Entwicklung des Acheuls | T/G 3 | Q 3 | q 2 Reg Moyen |
| 30 m | Anfatien (Tyrrhenien Ia) | Amirien (Mindel) | hohe Terrasse (verfestigt) | 50-60 | ältere rote Lehme | | T/G 4 | Q 2 | q 3 Reg Ancien |
| 50-60 m | Moarifien (Sicilien II) | Salétien (Günz) | sehr hohe Terrasse | 70-100 | grobe Schotter, Eisenkonkretionen | Olduvay-Stufe | T/G 5 | Q 1 | q 4 Reg le plus Ancien (80-100 m) |
| 90-100 m | Messaoudien (Sicilien I) | Regregien (Donau) | 5. Terrasse | 150-170 | Kalkkrusten? | ? | T/G 6 | — | — |
| | ? | | | | | | | | |
| 200 m | Maghrebien (Calabrien) | Moulouyen (Donau) | Konglomerate | verstellt | rote Formation von Mamora | Pebble Kulturen | G 7 | Q' | q 5 (150 m) |
| | Pliozän | Plio-Villa-franchien | unterer Dra | | lakustrische Kalke | | | | q 6 |

Tektonische Aktivität nach COUVREUR 1981

Abb. 4: Ergänztes quartärstratigraphisches Schema von CHOUBERT (1951, 1961).

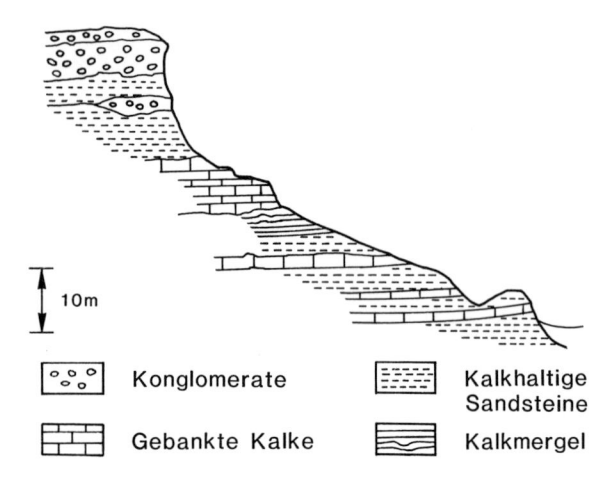

| Konglomerate | Kalkhaltige Sandsteine |
| Gebankte Kalke | Kalkmergel |

Abb. 5: Profil durch mio-pliozäne Schichten (mpc) am Oued Imassine (verändert nach GAUTHIER 1960:148).

Westlich des Assif Marghene enthalten die feinkörnigen Sandsteine des mpc häufig Gipsablagerungen. Diese können marienglasartig klar in mehr oder weniger großen Plättchen und Fragmente, aber auch in Form milchiger kompakter Einheiten Bänder von oft mehreren Zentimetern bis Dezimetern Dicke bilden. Östlich des Assif Marghene konnten derartige Calciumsulfatablagerungen nur noch im Bereich der Inselberge bei Tikniwine sowie vereinzelt in einigen tief eingeschnittenen Abflußbahnen des Izerki-Systems festgestellt werden.

Fossilien in mpc-Sedimenten treten kaum auf. GAUTHIER (1960) beschreibt Fossilienfunde im Bereich von Skoura. Während der Geländearbeiten konnte westlich von Skoura, wo der Oued Idami auf die Piste Ouarzazate-Skoura trifft, ein bis zu 80 cm mächtiger Sandsteinhorizont festgestellt werden, der Schnecken- und Muschelreste enthielt.

Eindeutig pliozäne Ablagerungen sind selten. Lediglich am Südrand des Hohen Atlas stehen im Bereich von Assermo und Toundoute, nördlich von El Kelaa de Mgouna sowie westlich von Boumalne pliozäne Konglomerate an, die sich durch größere (bis 30 cm Durchmesser) und besser gerundete Bestandteile von den darunter liegenden mpc-Konglomeraten unterscheiden.

Die quartären Glacisablagerungen, sofern sie noch vorhanden sind und nicht wie im Fall der ältesten Niveaus des Moulouyen (Ältest-Pleistozän), q6 und q5, bereits bis auf die unterlagernden Tertiärschichten abgetragen sind, bestehen aus mehr oder weniger verfestigten Fanglomeraten bzw. Fangern (im Sinne von STÄBLEIN 1968) in einer Feinsedimentmatrix und sind von einem in Größenspektrum und Dichte unterschiedlichen Steinpflaster bedeckt.

Einen interessanten Sonderfall stellen die an der Piste Ouarzazate-Skoura im Bereich des Jbel Adrough gelegenen Travertinbereiche dar (GAUTHIER 1960, GAUTHIER & HINDERMEYER 1953). Hier sind in Klüften aufsteigende kalkhaltige Wässer für Carbonatausfällungen in Form gebänderter Kalke, poröser und oft tuffartiger Calcite sowie stellenweise als Onyx verantwortlich. Das in den Ausfällungen enthaltene Mangan deutet darauf hin, daß die entsprechenden Lösungen von manganhaltigen Gesteinen des präkambrischen Sockels kontaminiert wurden. Eine Datierung der in der geologischen Karte 1:200 000 (SERVICE GEOLOGIQUE DU MAROC 1966) als nichtdatierte Travertinen ("Travertins d'age indeterminée") ausgewiesenen Bereiche ist nur relativ möglich. Sie liegen im Bereich der Khela Imarassen tiefer als das benachbarte q4-Niveau und ziehen sich bis in das Höhenniveau von q1 hinab. Es liegt nahe, sie als post-salétien (mittelquartär) einzuordnen, doch geht die Kalkausfällung in diesem Bereich auch heute an kleinen Quellen und Abflußbahnen weiter.

### 2.3 Beschreibung des Reliefs

Im Bereich des Beckens von Ouarzazate lassen sich geomorphographisch fünf Gruppen von Reliefformen unterscheiden, deren minimale Basisbreite bei 100 m liegt und die daher größentypologisch dem Meso- und Makrorelief zugeordnet werden (Tab. 4):

— quartäre Glacisflächen, die im folgenden entsprechend dem bereits dargestellten Quartärschema als q1 bis q6 bezeichnet werden, sowie Flächen mit anstehenden mpc-Konglomeraten;
— in mio-pliozänen Gesteinen angelegte Schichtstufen;
— Oueds;
— Bereiche junger Terrassenschüttungen;
— Bereiche intensiver Zerschneidung (Badlands).

Die aktuelle Überprägung der Reliefformen spiegelt sich in der auf ihnen vorhandenen Vergesellschaftung von Reliefelementen in den Größenkategorien des Mikro- und Nanoreliefs wider (Tab. 5).

#### 2.3.1 Bereiche existenter Flächen

Die ältesten Glacisniveaus (q6 und q5) sind nur noch in Resten erhalten und treten verstärkt östlich der Linie Skoura-Toundoute auf. Westlich dieser Linie ist q5 nur als gering ausgedehnte Oberfläche einiger mpc-Rücken erhalten. Die verwitterte Auflage ist dünn, meist stößt man bereits nach 15-20 cm auf verbackene Verwitterungsreste des mpc. Da häufig oberflächlich Konglomeratbänke sichtbar sind, fällt es schwer, die in der geologischen Karte als q5 und q6 ausgewie-

Tab. 4: Größentypen des Reliefs (Grenzwerte nach BARSCH & STÄBLEIN 1978).

| | Erstreckung | | Fläche | Höhe | Beispiel |
|---|---|---|---|---|---|
| Megarelief | über 1000 km | | über 1 Mio km² | | Afrikanischer Schild |
| | 1000 km | Grenzwerte | 1 Mio km² | | |
| Makrorelief | um 100 km | | um 10 000 km² | | Anti-Atlas |
| | 10 km | Grenzwerte | 100 km² | 1000 m | |
| Mesorelief | um 1000 m | | um 1 km² | | Glacis, Schichtstufe |
| | 100 m | Grenzwerte | 10 000 m² | 10 m | |
| Mikrorelief | um 10 m | | um 100 m² | | Schuttrampe, Erosionskegel |
| | 1 m | Grenzwerte | 1 m² | 0.1 m | |
| Nanorelief | um 0.1 m | | um 0.01 m² | | Windrippeln |
| | 0.01 m | Grenzwerte | 0.0001 m² | | |
| Picorelief | unter 0.001 m | | unter 0.0001 m² | | Napfkarren |

Tab. 5: Vergesellschaftung von Reliefelementen auf Reliefformen des Beckens von Quarzazate.

| Reliefform | Reliefelemente | | |
|---|---|---|---|
| | aquatisch | äolisch | anthropogenetisch |
| quartäre Glacis, mpc-Schichtflächen | Verspülungen, Rinnen- und Rillenspülungen, Spülmulden | — | — |
| mpc-Stufen | Schuttrampen, Hangkerben, Pilzfelsen, Spülrinnen- und rillen, Verspülungen | — | — |
| Oueds | Gullies, Rinnen- und Rillenspülungen, Verspülungen, Schotterbänke, Terrassen | Windrippeln, Nebkas, Flugsanddecken | — |
| junge Terrassenschüttungen | Verspülungen, Rinnen- und Rillenspülungen, Gullies | — | Erdwälle |
| Badlands | Erosionskegel, Gullies, Rinnen- und Rillenspülungen, Verspülungen | — | — |

senen Bereiche von benachbarten, als mpc bezeichneten Gesteinsflächen, zu unterscheiden.

Bei der Betrachtung dieser flächenhaften Reliefformen stellt sich die Frage nach dem Glacis-Begriff. MENSCHING (1973) versteht darunter die Fußflächen, die in geomorphologisch weicherem Sedimentgestein angelegt sind und unterscheidet sie von dem darunter liegenden "pliozänen Sockel, dem echten Pediment" (MENSCHING 1958: 177). Im Bereich des Beckens von Ouarzazate unterscheiden sich die mio-pliozänen Konglomerate hinsichtlich ihrer geomorphologischen Wertigkeit nicht von den vereinzelt auftretenden Fanglomeraten. Flächen, in denen sie oberflächlich anstehen, sind also im Sinne dieser Definition, die das Pediment als Abtragungsfläche über geomorphologisch harten Gesteinen erklärt, als Glacis zu bezeichnen. Die in den geologischen Karten vorgenommene Unterscheidung ältest-pleistozäner Flächen q5 und q6 von den als mpc ausgewiesenen Flächen ist daher nicht gerechtfertigt.

Die jüngeren Glacis heben sich in ihrem Erscheinungsbild deutlich hervor. Sie sind meist schwach geneigt (0° – 2°). Ihre Oberfläche ist von groben, unsortierten Fangern bedeckt, die durch selektive Abtragung des Feinsedimentes freigelegt wurden. Die Glacisflächen gehen häufig fließend ineinander über, randliche Stufen sind dann nur schwach ausgeprägt. Eine Unterscheidung ist oft nur aufgrund ihrer relativen Höhe möglich.

Die in mpc-Gestein angelegten Flächen unterscheiden sich durch die anstehenden Konglomeratbänke bereits optisch von den quartären Glacis. Ihr Steinpflaster hebt sich durch die hellen kalkhaltigen Ummantelungen des Deckschuttes (Reste von Matrixmaterial des mpc-Konglomerates) deutlich von den infolge Wüstenlackbildung schwarzen Fängern ab.

Allen Flächenbereichen ist das nur vereinzelte Auftreten von aktuellen Abtragungsspuren gemeinsam. Die in den Bodenprofilen feststellbare Zunahme des Medianradius an der Oberfläche spricht für selektiven flächenhaften Materialtransport, der vereinzelt auch zur Freilegung von Pflanzenwurzeln führen kann. Das Feinmaterial wird in kleinen Mulden akkumuliert, die sich dann durch die Zunahme der Schluff- und Tonfraktionen im Feinsediment von den umgebenden Flächenbereichen unterscheiden.

Das angeführte Beispiel stammt von einem q3-Bereich westlich von Toundoute (Lambert-Koordinaten: x = 384.3, y = 475.6) (Abb. 11). Hier ist in einer Muldenstruktur Feinmaterial akkumuliert worden. Die Feinsedimentablagerung hebt sich wegen der in ihr verdichteten Vegetation sowie der geringeren Steinpflasterdichte (0 – 10%) deutlich von dem umgebenden q3-Glacis (Steinpflasterdichte 80 – 90%) ab.

Das Bodenprofil in der Mulde (Abb. 6 – 8) weist einen Anstieg des Tonanteils in 20 – 25 cm Tiefe auf. In 40 – 45 cm Tiefe nimmt der Bodenskelettanteil sprunghaft zu, da hier die Untergrenze der Muldenstruktur erreicht ist.

Im benachbarten Glacisbereich ist der Sandanteil an der Oberfläche deutlich höher als in 20 – 25 cm Tiefe, was man auf die selektive Abspülung des schluffigen und tonigen Materials zurückführen kann (Abb. 9, 10, 11). Es fanden sich keine Hinweise, die eine Erklärung dieser Korngrößendifferenzierung als Folge des durch schwankende Bodenfeuchtegehalte verursachten Schwellens und Schrumpfens von Tonen (YAALON & KALMAR 1972, 1977) gestatteten.

Lineare Abspülformen im Bereich der schwachgeneigten Flächen sind selten. Ihre Eintiefung ist meist so gering, daß sie in erster Linie wegen der in ihnen linienhaft verdichteten Vegetation auffallen. Wenn man die Substratzusammensetzung in einer Abflußbahn mit der auf der benachbarten Fläche vergleicht, so fällt der höhere Anteil gröberer Fraktionen in der Zusammensetzung der Abspülform auf (Abb. 12, 13). Die mehrfach beobachtete höhere elektrische Leitfähigkeit eines wäßrigen Bodenextraktes von Substraten aus Rinnen im Vergleich mit Proben benachbarter Flächensubstrate ist auf die Versickerung und Verdunstung von Oberflächenabflußwasser zurückzuführen.

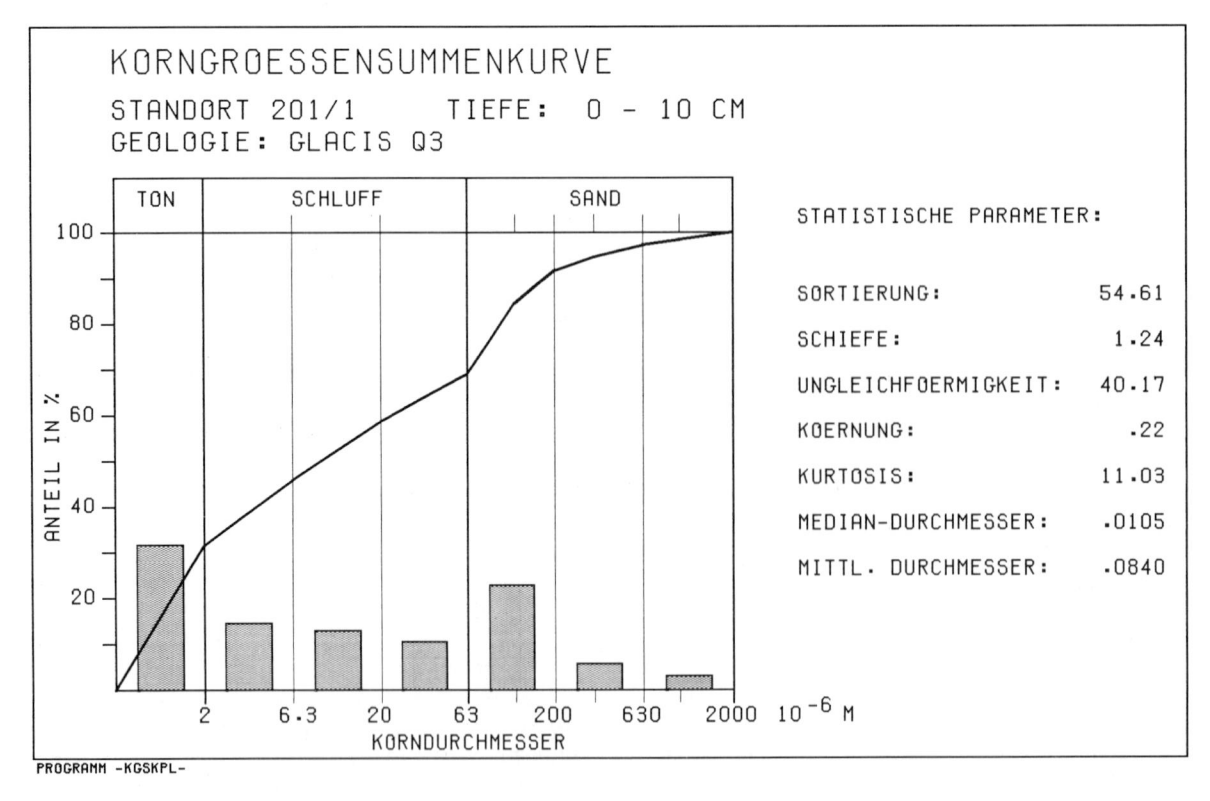

Abb. 6: Korngrößenverteilung der Oberfläche einer Feinsedimentakkumulation auf q3 westlich Toundoute.

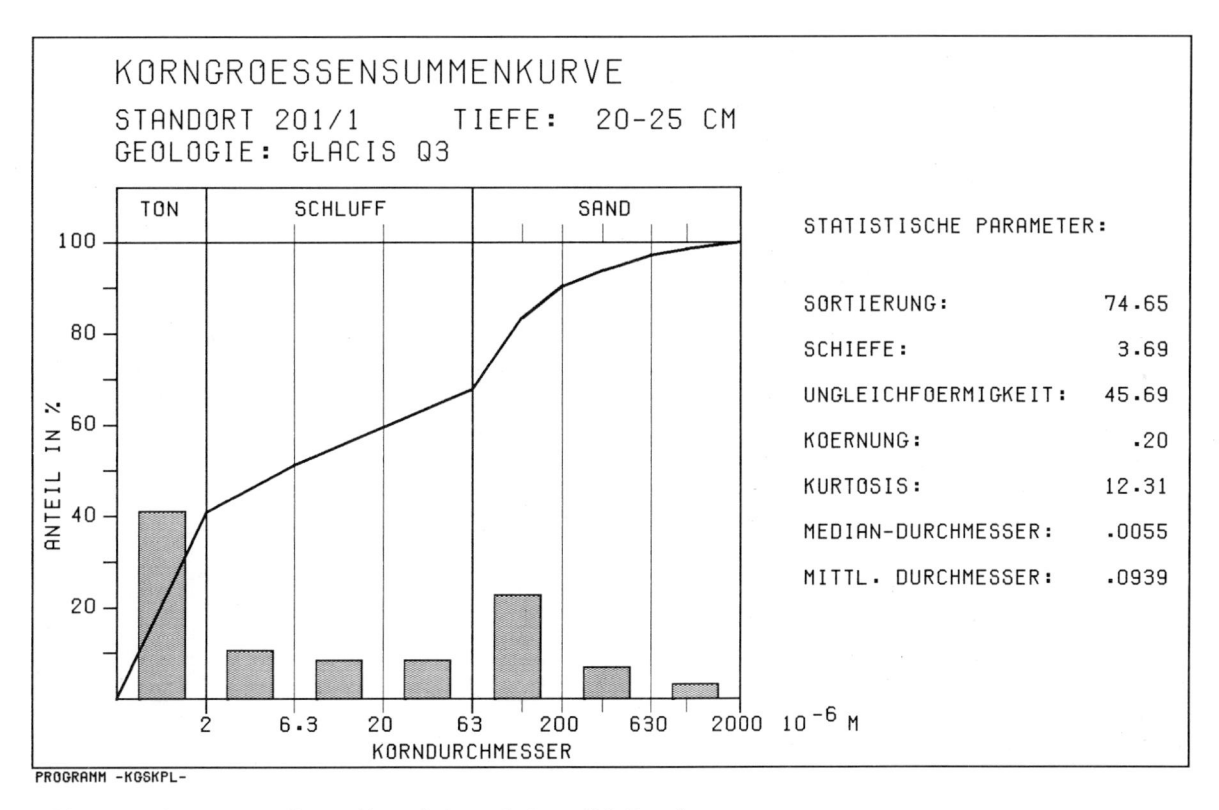

Abb. 7: Probe aus Feinsedimentakkumulation auf q3 westlich Toundoute.

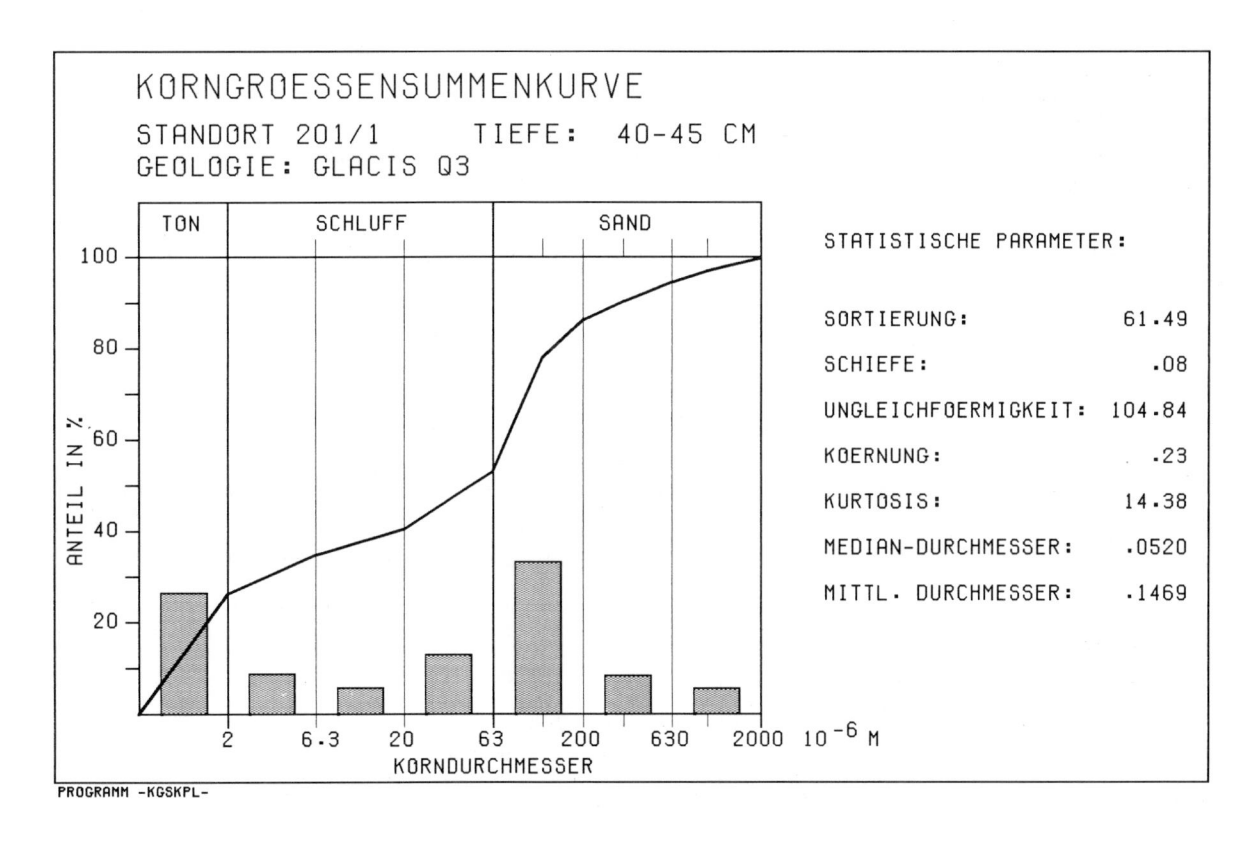

Abb. 8: Probe von q3-Substrat, entnommen aus einer Profiltiefe unterhalb der Feinsedimentakkumulation.

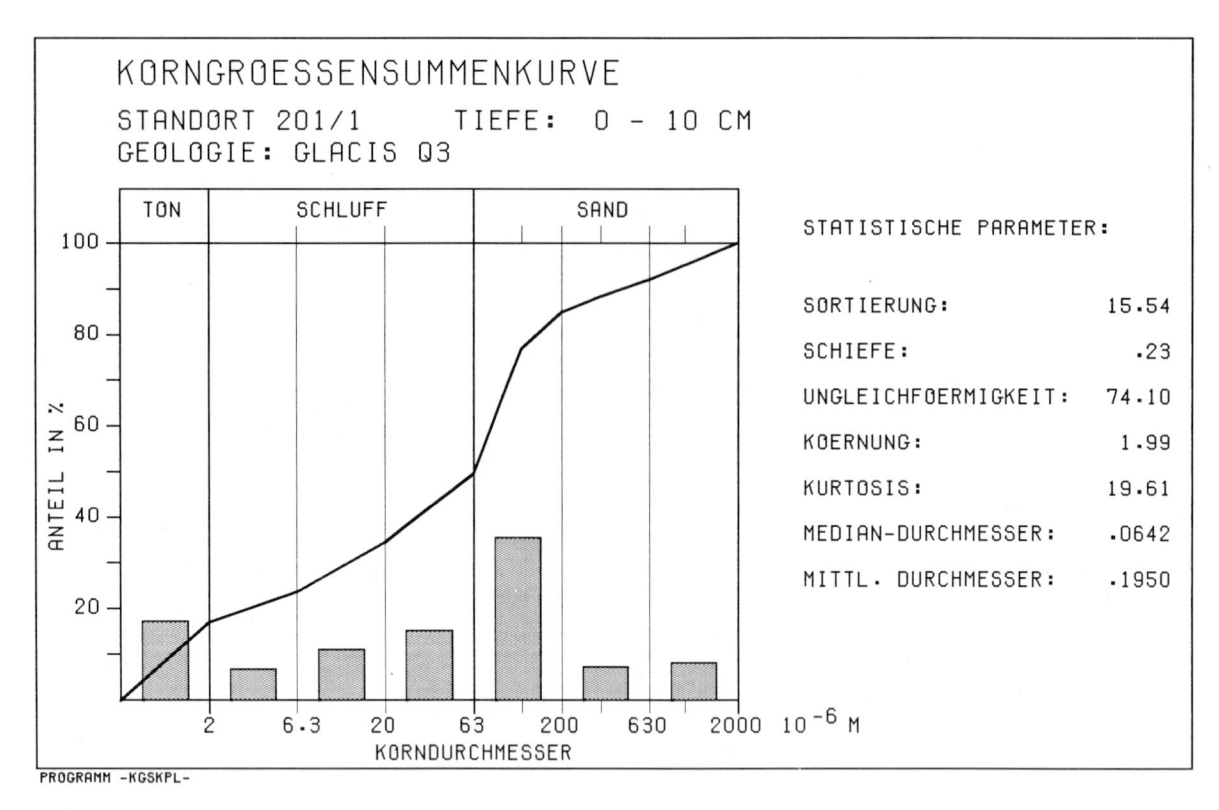

**KORNGROESSENSUMMENKURVE**
STANDORT 201/1   TIEFE: 0 - 10 CM
GEOLOGIE: GLACIS Q3

STATISTISCHE PARAMETER:

| | |
|---|---:|
| SORTIERUNG: | 15.54 |
| SCHIEFE: | .23 |
| UNGLEICHFOERMIGKEIT: | 74.10 |
| KOERNUNG: | 1.99 |
| KURTOSIS: | 19.61 |
| MEDIAN-DURCHMESSER: | .0642 |
| MITTL. DURCHMESSER: | .1950 |

PROGRAMM -KGSKPL-

Abb. 9: Substratprobe von q3, entnommen 50 m südlich der Feinsedimentakkumulation.

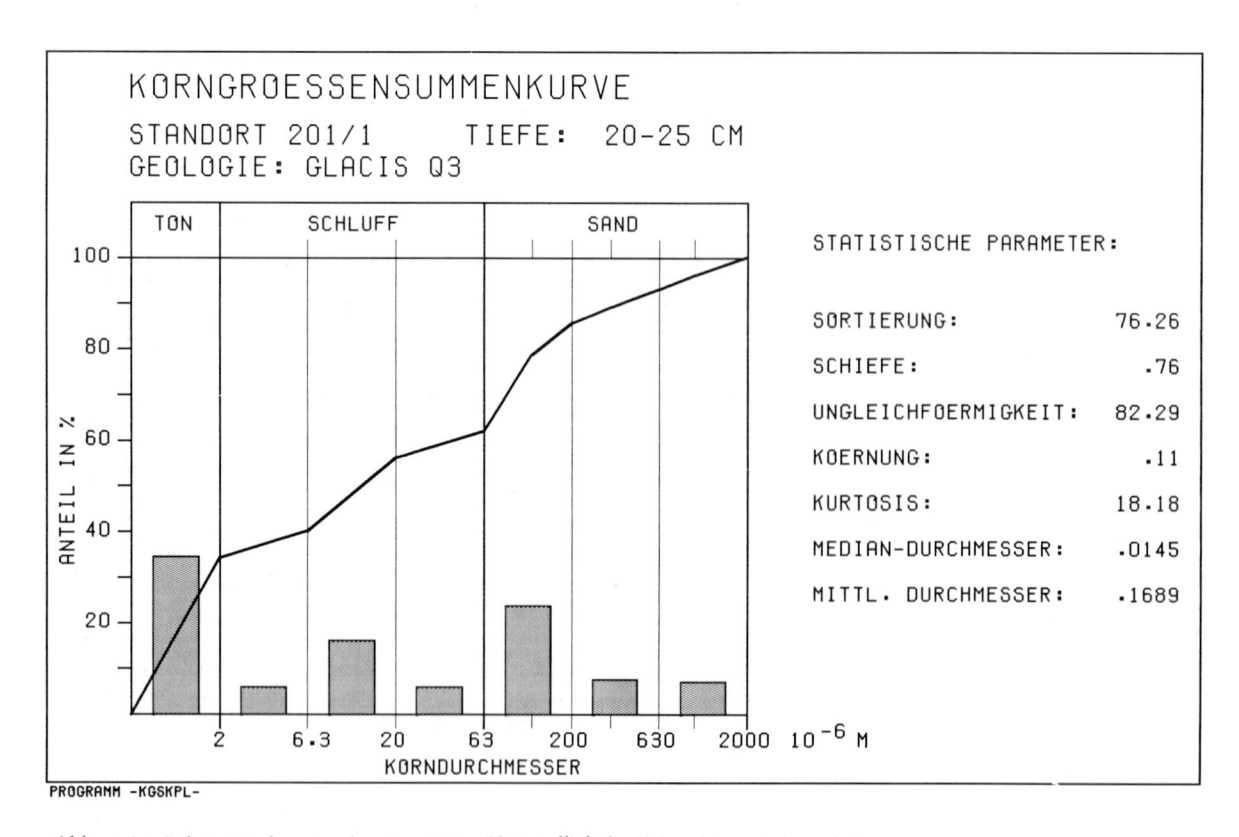

**KORNGROESSENSUMMENKURVE**
STANDORT 201/1   TIEFE: 20-25 CM
GEOLOGIE: GLACIS Q3

STATISTISCHE PARAMETER:

| | |
|---|---:|
| SORTIERUNG: | 76.26 |
| SCHIEFE: | .76 |
| UNGLEICHFOERMIGKEIT: | 82.29 |
| KOERNUNG: | .11 |
| KURTOSIS: | 18.18 |
| MEDIAN-DURCHMESSER: | .0145 |
| MITTL. DURCHMESSER: | .1689 |

PROGRAMM -KGSKPL-

Abb. 10: Substratprobe von q3, entnommen 50 m südlich der Feinsedimentakkumulation.

Abb. 11: Standort 201/1 (Lambert-Koordinaten: x = 384.3, y = 459.8): Blick nach Norden über Glacis q3.

In einer flachen Mulde ist Feinmaterial akkumuliert worden, das sich durch das Fehlen eines Steinpflasters deutlich von der umgebenden Glacisoberfläche abhebt.

Neben den Abspülformen treten auf den Flächen gelegentlich durch Austrocknung konservierte Fließstrukturen im Oberflächensubstrat auf, die man dem Nanorelief zuordnen muß. Sie sind integrierte Bestandteile der praktisch auf den gesamten Flächen ausgebildeten Oberflächenverdichtungskruste.

Die Oberflächenverdichtungskruste ist eine subaerische Verfestigung des Substrates. Die Entstehung dieses in der englischsprachigen Literatur als "surface crust" bezeichneten Phänomens wird mit der Zerstörung von Aggregaten durch Splash, die Verschlämmung von Feinmaterial sowie die Verfüllung von Spalten und Poren im Bodengefüge mit anschliessender Austrocknung erklärt (EPSTEIN & GRANT 1967, de PLOEY 1974). Sie geht fliessend in das darunter liegende Feinsubstrat über und kann von diesem nicht abgegrenzt werden. Damit unterscheidet sie sich von der bei MORTENSEN (1927) beschriebenen Staubhaut, die eine klare Untergrenze gegen das darunter befindliche lockere Substrat besitzt. In ihrem Verhalten gegenüber Niederschlag entspricht sie der bei BRIEM (1977) erwähnten "Tonhaut" und läßt Tropfen abperlen, kann jedoch im Gegensatz zu dem dort beschriebenen Phänomen nicht als "schaumbodenartig" bezeichnet werden.

In der Nachbarschaft von Oueds können die bisher beschriebenen Reliefelementgesellschaften durch äolische Akkumulation in Form von Flugsandüberwehungen oder an Vegetation gebundener Anwehung ergänzt werden. Außerdem ist hier eine verstärkte Tiefenerosion in den Linearformen möglich. Der Übergangsbereich zwischen den Reliefformen Fläche und Oued besitzt also ein weiteres Spektrum von Reliefelementen.

Abschließend seien Sonderformen erwähnt, die östlich von Boumalne auftraten, auf den Flächen sonst aber fehlten. Westlich von Imider (Lambert-Koordinaten: x = 457.7, y = 487.9) und nördlich von Timadriouine (Lambert-Koordinaten: x = 469.2, y = 494.1) fielen muldenfüllende Feinsedimentakkumulationen auf. Ein oberflächliches Steinpflaster fehlte im Gegensatz zu den umgebenden Flächenbereichen fast völlig, der Bodenskelettanteil war vernachlässigbar gering. In den Substraten der Verfüllungen ist der

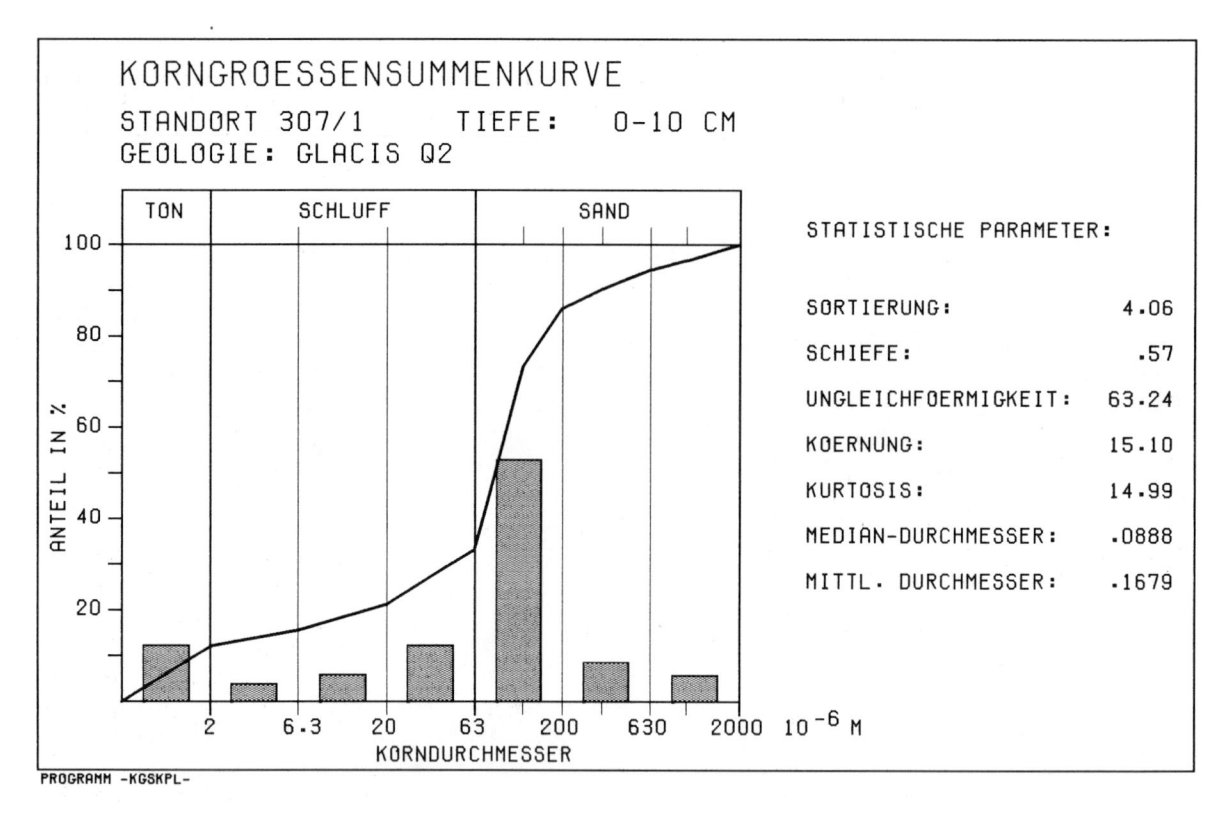

Abb. 12: Probe aus Rinnenspülung auf Glacis q2 (Lambert-Koordinaten: x = 365.3, y = 459.8).

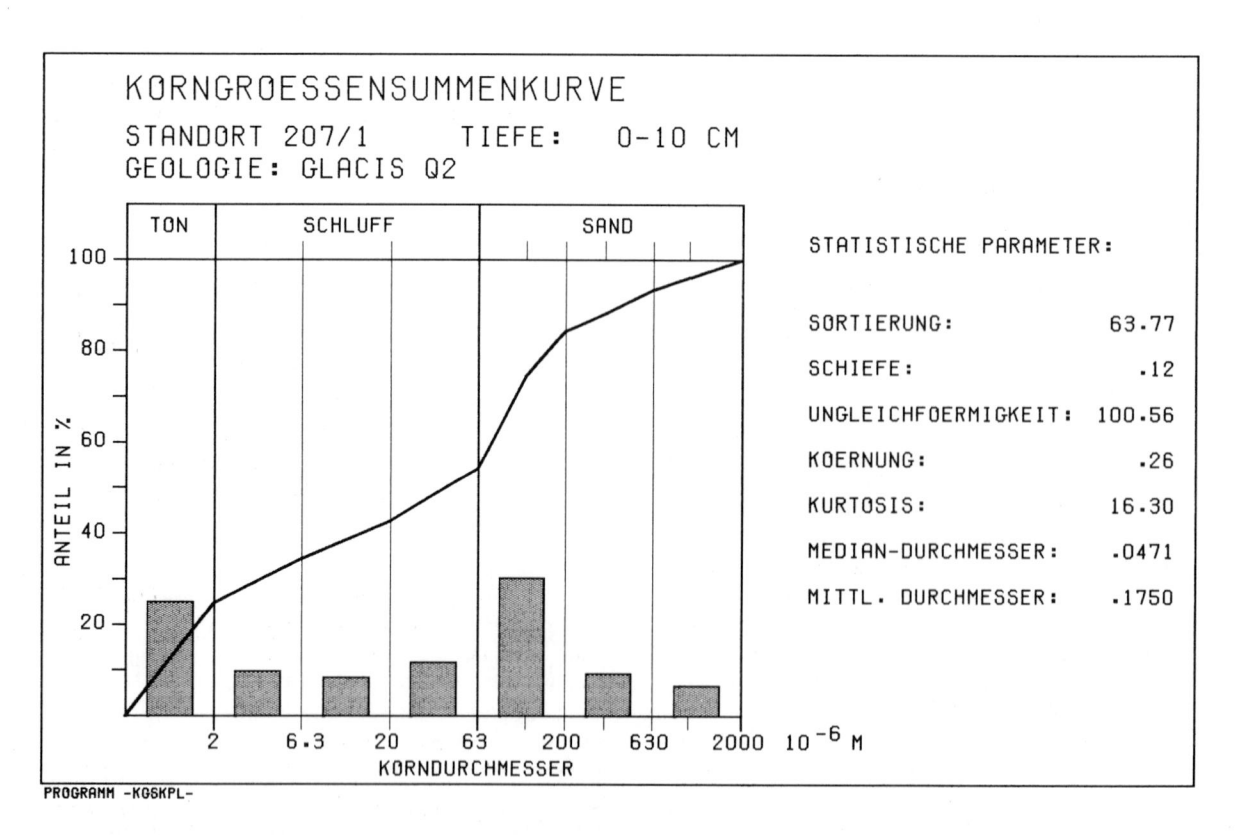

Abb. 13: Probe von der Oberfläche des der Rinne benachbarten Glacis q2 (Koordinaten siehe Abb. 12).

Anteil von Schluffen und Tonen wesentlich höher als im umgebenden Feinsediment.

Auffällig sind zahlreiche frische Sackungserscheinungen, die sich nicht auf den Versturz von Tierbauten zurückführen lassen. In beiden Formen enden einige zunächst in Gefällsrichtung verlaufende Spülrinnen im Muldentiefsten in jungen Sackungslöchern. In diesem Bereich treten sogenannte "daia" auf, worunter eine geschlossene Hohlform (Vorzeitform) zu verstehen ist, in der später akkumuliertes Feinsediment bei entsprechendem Angebot wasserspeichernd wirkt (GAUTHIER 1960). Die jungen Sackungslöcher deuten auf eine bedeckte junge Lösung des kalkhaltigen mpc-Untergrundes hin, die durch die beschriebene Wirkung der Feinsedimentfüllung auch unter den ariden Klimabedingungen gelegentlich möglich wird. Es sei vorweggenommen, daß auch an Kalkschottern und Kalkmatrixresten der mpc-Konglomerate (vgl. 2.3.2), hier allerdings im Maßstab des Picoreliefs, Lösungsformen (Napf- und Rinnenkarren) für das Auftreten aktueller Korrosionsprozesse sprechen.

2.3.2 Stufen in den mio-pliozänen Schichten

Auffällige Reliefformen im Becken von Ouarzazate stellen die in mpc-Gesteinen angelegten Schichtstufen dar, die sich zumeist deutlich über die Flächen erheben und an denen Spitzenwerte der Hangneigung bis 25° erreicht werden.

Als Stufenbildner fungiert eine konglomeratische Bank; der Sockel ist in Sandsteinen unterschiedlicher Zusammensetzung und/oder Mergeln angelegt. Den konkaven Stufenhängen sind meist mehr oder weniger deutlich ausgeprägte Schuttrampen vorgelagert, die damit frühere Positionen der ehemaligen Stufenhänge markieren (BLUME & BARTH 1972).

Die in mpc-Gestein angelegten Stufen (mpc-Stufen) treten in der Form isolierter Vollformen verstärkt im Bereich zwischen dem Oued Toundoute und dem Assif Mgoun auf. Westlich der Linie Skoura-Toundoute sind sie nur vereinzelt als Inselberge (Tikniwine westl. Ouarzazate) bzw. in der Nachbarschaft größerer Oueds (z.B. Assif Anatim, Assif Mengoub) zu finden.

Die Häufung der Vollformen in dem genannten Bereich hat mehrere Gründe. Das Becken wird nach Osten schmaler, damit nimmt aber auch die Distanz des Nordrandes (des Beckens) zum Vorfluter Dades ab. Die Vorfluternähe verstärkt die Tendenz zur Tiefenerosion der vom Atlasrand südwärts entwässernden Oueds. Die Vorgabe linienhafter Abflußbahnen führt durch Abflußkonzentration zu weiterer linearer Einschneidung. Durch die Zerschneidung der Altflächen (q5) und des mpc wurden die für den flächenhaften Abtrag auf den Schichtflächen verantwortlichen Einzugsgebiete kleiner, während im Vorland in die Tiefe erodiert wurde.

Tektonische Bewegungen, die bis ins Tensiftien (Mittel-Pleistozän) anhielten (CHOUBERT & FAURE-MURET 1965), haben die linienhafte Abtragung in diesem Bereich verstärkt. Der enge Zusammenhang mit der tektonisch bedingten Umleitung des Dadès am Ende des Salétien (Alt-Pleistozän) wird auch dadurch deutlich, daß in den Tälern dieses Beckenteiles altpleistozäne Schüttungen fehlen.

Die Erhaltung der Altflächenreste bzw. mpc-Stufen ist aber auch auf die Flußdichte zurückzuführen. Die Flächenreste liegen stets im Wasserscheidenbereich kleiner Einzugsgebiete und erfuhren so in der Vergangenheit einen gewissen Abtragungsschutz. Ihre Zerstörung durch vorflutorientierte Hangkerben konnte nicht für vollständige Abtragung sorgen. Der flächenerhaltende Effekt von Wasserscheiden wird auch durch die erhaltenen q5-, q6- und mpc-Flächen östlich von Boumalne im Wasserscheidenbereich zwischen Dadès-Dra- und Todhra-Rheris-System bestätigt.

Die Gesellschaft der Reliefelemente im Bereich der mpc-Stufen wird durch das Nebeneinander von Schuttrampen und Hangkerben gekennzeichnet. Im Vorland der Stufen laufen die Hangkerben aus oder gehen in Rillen- und Rinnenspülungen der Glacis über, denen damit auch sandiges tertiäres Material zugeführt werden kann.

Im Wasserscheidenbereich der Schuttrampen kann es zur Ausbildung von Pilzfelsen kommen (Abb. 14). Sie entstehen, wenn unter abgebrochenen und hangabwärts bewegten Konglomeratblöcken, die im Sockelhang zur Ruhe gekommen sind, das abspülungsanfällige Feinmaterial teilweise entfernt wird. Durch die Wasserscheidenposition kommt der Abspülprozeß zum Stillstand, und der Block ruht auf einem Feinmaterialsockel.

Die Reliefelemente auf den Schichtflächen der Stufen entsprechen (in Abhängigkeit von der flächenhaften Ausdehnung) der in 2.3.1 beschriebenen Vergesellschaftung auf Flächen.

2.3.3 Oueds

Die Oueds des Beckens von Ouarzazate sind überwiegend Leitlinien eines episodischen Abflusses. Als pe-

Abb. 14: Pilzfelsen auf mergeliger Schuttrampe im westexponierten mpc-Hang bei Tikniwine (Lambert-Koordinaten: x = 348.0, y = 442.1).

rennierende Flüsse können nur Dadès, Assif n'Imini und Assif Mgoun gelten.

In Abhängigkeit vom Untergrund haben sich unterschiedliche Taltypen herausgebildet.

Die Täler im Glacisbereich haben einen muldenförmigen Querschnitt mit gestreckten Hängen. Die Abflußbahnen sind durch eine scharfe Arbeitskante von der Umgebung getrennt, deren relative Höhe nur selten 2 m überschreitet.

Im Bereich der in mio-pliozänem Material angelegten Flächen sind die Konglomerate bereits durchschnitten. Liegt die aktuelle Fließrinne tiefer als die lokale Untergrenze der Konglomeratbank, so führt mäandrierendes Unterschneiden der Uferränder im Prallhang zum Abbrechen von Konglomeratblöcken und zu einer Versteilung dieses Bereiches. Die zugehörigen schwächer geneigten Gleithänge rufen den Eindruck asymmetrischer Talquerprofile hervor.

Hat die Einschneidung bereits die tertiären Sandsteinschichten und Mergellagen erreicht, so kann wegen der steilen Uferhänge vom Typ des Kastentales ausgegangen werden. Ein regionales Musterbeispiel trifft man an der Piste Ouarzazate-Skoura zwischen dem Assif Anatim und dem Assif Tizerkit an. Die Abflußbahnen haben sich hier durch das umgebende q3-Niveau (Höhe 1146 m NN) in tertiäres Material eingeschnitten. In 1144 m NN steht eine ca. 2 m mächtige Konglomeratbank an, die allerdings nicht die Kante zum Glacisbereich bildet. Der Übergang von der Fläche zum Talhang vollzieht sich daher nicht als steile Stufe, sondern mit geringerer Neigung. Im Hangbereich, den hier rote mpc-Sandsteinlagen und mpc-Mergel bilden, wirken die härteren Sandsteinhorizonte terrassierend. Entlang der aktuellen Talsohle (1122 m NN) zieht sich in 10 – 12 m relativer Höhe ein Terrassenniveau entlang, das sich z.T. als deutliche Terrasse, häufig aber auch nur als stärker akzentuierte Hangterrassette bemerkbar macht. Oberhalb dieses Niveaus sind die Hänge 40° – 45° geneigt, darunter hat die aktuelle Fluvialdynamik versteilend, z.T. wandbildend, gewirkt.

Im Längsprofil der in mpc-Material angelegten Kastentäler können Gefällsstufen als Folge härterer Sandsteinbänke auftreten, unterhalb derer dann Auskolkung stattfindet.

Allen Oueds ist eine breite, verwitterte Schottersohle gemeinsam. Die bei stärkerem Abfluß aufgeschütteten Schotterbänke sind von mäandrierenden Fließrinnen zerschnitten. Im Niveau der Schotterbänke sind randlich Terrassen ausgebildet, die durch Arbeitskanten von der Umgebung getrennt werden.

Die Ränder der Oueds werden durch verstärkte linienhafte Erosion geprägt. Aus dem Zusammenfluß von Rillen und Rinnen auf den umgebenden Flächen resultiert eine verstärkte Eintiefung, die auf das Niveau der jüngsten Tiefenlinie eingestellt ist. Nach verstärkter Tiefenerosion im Oued erscheinen die Gullies am Rand als hängende Kerben, von denen aus sich erste Rinnen auf die neue Tiefenlinie hin einschneiden.

Neben den aquatisch verursachten Reliefelementen findet man in den Oueds gehäuft äolische Reliefelemente. Das Nanorelief wird durch Windrippeln bestimmt, deren Lage zueinander für lokale polydirektionale Luftströmungen spricht.

Äolische Akkumulation tritt in Form randlicher Anwehungen und gebundener Dünen auf. Letztere stellen ein besonders charakteristisches Formelement von Ouedstandorten dar, auf den benachbarten Flächenbereichen sind sie nur selten anzutreffen. Die gebundenen Dünen (Nebkas) auf den Schotterbänken sind im allgemeinen an das Vorhandensein von *Zizyphus Lotus* und seine Wirkung als Sedimentfalle gebunden. Die Substratzusammensetzung der Nebkas zeigt eine typische Dominanz der besonders auswehungsanfälligen Feinsande (Abb. 15). Mit dem Absterben des Baumes beginnt die Zerstörung der Vollform (Abb. 16).

Das Auftreten äolischer Formen im Bereich der Oueds ist auf die sandigen Feinsedimente zurückzuführen (Abb. 17), die meist locker gelagert und nicht durch eine Oberflächenverdichtungskruste geschützt sind. Während Schluffe und Tone bei Abflußereignissen in Suspension auch bei niedrigen Fließgeschwindigkeiten weit transportiert werden können, werden sandige Fraktionen bereits im Bereich der Trockentäler abgelagert (Abb. 18). Da sie aufgrund fehlender Kohäsionskräfte nicht zur Aggregatbildung fähig sind, bleiben sie nach der Austrocknung der Windwirkung direkt ausgesetzt und werden nur wenig von den oberflächlichen Schottern geschützt.

### 2.3.4 Bereiche junger Terrassenschüttungen

Die in der geologischen Karte 1:200 000 als lehmige untere Niederterrassen ("Basses-basses terrasses li-

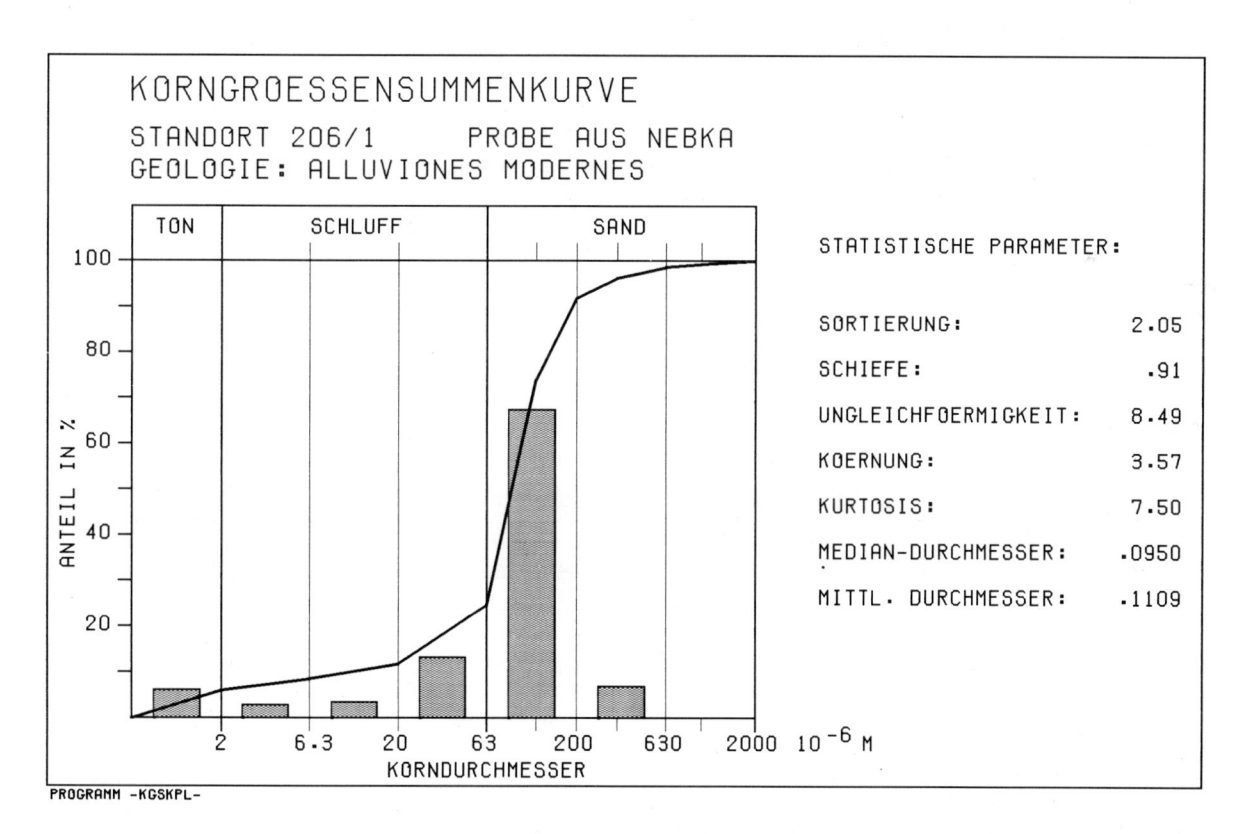

Abb. 15: Probe aus Nebka in Oued südlich Ghassat (Lambert-Koordinaten: x = 363.6, y = 463.2).

Abb. 16: Zerstörter Nebka im Flußbett des Assif Izerki.
Nach Absterben der Pflanze (*Zizyphus Lotus*) werden Korrasion und Auswehung der gebundenen Düne möglich.

moneuses") und jüngste Terrassensedimente ("Alluviones modernes") ausgewiesenen Terrassenbereiche lassen sich oft nur schwer von dem benachbarten Glacisniveau q1 unterscheiden, die Übergänge sind fliessend.

Vor allem im Bereich der größeren Oueds sind die Terrassenschüttungen bevorzugte Standorte landwirtschaftlicher Nutzung. Auf ihren nahezu skelettfreien Sedimenten wird bei günstigen Voraussetzungen Bewässerungswirtschaft betrieben. Die durch kleine Erdwälle begrenzten Beete werden mit Wasser aus benachbarten Oueds oder Brunnen überflutet. Mehrfach legte man auch Hochwasserbeete an, die dann bewirtschaftet werden, wenn die Flächen längere Zeit überschwemmt waren und der Boden ausreichend durchfeuchtet ist (Maader-Wirtschaft) (PLETSCH 1971). Die z.T. zerfallenen Umgrenzungen der nicht genutzten Beete stellen markante anthropogene Formelemente im Bereich der jungen Terrassenschüttungen dar.

Neben Rinnen- und Rillenspülungen sowie Feinmaterialakkumulationen in kleinen Hohlformen sind vielfach auch Gullies ausgebildet, deren Bezugsniveau die unmittelbar benachbarten Abflußbahnen darstellen (Abb. 19).

### 2.3.5 Bereiche intensiver Zerschneidung

Bereiche intensiver Zerschneidung (Badlands) treten im Becken von Ouarzazate nur dort auf, wo besonders abtragungsanfällige Sedimente anstehen und zusätzlich eine Abflußkonzentration wegen unmittelbarer Vorfluternähe für verstärkte linienhafte Erosion sorgt. In ihrer räumlichen Verteilung sind sie daher an den Südrand des Beckens gebunden.

Ein markantes Beispiel findet sich an der Piste Ouarzazate-Skoura im Bereich der Oueds Idami und Idelsane (Abb. 20). Der Vorfluter Dadès ist hier durch schmale Ausläufer des Anti-Atlas vom Beckenbereich getrennt, so daß sich der Abfluß auf einen relativ schmalen Durchbruch durch die präkambrischen Gesteine konzentriert. Ausgehend von den Oueds hat randliche Zerschneidung, die im Bereich von maximal 3 m mächtigen q1-Sedimenten und jüngsten Terrassenschüttungen bis in die unterlagernden mpc-Schichten (Sandstein) reicht, für Badlandbildung gesorgt. Im Zerschneidungsbereich stehen isolierte Erosionskegel mit einer maximalen relativen Höhe von 4 – 5 m über dem Niveau der Abflußbahnen in den Oueds (1160 m NN), deren Hänge Terrassetten als Folge geringer kalkgehaltbedingter Härteunterschiede besitzen. Die Oberflächen der Erosionskegel

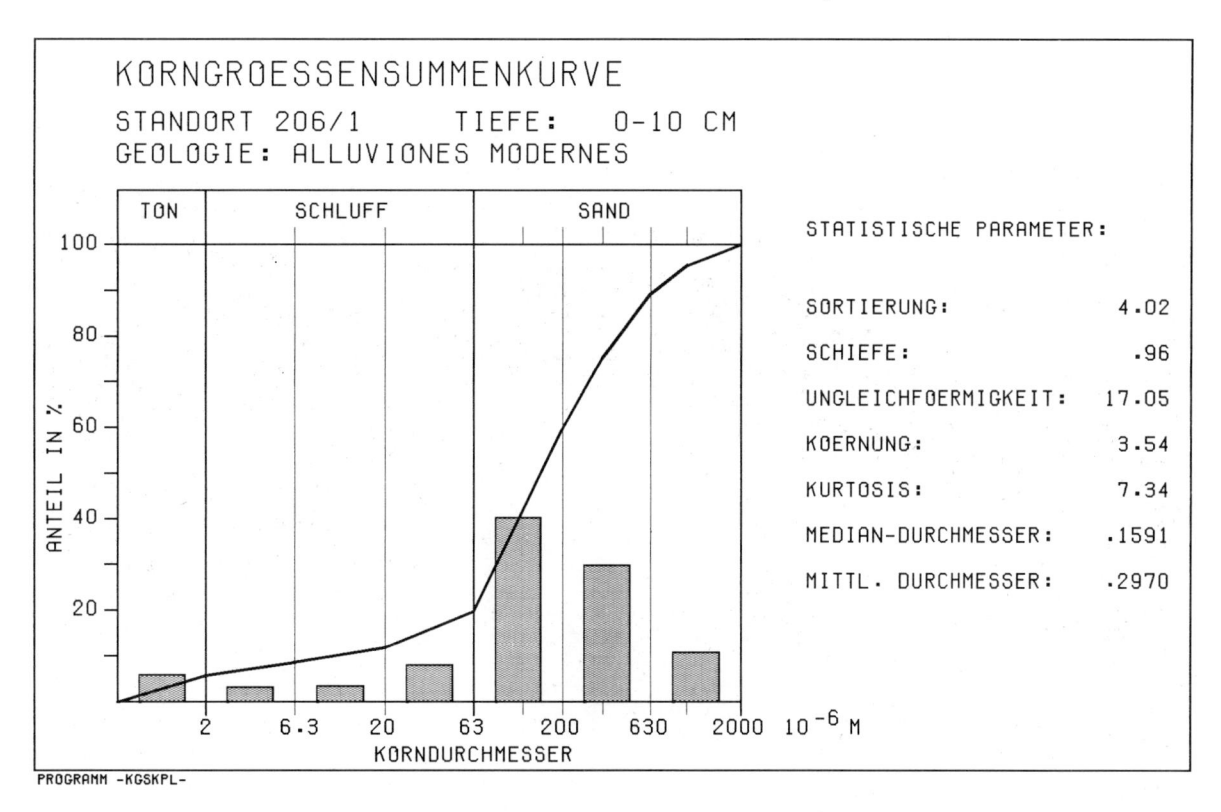

```
KORNGROESSENSUMMENKURVE
STANDORT 206/1      TIEFE:    0-10 CM
GEOLOGIE: ALLUVIONES MODERNES
```

| STATISTISCHE PARAMETER: | |
|---|---|
| SORTIERUNG: | 4.02 |
| SCHIEFE: | .96 |
| UNGLEICHFOERMIGKEIT: | 17.05 |
| KOERNUNG: | 3.54 |
| KURTOSIS: | 7.34 |
| MEDIAN-DURCHMESSER: | .1591 |
| MITTL. DURCHMESSER: | .2970 |

Abb. 17: Probe des Feinsediments einer Schotterbank in Oued südlich Ghassat (Koordinaten siehe Abb. 15).

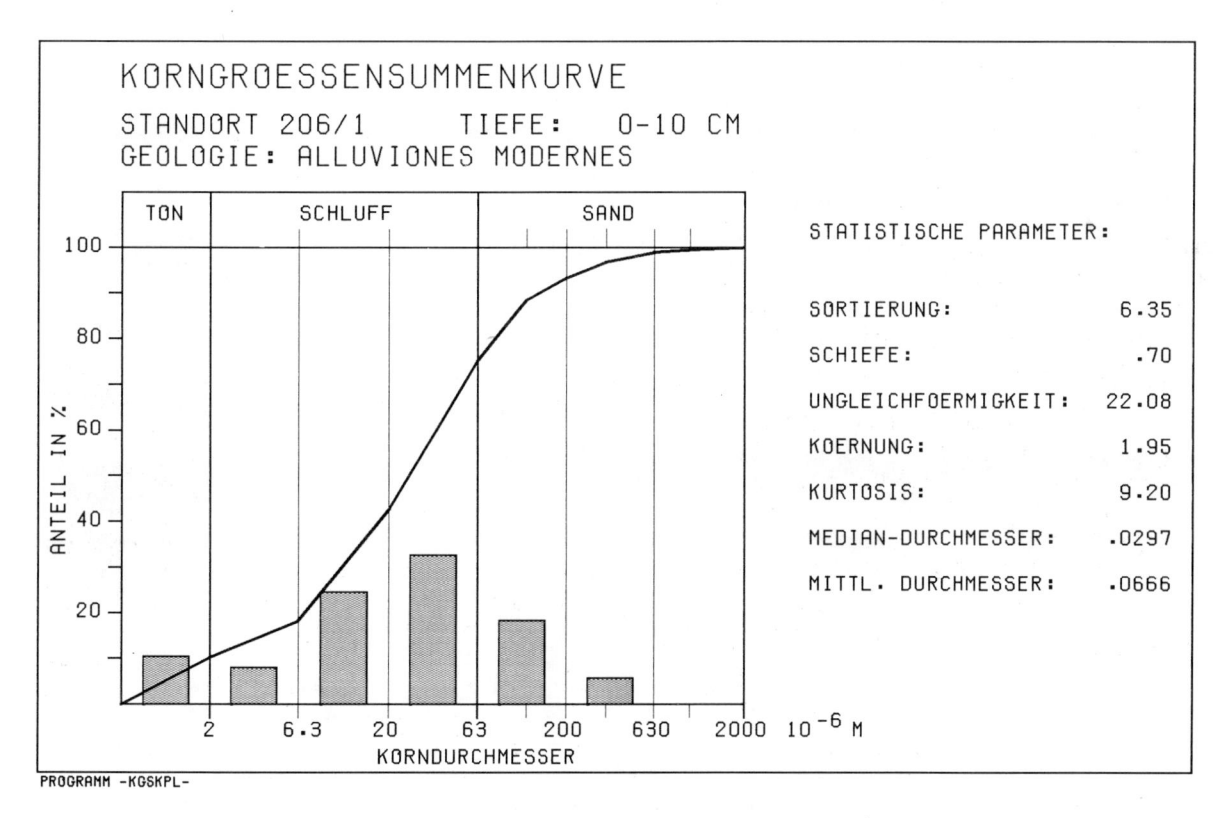

```
KORNGROESSENSUMMENKURVE
STANDORT 206/1      TIEFE:    0-10 CM
GEOLOGIE: ALLUVIONES MODERNES
```

| STATISTISCHE PARAMETER: | |
|---|---|
| SORTIERUNG: | 6.35 |
| SCHIEFE: | .70 |
| UNGLEICHFOERMIGKEIT: | 22.08 |
| KOERNUNG: | 1.95 |
| KURTOSIS: | 9.20 |
| MEDIAN-DURCHMESSER: | .0297 |
| MITTL. DURCHMESSER: | .0666 |

Abb. 18: Probe aus Verspülung in Oued südlich Ghassat (Koordinaten siehe Abb. 15).

Abb. 19: Gullyerosion auf lehmiger unterer Niederterrasse nordwestlich von Tikirt (Blick nach Süden).

Abb. 20: Badlands zwischen Oued Idelsane und Oued Idami (westlich Skoura).
   Die Erosion hat holozäne Lehme bis in den Bereich des unterlagernden mpc-Sandsteins zerschnitten und isoliert stehende Erosionskegel geschaffen.

und die angrenzenden zerschnittenen Flächenbereiche weisen eine Oberflächenverdichtungskruste auf.

Der beschriebene Zerschneidungsbereich ist in seiner Ausprägung ein Sonderstandort und auf den Einfluß eines prä-miozänen Reliefs zurückzuführen. Im Durchbruch durch die Anti-Atlas-Gesteine findet man im Niveau der heutigen Fließrinne bis in maximal 3 m relativer Höhe mpc-Material (Sandsteine, Konglomerat mit Anti-Atlas-Material). Dieses wechselt mit angewitterten Graniten und metamorphen Gesteinen. Auf den benachbarten Höhen treten noch in 1187 m NN verwitterte mpc-Konglomeratreste auf. Hierdurch läßt sich die Wirkung eines prä-miozänen Reliefs belegen. Zunächst fand eine nordwärts gerichtete, aus dem Anti-Atlas kommende Entwässerung statt. Sie legte den Durchbruch an, der sich über den Dadès hinaus bis in den Anti-Atlas verfolgen läßt. Er wurde später mit mio-pliozänem Material verfüllt. Die nach der Umleitung des Dadès im Salétien (Alt-Pleistozän) entwickelte, südwärts gerichtete Beckenentwässerung schnitt sich dann in die im ehemaligen Durchbruch liegenden, im Vergleich mit den als Barriere dienenden Anti-Atlas-Gesteinen geomorphologisch weicheren Tertiärsedimente ein. Die Abflußkonzentration und die aus ihr resultierende Tiefenerosion in den Oueds Idami und Idelsane, deren Einzugsgebiet nicht in das Gebirge reicht, sondern auf die Flächen dieses Beckenteiles beschränkt bleibt, ermöglichte die Badlandbildung.

Unmittelbar östlich der Oase von Skoura hat Badlandbildung durch auf das verzweigte System des Oued Toundoute eingestellte Gullies im Bereich von mpc-Mergeln und jüngsten Terrassenschüttungen (Alluviones modernes) die Fläche 2 – 3 m tief zerschnitten. Das Feinsediment weist hier einen hohen Schluffanteil auf (Abb. 21, 22).

Die beherrschenden Reliefelemente der Zerschneidungsbereiche sind Gullies und Erosionskegel. Diese weisen aber ebenfalls Kleinformen wie Rinnen und Verspülungen an Hängen und Gullywänden auf, die in kleinen Schwemmfächern auslaufen können.

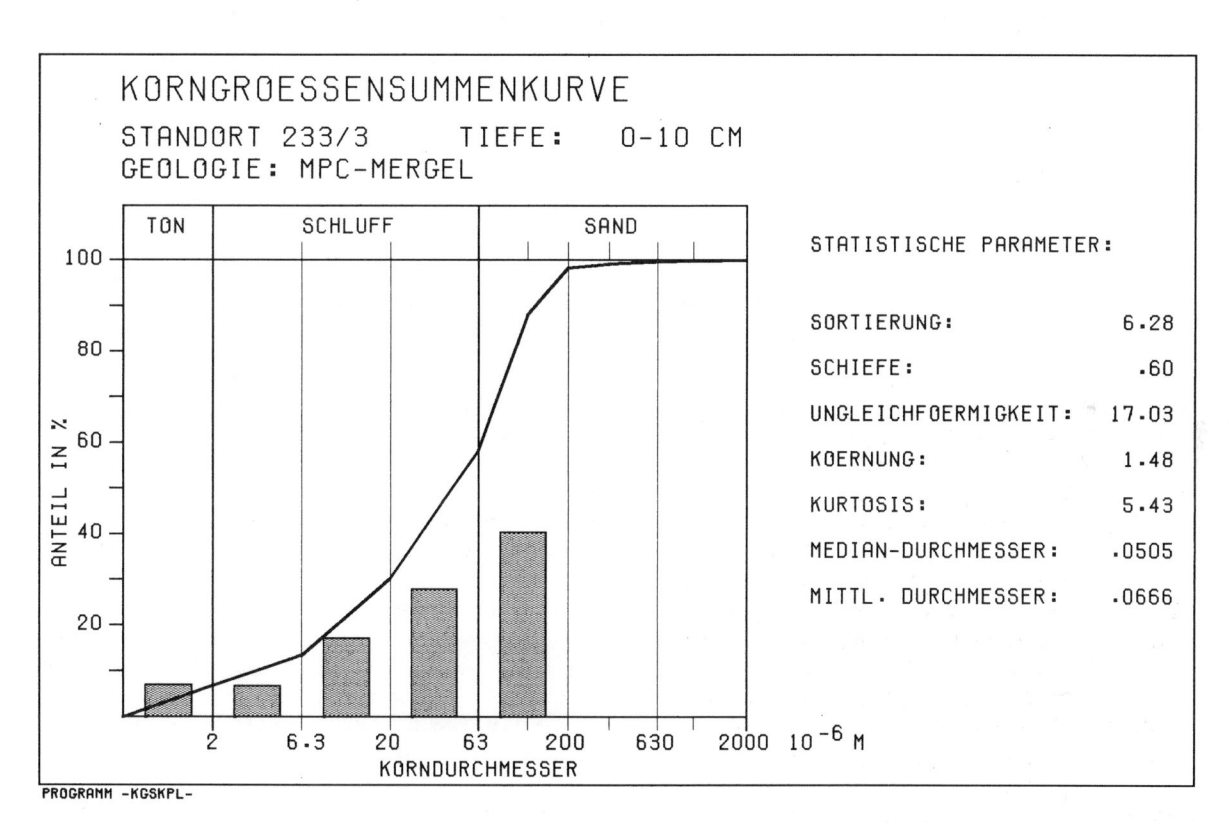

Abb. 21: Probe aus Badlands östlich Skoura (Lambert-Koordinaten: x = 389.9, y = 454.8).

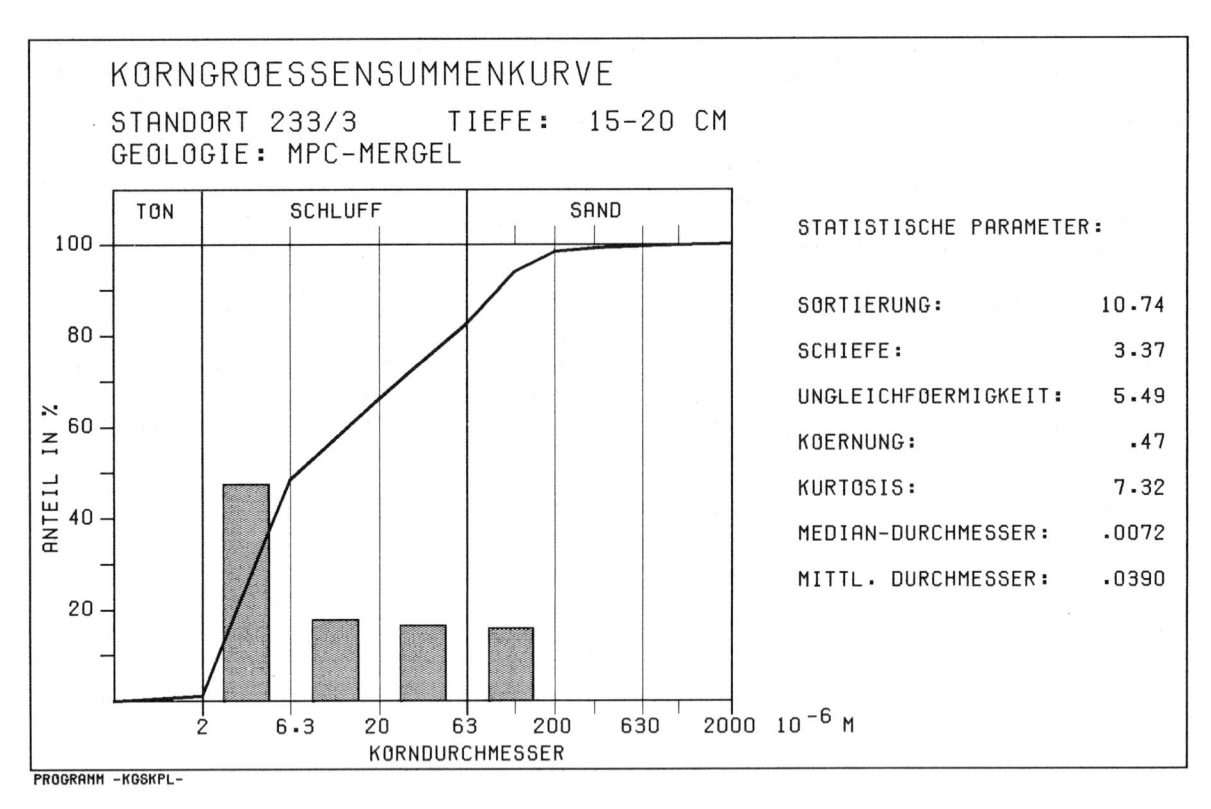

```
KORNGROESSENSUMMENKURVE
STANDORT 233/3    TIEFE:  15-20 CM
GEOLOGIE: MPC-MERGEL
```

| STATISTISCHE PARAMETER: | |
|---|---|
| SORTIERUNG: | 10.74 |
| SCHIEFE: | 3.37 |
| UNGLEICHFOERMIGKEIT: | 5.49 |
| KOERNUNG: | .47 |
| KURTOSIS: | 7.32 |
| MEDIAN-DURCHMESSER: | .0072 |
| MITTL. DURCHMESSER: | .0390 |

Abb. 22: Probe aus Badlands östlich Skoura (Koordinaten siehe Abb. 21).

# 3. Theoretischer Ansatz und Methoden

Das in Kap. 2.3 beschriebene Relief stellt die Bühne dar, auf der sich bei einem Angebot der erodierenden Medien Abtragungsprozesse abspielen können. Die hierbei wirksamen Prozeßmechanismen waren in der Vergangenheit Gegenstand zahlreicher Untersuchungen, da sie für die Beurteilung der Geomorphodynamik eines Raumes von größter Bedeutung sind. Ist wegen Wassermangel die schützende Vegetationsdecke nur spärlich oder fehlt sie völlig, so wirken bei Niederschlägen und Windereignissen die erodierenden Kräfte unmittelbar auf das erodierbare Material. Man kann also bei ariden und semiariden Klimabedingungen von charakteristischen Kombinationen der Abtragungsprozesse ausgehen, deren Mechanismen im folgenden erläutert werden (vgl. 3.1).

Die Beurteilung der Anfälligkeit des abzutragenden Mediums ist durch detaillierte Untersuchungen in Labor und Gelände möglich, deren Interpretation allerdings in engem Zusammenhang mit den angewandten Methoden gesehen werden muß. Aus diesem Grund werden in Kap. 3.2 die im Rahmen der vorliegenden Arbeit angewandten Arbeitsverfahren ausführlich beschrieben.

## 3.1 Prozeßkombinationen der Abtragung unter ariden bis semiariden Bedingungen

### 3.1.1 Aquatische Abtragung

Der Prozeß der aquatischen Abtragung unterliegt den allgemeinen Gesetzmäßigkeiten der Strömungsmechanik (BECKER 1970, FAO 1965, HARTGE 1979, WILHELM 1976).

Jedes strömende Medium wird an der Grenze zu einem Medium mit geringerer Geschwindigkeit gebremst. Betrachtet man den Boden als eine Fläche, an der sich Teilchen im Abstand y laminar vorbeibewegen, so kann die NEWTONsche Formel für das viskose Fließen angewendet werden, um die mitnehmende Wirkung zu beschreiben. Sie entspricht der Schubspannung S und ist eine Funktion der Viskosität η des vorbeiströmenden Mediums sowie des Geschwindigkeitsgradienten dv/dy, der die Abnahme der Fließgeschwindigkeit v mit kleiner werdendem Abstand y von der ruhenden Fläche angibt (HARTGE 1978):

(4) $S = \eta \cdot dv/dy$

Ist S größer als die auf ein Substratteilchen wirkenden Gravitations- und Kohäsionskräfte, so wird dieses zunächst parallel zum Untergrund beschleunigt, woraus eine rollende oder schiebende Bewegung resultiert. Bei turbulentem Fließverhalten ist ein Zusammenprall von Bodenpartikeln möglich. Der zusätzliche Impuls steigert entlang einer Fließstrecke die Menge des transportierten Materials, bis ein Gleichgewichtszustand erreicht ist.

Die theoretischen Überlegungen zeigen zwei Faktorengruppen auf: die Einflußgrößen des abtragenden und des abzutragenden Mediums. Sie steuern den Abspülprozeß, der erst nach Ausbildung eines oberflächlichen Wasserfilms eintritt.

Der Einfluß der Korngröße wird durch den Zusammenhang mit der für den Abtragungsprozeß kritischen Fließgeschwindigkeit deutlich (Abb. 23). Hier spielen Gravitationskräfte und bei Schluffen und Tonen Kohäsionskräfte eine wesentliche Rolle, bei der Abspülung liegt das Minimum der kritischen Fließgeschwindigkeit im Korngrößenbereich zwischen 0.2 und 0.3 mm.

Der Zeitpunkt der Ausbildung eines Wasserfilms hängt von der Infiltrations- und der Wasserspeicherkapazität des Bodens ab. Als Leitbahnen der Versickerung fungieren vorhandene Grobporen, deren Anteil am Gesamtporenvolumen mit Zunahme des Anteils gröberer Sedimentfraktionen sowie des Bodenskelettanteils steigt. Böden mit geringer Strukturstabilität neigen zu früher Verschlämmung der Grobporen und sind daher nur wenig erosionsresistent.

Überschreitet das Wasserangebot während eines Niederschlages die substratgesteuerte Infiltrationskapazität, und ist auch das Speichervermögen oberflächlicher Depressionen erschöpft, so kommt es zum "HORTON-Oberflächenabfluß", der typisch für aride und semiaride Bereiche ist (CARSON & KIRKBY 1972, JANSSON 1982). Mit dem Eintreten von "Sättigungs-Oberflächenabfluß" nach vorheriger vollständiger Wasserauffüllung des vorhandenen Speicherraumes im Untergrund ist unter diesen Klimabedingungen nur in seltenen Ausnahmefällen zu rechnen.

In der Faktorengruppe des abtragenden Mediums sind die Viskosität und die Fließgeschwindigkeit bzw. die sie beeinflussenden Größen zu nennen.

Für die Viskosität spielen Temperatur und Dichte eine Rolle. Die geringere Dichte (bzw. Viskosität) strömender Luft sorgt dafür, daß das Minimum der kritischen Fließgeschwindigkeit für Wasser zu gröberen Fraktionen hin verschoben ist. Mit einer Erhöhung der Temperatur verringert sich die Dichte, mit der gleichzeitigen Abnahme der Viskosität steigt die Infiltration an (FAO 1965, JANSSON 1982).

Den wohl wesentlichsten Punkt stellt die Fließgeschwindigkeit des abtragenden Wassers dar. Auf Hängen wird sie in erster Linie von der Hangneigung gesteuert und beeinflußt so den Bodenabtrag (Abb. 24).

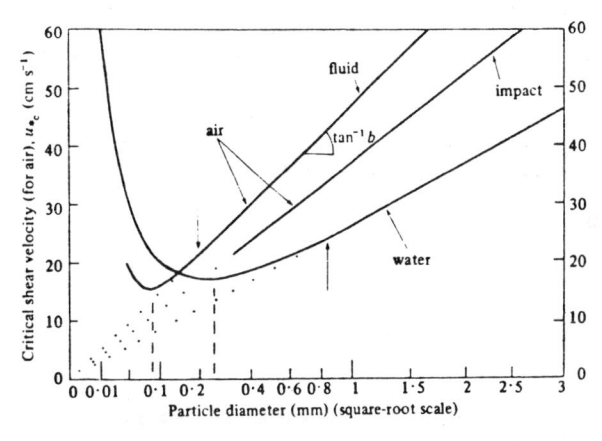

Abb. 23: Änderung der kritischen Geschwindigkeiten mit der Teilchengröße für Wasser und Luft (aus: CARSON 1971:28).

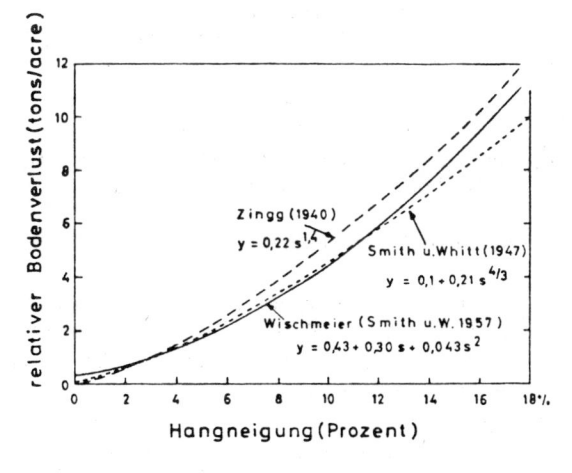

Abb. 24: Beziehung zwischen Hangneigung und Bodenabtrag nach verschiedenen Autoren (aus: RICHTER 1965:Abb. 18).

Bei der Bewegung über eine Oberfläche wird der Abfluß durch Reibung behindert. Eine Zunahme der Oberflächenrauhigkeit, z.B. durch ein vorhandenes Steinpflaster, erhöht die Bremswirkung. Gleichzeitig wird aber durch die Hindernisse ein flächenhafter Schichtabfluß, vor allem, wenn seine Mächtigkeit geringer als die Höhe der Oberflächenhindernisse ist, zu ständigem Ausweichen und damit zum linienhaften Abfluß mit höherer Geschwindigkeit, turbulenterem Verhalten und größerer Erosionskraft gezwungen (ROSCHKE 1971).

Die Größe des Einzugsgebietes bei Oberflächenabfluß spiegelt sich ebenfalls in der Fließgeschwindigkeit als Folge von Abflußkonzentration wider. Die Ausdehnung des Einzugsgebietes (bei Hangabfluß: Hanglänge) beeinflußt aber auch die Wahrscheinlichkeit des Auftretens von Wassersammlern. Größere Einzugsgebiete (längere Hänge) müssen also nicht unbedingt stärkerer Abtragung pro Flächeneinheit unterliegen. Sie können wegen lokaler Faktoren der allgemeinen Tendenz widersprechen (GEHRENKEMPER 1981), die sich in einem Zusammenhang zwischen Bodenabtrag A, den Faktoren Hanglänge (L) und Hangneigung ($\alpha$) sowie einem Proportionalitätsfaktor k äußert (MORGAN 1979: 24):

(5) $\qquad A = k \cdot \tan^{1.4}\alpha \cdot L^{0.6}$

### 3.1.2 Splash

Die Prallwirkung von Regentropfen auf eine Bodenoberfläche stellt einen wichtigen Aspekt von Abtragungsuntersuchungen dar. Ablauf und Ausmaß dieses auch als Splash bezeichneten Phänomens waren in der Vergangenheit Gegenstand zahlreicher Feld- und Laboruntersuchungen (BOLLINE 1978, FREE 1952, KNEALE 1982, KORTABA 1980, LUK 1979, 1983, MORGAN 1978, MOSLEY 1973, PALMER 1964, SAVAT 1981).

Der Mechanismus dieses Vorganges wird im folgenden als Splash oder Splasherosion bezeichnet, die verlagerten Festkörperteilchen als Splashmaterial.

Der Splash wirkt auf drei Arten:

— unmittelbarer Aufprall der Tropfen auf die (befeuchtete) Bodenoberfläche mit nachfolgender Verlagerung von Substratpartikeln (Saltationsmechanismus);
— oberflächengebundene Verschiebung von Bodenpartikeln als Folge seitlichen Stoßes;
— Auftreffen der Tropfen auf die ausgebildete Wasserschicht einer Bodensuspension und Verspritzen von Suspensionströpfchen.

Beim Aufprall der Tropfen muß deren kinetische Energie bzw. Impuls einen Grenzwert überschreiten, um von der Oberfläche Bodenteilchen loslösen und verlagern zu können.

Die Fallgeschwindigkeit der Tropfen wird durch Gravitations- und Reibungskräfte beeinflußt. Bei Erreichen der Endgeschwindigkeit $v_e$ herrscht zwischen beiden ein Gleichgewicht. Nach GUNN & KINZER (1949; 245) kann $v_e$ unter der Annahme, die Tropfengeometrie sei während des gesamten Fallvorganges kugelförmig, aus der Dichte des Tropfens ($d_t$) und des ihn umgebenden Mediums ($d_m$), dem Tropfenradius r, der Erdbeschleunigung g und einem Reibungskoeffizienten c berechnet werden:

(6) $\qquad v_e = ((2.66 \cdot g \cdot r \cdot (d_t - d_m))/(d_m \cdot c))^{0.5}$

Die Tropfengrößenverteilung innerhalb eines Niederschlages ist abhängig von dessen Intensität. Nach BEST (1950) kann man den Anteil F des in der Luft enthaltenen Wassers, welches in Form von Tropfen mit einem Radius kleiner als r vorliegt, bestimmen durch die Beziehung:

(7) $\qquad \ln(1-F) = -(I^n \cdot d / a)$

Als Mittelwerte verschiedener Untersuchungen gibt BEST (1950) für die Koeffizienten n = 2.25, a = 1.30 und p = 0.232 an.

Der direkte Aufprall der Tropfen hat eine Verdichtung des Substrates sowie eine mechanische Zerstörung eventuell vorhandener Bodenaggregate zur Folge. Außerdem kann er zur Verlagerung von Substratpartikeln nach dem "Saltationsmechanismus" führen.

Für die Bilanz des Prozesses spielt die Neigung der Oberfläche eine wesentliche Rolle. Beim senkrechten Aufprall auf horizontale Flächen wird ein großer Teil der kinetischen Energie der Tropfen für eine Verdichtung des Substrates verbraucht. Der Rest führt zwar zum Transport von Partikeln, doch tritt wegen des sich einstellenden Gleichgewichtes eine ausgeglichene Massenbilanz der Splasherosion auf (MOSLEY 1973).

Auf geneigten Flächen kann ein wesentlich größerer Teil der Tropfenenergie zur Materialverlagerung verwendet werden. Der Einfluß der Hangneigung wird aus den Ergebnissen von de PLOEY & SAVAT (1968) deutlich (Abb. 25).

Für die Massenbilanz $Q_\alpha$ einer geneigten Elementarstrecke ergibt sich:

(8) $\qquad Q_\alpha = (S_\alpha + S_{\alpha'}) - (E_\alpha + E_{\alpha'})$

(10) $$D_\alpha = 100 \cdot d_\alpha / (r_\alpha + d_\alpha)$$

Für die von einem Teilchen zurückgelegte Strecke s ergibt sich im Fall einer parabolischen Flugbahn aus der Geschwindigkeit des Teilchens am Beginn der Flugbahn ($v_a$), der Erdbeschleunigung g, dem Hangneigungswinkel $\alpha$ und dem Flugbahnwinkel $\varphi$:

(11) $$s = (2 \cdot v_a^2 \cdot \cos^2\varphi \cdot (\tan\varphi - \tan\alpha))/(g \cdot \cos\alpha)$$

Der Maximalwert von s in Richtung des größten Gefälles sei $L_\alpha$, der in entgegengesetzter Richtung $J_\alpha$. Bei einem gestreckten Hang ist die Neigung am oberen und unteren Ende der Teststrecke gleich. Es stellt sich ein dynamisches Gleichgewicht ein, der Splash bleibt geomorphogenetisch unwirksam. Am konvexen Hang aber ist der Neigungswinkel am oberen Ende der Teststrecke ($\alpha$) kleiner als der am unteren Ende ($\alpha'$). Mit

(12) $$S_\alpha \sim K \cdot R_\alpha \cdot J_\alpha$$

(13) $$S_{\alpha'} \sim K \cdot D_{\alpha'} \cdot L_{\alpha'},$$

(14) $$E_\alpha \sim K \cdot D_\alpha \cdot L_\alpha$$

(15) $$E_{\alpha'} \sim K \cdot R_{\alpha'} \cdot J_{\alpha'}$$

ergibt sich für die Gesamtbilanz $Q_{\alpha'-\alpha}$ der konvexen Strecke die Proportionalität (16)

(16) $$Q_{\alpha'-\alpha} \sim K \cdot \cos((\alpha+\alpha')/2) \cdot ((S_\alpha + S_{\alpha'}) - (E_\alpha + E_{\alpha'}))$$

K ist dabei ein Koeffizient zur Kennzeichnung der Niederschlags-, Vegetations- und Bodeneigenschaften.

Die unterschiedliche Bilanz an den Enden einer konvexen Strecke läßt den Splash im Sinne einer Verstärkung der Konvexität geomorphologisch wirksam werden. MOSLEY (1973) wies in Experimenten und Computersimulationen die Entstehung konvexer aus steilen gestreckten Formen nach. Man muß also davon ausgehen, daß Splash, soweit er wirksam werden kann, Konvexität der betroffenen Reliefteile verstärken oder verursachen kann.

Eine Untersuchung des Splash auf konkaven Teststrecken fehlt bisher. Die dargestellten mathematischen Ableitungen legen aber unterschiedliche Massenbilanzen am (steileren) oberen und (flacheren) unteren Ende einer entsprechenden Teststrecke nahe, die zu einer Zerstörung der konkaven Form führen.

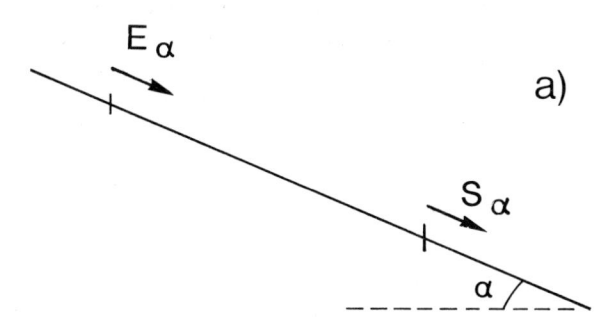

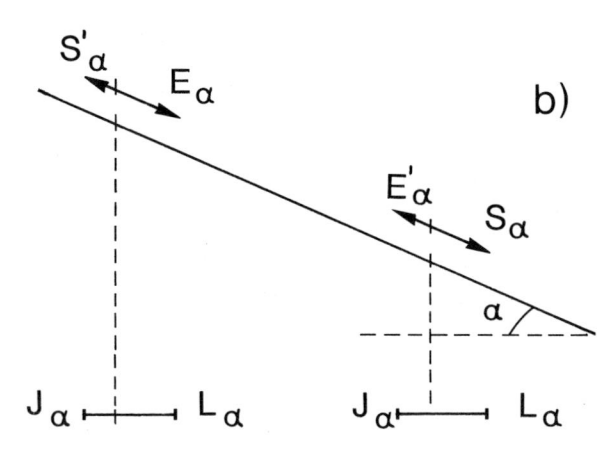

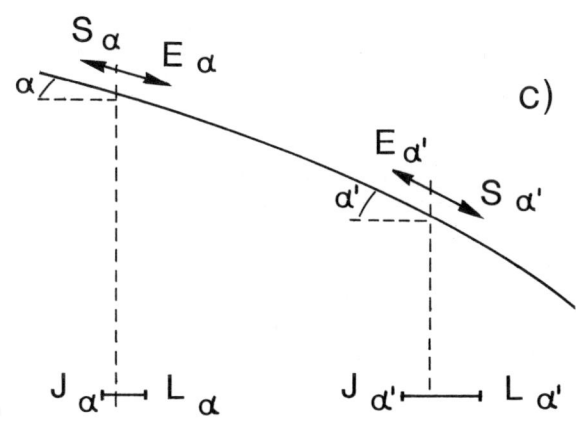

Abb. 25: Allgemeiner Massenhaushalt (a) sowie Wirkung des Splash auf gestreckt-geneigten (b) und konvexen (c) Teststrecken (nach de PLOEY & SAVAT 1968).

$S_\alpha$ und $S_{\alpha'}$ sind die hangabwärts bzw. hangaufwärts aus dem Testintervall entfernten Massen, $E_\alpha$ und $E_{\alpha'}$ entsprechend die von außen in die Teststrecke verspritzten Partikel. Die Prozentanteile des hangabwärts ($R_\alpha$) bzw. hangaufwärts ($D_\alpha$) transportierten Materials erhält man bei Kenntnis der Absolutwerte der Massen ($r_\alpha$, $d_\alpha$):

(9) $$R_\alpha = 100 \cdot r_\alpha / (r_\alpha + d_\alpha)$$

Der Einfluß des Substrates auf die Splasherosion ist komplex. KORTABA (1980) stellte ein Abnehmen der beim Splash zurückgelegten Strecke mit zunehmender Korngröße fest. Wichtiger als das Größenspektrum der Einzelkörner ist jedoch die Möglichkeit der Aggregatbildung und die Stabilität vorhandener Aggregate. Ihr Einfluß wird in der Literatur z.T. unterschiedlich beurteilt. BOLLINE (1978) wies auf Lehmböden nach, daß sich die Menge des Splashmaterials umgekehrt proportional zur Erodierbarkeit des Substrates, aber direkt proportional zur Strukturstabilität des Bodens verhält. Letzteres entspricht den Ergebnissen von McINTYRE (1958). Im Widerspruch dazu gehen BRYAN (1974) und LUK (1979) von einer negativen Korrelation zwischen Splashrate und Strukturstabilität aus.

Als Erklärung kann in diesem Fall die Plombierung der Substratoberfläche dienen. Die durch den Aufprall verursachte Verdichtung des Bodens und die Zerstörung der Bodenaggregate mit nachfolgender Verlagerung von Feinmaterial sorgen für eine Verminderung der Infiltrationskapazität. Es bildet sich ein Wasserfilm aus, der die unmittelbare Prallwirkung der Tropfen mindert. Überschreitet seine Dicke den zwei- bis dreifachen Wert des Tropfendurchmessers, so wirkt der Splash nicht mehr direkt auf die Bodenoberfläche (PALMER 1964). Beim Aufprall auf die Suspension kann allerdings Feinmaterial als Teil von Suspensionströpfchen verspritzt und bei geeigneten Meßeinrichtungen aufgefangen werden, außerdem findet eine Auslösung von Turbulenzen in der Suspension statt (LUK 1983).

Um den Widerspruch zu beseitigen, muß man sich vor Augen führen, daß bei größerer Aggregatstabilität die Ausbildung des Wasserfilms zu einem späteren Zeitpunkt stattfinden kann. Die direkte Prallwirkung der Tropfen auf die Oberfläche und damit der Materialtransport im Sinne des eigentlichen Splashmechanismus (Saltationsmechanismus) länger erhalten bleibt. Andererseits führt die Ausbildung eines Suspensionsfilmes als Folge geringerer Aggregatstabilität zu einer verstärkten Auflösung der Bodenaggregate. Versteht man die Verlagerung von Suspensionströpfchen durch Einwirken der Regentropfen auf die Suspensionsoberfläche ebenfalls als Teil der Splasherosion, so erklärt sich die negative Korrelation zwischen Splashrate und Strukturstabilität dadurch, daß die Suspension natürlich empfindlicher reagiert als das trockene oder nur angefeuchtete Bodenmaterial. In dieser Prozeßphase liegen aber komplexe Überlagerungen von Splash- und Spülvorgängen vor, die sich nur schwer trennen lassen.

Der Vollständigkeit halber sei hier noch das "pluviale Kriechen" ("splash creep", MOEYERSONS & de PLOEY 1976) erwähnt. Man versteht hierunter die durch Tropfenaufprall ausgelöste mögliche hangabwärtige Bewegung von Partikeln, die wegen ihrer Größe nicht durch den beschriebenen Saltatationsmechanismus bewegt werden können. Auch in diesem Fall findet ein Zusammenwirken mit Spülvorgängen statt, mit zunehmendem Oberflächenabfluß sinkt die Prozeßrate des pluvialen Kriechens.

### 3.1.3 Äolische Abtragung

Bei der Kennzeichnung der äolischen Abtragung muß von der Luft als einem strömenden Medium ausgegangen werden, das sich wie der Wasserfilm bei Spülprozessen über eine Oberfläche bewegt.

Auch bei der Windbewegung existiert ein Geschwindigkeitsgradient. Die Windgeschwindigkeit ist in unmittelbarer Oberflächennähe am geringsten und nimmt proportional mit dem dekadischen Logarithmus der Höhe über der Oberfläche zu (FAO 1960).

In geringer Höhe über der Oberfläche (ca. 0.03 – 2.5 mm bei glattem, ebenen Untergrund) beginnt die Zone der Windbewegung, die darunter gleich Null ist. Über dieser Grenzfläche liegt ein schmaler Bereich laminaren Strömungsverhaltens, auf den die Zone turbulenter Luftbewegungen folgt. Letztere ist für die Massenverlagerung entscheidend (CHEPIL & WOODRUFF 1963, FAO 1960).

Der erwähnte Geschwindigkeitsgradient ist eine Folge der an der Grenze zwischen Luft und Untergrund auftretenden Reibungskräfte. Die Vegetation spielt hierbei in Trockengebieten nur eine untergeordnete Rolle, hauptsächlich ist die durch Steine und Aggregate hervorgerufene Oberflächenrauhigkeit limitierender Faktor. Der Einfluß einer oberflächlichen Bedeckung ist allerdings ambivalent. LOGIE (1981, 1982) wies in Windtunnelversuchen mit Dünensanden nach, daß geringe Dichten (im Sinne von Flächenanteilen) der oberflächenbedeckenden Kiese die kritische Windgeschwindigkeit unter die der ungeschützten (unbedeckten) Oberfläche sinken lassen, die lockere Kiesbedeckung also die Auswehung erleichtert. Die Schutzwirkung des Steinpflasters beginnt bei konstanter Windgeschwindigkeit in Abhängigkeit von der Größe seiner Bestandteile erst bei einer Grenzdichte (der Flächenbedeckung), dem Inversionspunkt. Nach LOGIE (1982: 164) hängt diese Grenzdichte y (in %) mit dem Durchmesser der Rauhigkeitselemente (x, in mm) gemäß der Beziehung

(17) $$y = 1.46 + 0.92x$$

zusammen.

CHEPIL (1950a: 153) führte die kritische Oberflächenrauhigkeit ("critical surface roughness") zur Beschreibung der Oberfläche ein. Er stellte fest, daß bei vollständigem Schutz vor Deflation das Verhältnis zwischen der Höhe der Rauhigkeitselemente und dem Abstand zwischen ihnen eine Konstante ist. CHEPIL & WOODRUFF (1963: 271) benutzen den Kehrwert dieses Verhältnisses ("critical surface roughness barrier ratio") zur Kennzeichnung des Oberflächenschutzes.

Der Wert dieser Konstante hängt natürlich auch von der Form der Oberflächenhindernisse ab. An einem Rauhigkeitselement muß man bei vorbeiströmender Luft zwei Zonen unterscheiden. Im Luv und an den Seiten kann die Luftbewegung Feinmaterial entfernen, das Hindernis praktisch unterminieren und eine der Windrichtung entgegengesetzt orientierte Bewegung verursachen, wenn der Schwerpunkt unstabil geworden ist (LOGIE 1981). Ein Schutz des Feinsedimentes findet nur im Lee statt, dessen Ausdehnung formabhängig ist. Außerdem nimmt mit zunehmender Rundung eines Rauhigkeitselementes die Tendenz zur Erzeugung turbulenter Luftströmungen ab, woraus geringere Werte der kritischen Oberflächenrauhigkeit resultieren.

Die wichtigste Funktion des Substrates als Steuergrösse der Deflation wird durch die in Abb. 23 dargestellten Werte der kritischen Windgeschwindigkeit deutlich. Ihr Minimum liegt mit ca. 15 cm/s bei einer Korngröße von 0.1 mm. Sie steigt mit wachsender Korngröße wegen des erhöhten Teilchengewichtes, zu den kleineren Fraktionen hin durch die verstärkten Kohäsionskräfte an.

Ein entscheidender Zusammenhang besteht ebenfalls mit dem Mechanismus der Teilchenbewegung. Diese beginnt dann, "wenn Zug- und Schubkraft des Windes die Schwerkraft und Haftfähigkeit des Einzelkornes übersteigen. Sie setzt bei Korngrößen ein, die ein relativ geringes Eigengewicht mit geringen Kohäsionskräften vereinen, also hauptsächlich bei der Feinsand- bis Mittelsandfraktion (0.1 – 0.5 mm). Diese Sandkörner werden zuerst am Boden entlanggerollt, dann unter dem Einfluß der Unebenheiten des Feldes durch den Wind steil angehoben und schräg vorwärts wieder zu Boden geschleudert" (RICHTER 1965: 168).

Dieses Hüpfen der Sandkörner wird von BAGNOLD (1973: 37) als "saltation" bezeichnet, es ist der vorherrschende Bewegungsmechanismus für Körner zwischen 0.05 und 0.5 mm (FAO 1960). Prallen die Sandkörner auf die Oberfläche, so geben sie einen Teil ihrer kinetischen Energie an die beim Stoß getroffenen Partikel ab und schleudern diese empor, wodurch die kritische Geschwindigkeit des zugleich wirkenden Windes geringer wird.

Körner, die zu schwer sind, um angehoben zu werden (vorherrschender Durchmesser: 0.5 – 2.0 mm; FAO 1960), können sich rollend oder gleitend über die Oberfläche bewegen ("surface creep", BAGNOLD 1973: 37).

Als dritter äolischer Transportmechanismus ist bei feinen Substratfraktionen (Schluffen und Tonen) die Bewegung in Suspension zu nennen, die Materialverlagerungen über weite Strecken möglich macht und von der Auswehung betroffene Bereiche durch weithin sichtbare Staubwolken kennzeichnet. In äolisch verfrachtetem Material nachweisbare Tone stammen häufig auch aus der Ummantelung größerer Feinsubstratpartikel (GILLETTE & WALKER 1977).

Eine Zunahme des Anteils der leicht erodierbaren Korngrößen in einem Substratgemisch führt zu einem Anwachsen der pro Flächeneinheit ausgewehten Massen (CHEPIL 1950b). Ihre Bewegung nach dem Saltationsmechanismus steigert das Maß der Auswehung bei einer gegebenen Windgeschwindigkeit. "Auch in einem ungeschützten Feld mit sandigem Boden ist die Auswehung am Feldanfang gleich Null. Nach Lee wächst sie unter dem Einfluß der Saltation mehr und mehr an, bis sie bei genügend großer Feldfläche ihr unter der betreffenden Windgeschwindigkeit mögliches Maximum erreicht" (RICHTER 1965: 169).

Das Substrat kann Auswehungsvorgänge auch über sein Infiltrations- und Wasserspeichervermögen beeinflussen, da hohe Windgeschwindigkeiten in zeitlichem Zusammenhang mit Niederschlagsereignissen auftreten können.

Trockene Substrate sind am anfälligsten gegenüber der Windabtragung. Unterschiedlich texturierte Substrate benötigen verschiedene Wassergehalte, um resistent gegenüber der Deflation zu werden. So zeigten die Untersuchungen von BISAL & HSIEH (1966), daß bei einer Windgeschwindigkeit von 7.6 m/s feinsandige Lehm-, Lehm- und Tonböden eine Bodenfeuchte von 4.0%, 4.1% und 11.8% benötigen, um vor der Auswehung geschützt zu sein. Laboruntersuchungen von LOGIE (1982: 170) ergaben bei den verwendeten Dünensanden einen Zusammenhang zwischen der bis zum Beginn der Auswehung vergehenden Zeit t (in h) und dem Bodenfeuchtegehalt f (in %):

(18) $$t = 26.43f - 8.79$$

Kommt es bei feuchtem Untergrund mit Bodenfeuchtewerten über den erforderlichen Grenzwerten im Verlauf eines Niederschlages dennoch zur Deflation, so muß ein Zusammenwirken mit Splash angenommen werden, durch den entsprechende Partikel in die Luft geschleudert und dann äolisch transportiert werden (de PLOEY 1980). Im allgemeinen endet mit dem substratabhängigen Zeitpunkt der Ausbildung eines Wasserfilmes während eines Regenereignisses die direkte Windwirkung, danach ist nur eine horizontale Beschleunigung von durch Tropfenwirkung verspritzten Suspensionströpfchen festzustellen.

### 3.2 Angewandte Untersuchungsmethoden

#### 3.2.1 Geländemethoden

##### 3.2.1.1 Standortaufnahme

Im Gelände wurden an den einzelnen Haltepunkten detaillierte Standortbeschreibungen angefertigt. Sie enthielten neben den lokalen Besonderheiten stets Neigung und Exposition des Standortes, die geschätzte Dichte der oberflächlichen Steinpflasterbedeckung, den Anteil des Bodenskelettes im verwitterten Untergrund sowie die geologische Situation. Zur Lokalisierung der Standorte dienten die in marokkanischen Karten angegebenen Lambert-Koordinaten. Die Vegetation blieb wegen ihrer sehr geringen Dichte i.A. unberücksichtigt. Der Kennzeichnung des Substrates diente die Probenentnahme von der Oberfläche (0–5 cm) sowie je nach Homogenität aus unterschiedlichen Tiefen der jeweiligen Profile.

##### 3.2.1.2 Abspülversuche

Da es im Becken von Ouarzazate nur sehr selten zu Niederschlägen kommt, ist die Beurteilung des Untergrundes hinsichtlich seiner Abtragungsanfälligkeit während natürlicher Niederschläge praktisch ausgeschlossen. Einen Ausweg bot die Durchführung von Abspülversuchen.

Der experimentelle Ablauf der Abspülversuche unterlag während der Geländearbeiten einschränkenden Bedingungen:

— der Wasserverbrauch mußte möglichst niedrig bleiben;
— die Versuchsanordnung mußte transportiert und von einer Person aufgebaut und bedient werden können;
— der Ablauf mußte bei allen durchgeführten Versuchen gleich sein, um die Vergleichbarkeit innerhalb der vorliegenden Arbeit zu gewährleisten.

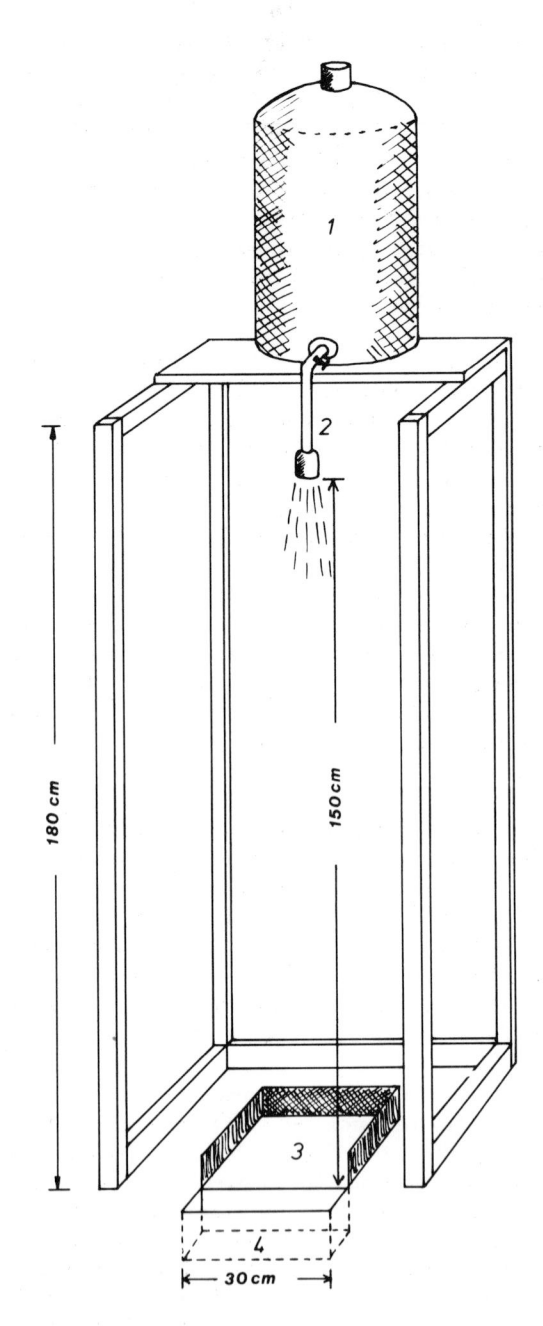

Abb. 26: Schema der Versuchsanordnung bei den durchgeführten Abspülversuchen (Beschreibung vgl. 3.2.1.2).

Die in der Literatur beschriebenen Simulationsanordnungen sind häufig stationär oder zeichnen sich durch einen hohen Wasserverbrauch aus (z.B. BORK 1980, SCHMIDT 1979, 1982). Die von VAN ASCH (1980) gewählte Versuchsanordnung gewährleistet die Erhaltung des ursprünglichen Zustandes der Substratoberfläche bis zum Versuchsbeginn nur bedingt. Den entscheidenden Anstoß gab letztendlich der von IMESON (1977) beschriebene Niederschlagssimulator.

Der im Rahmen meiner Geländearbeiten eingesetzte Versuchsaufbau (Abb. 26, 27) bestand aus einem zerlegbaren Holzgerüst, welches zum Schutz vor Wind mit Folie bespannt war. Es trug einen 25 l-Wasserbehälter (1), von dem aus eine 1.5 m über dem Boden befindliche Verteilerdüse (2) versorgt wurde. Die Wasserzufuhr ließ sich über einen Hahn regulieren. Die Testfläche (30 x 30 cm) wurde von einem vorsichtig in den Boden gedrückten Zinkblech (3) nach drei Seiten begrenzt, ein in Gefällsrichtung eingesetzter Fangkasten (4) sammelte abgespültes Material.

Die Bestimmung der mittleren Tropfengröße erfolgte im Labor nach der bei LAWS & PARSONS (1943) beschriebenen "Mehlkugel-Methode" ("flour pellet method"), indem die Tropfen in sehr feines Mehl

Abb. 27: Niederschlagssimulator.

fielen und kleine Teigkügelchen bildeten, die nach dem Trocknen ausgewogen wurden. Da man davon ausgehen kann, daß die Teigkügelchen und die sie erzeugenden Wassertropfen praktisch die gleiche Größe haben, ließ sich durch Kenntnis der Dichte des Mehls die mittlere Tropfengröße von 3.2 mm bestimmen. Dieser entspricht bei einer Fallhöhe von 1.5 m eine Endgeschwindigkeit von 4.9 m/s (LAWS 1941).

Bei einer Dichte des Wassers von 1.0 g/cm$^3$ kann man eine Zahl von 313 mittleren Tropfen pro Liter Wasser bestimmen. Jeder mittlere Tropfen besitzt im Moment des Aufpralls eine kinetische Energie von 0.04 J, woraus sich für 1 mm Niederschlag der Energiewert von 12.02 J/m$^2$ errechnen läßt.

Zur Durchführung der Versuche wurde die jeweilige Testfläche fünfmal während einer Stunde beregnet, zwischen den einzelnen Beregnungsphasen (1 min) lagen Pausen von 9 min Dauer. Diese nichtkontinuierliche Bewässerung entspricht der Beobachtung, daß während eines Starkregens kurzzeitige Intensitätsunterschiede auftreten (vgl. 2.1). Pro Beregnungsphase fielen 2.4 l Wasser auf die 0.09 m$^2$ große Parzelle. Die Umrechnung auf eine Einheitsfläche von 1 m$^2$ ergibt damit eine Intensität von 133.32 mm/h bzw. einen Energieinhalt von 1602 J/m$^2$/h pro Versuch.

Das abgespülte und aufgefangene Substrat wurde abgefiltert, getrocknet und ausgewogen. Im Labor erfolgte eine Korngrößenbestimmung des Oberflächensubstrates vor und nach der Beregnung, des abgespülten Materials und einer Probe aus 10 cm Tiefe.

Eine Stunde nach Versuchsbeginn wurde die Eindringtiefe der Wasserfront am oberen Ende der Testparzelle bestimmt.

### 3.2.2 Labormethoden

#### 3.2.2.1 Bodenchemische Untersuchungen

##### 3.2.2.1.1 Gasvolumetrische Kalkgehaltsbestimmung

Zur Durchführung der gasvolumetrischen Kalkgehaltsbestimmung diente die bekannte Apparatur nach SCHEIBLER (LESER 1977: 79).

Die Berechnung des Kalkgehaltes aus dem Volumen V des durch die Salzsäurereaktion entstandenen CO$_2$ bei bekanntem äußeren Luftdruck p (in mbar), der absoluten Temperatur T (in K) und der Einwaage E erfolgte nach der bei SCHLICHTING & BLUME (1966: 107) angegebenen Formel, die allerdings mit einem Korrekturfaktor k multipliziert wurde:

(19) $$\%CaCO_3 = k \cdot (V \cdot p \cdot 0.1605)/(T \cdot E)$$

k ist das Produkt zweier Faktoren. Der erste dient der Umrechnung des Luftdrucks von den bei SCHLICHTING & BLUME (1966) angegebenen mm Hg in mbar. Der zweite Faktor wird erforderlich, da sich das entstehende CO$_2$ nicht als ideales Gas verhält: seine Moleküle sind nicht kugelförmig, außerdem existieren intermolekulare Anziehungskräfte.

Diese Tatsache sowie eventuelle unsichtbare Lecks in der Apparatur führten bei Eichmessungen mit reinem CaCO$_3$ zu Kalkgehalten unter 100%. Durch Einführung des reaktionskolben-spezifischen Korrekturfaktors wird dieser Fehler ausgeglichen.

Ein Fehler bei der Interpretation der Versuchsergebnisse resultiert aus der Annahme, es fände eine Gasbildung nur durch Zersetzung von Kalk statt. Tatsächlich muß man aber davon ausgehen, daß der Gasdruck durch die versteckte Umsetzung weiterer Carbonate gestört wird. Die Anwesenheit von Sulfiden, die durch H$_2$S-Bildung ebenfalls das Gasvolumen beeinflussen, macht sich dagegen durch den charakteristischen Geruch bemerkbar.

##### 3.2.2.1.2 Titrimetrische Calcium- und Magnesiumbestimmung

Als Ergänzung der gasvolumetrischen Kalkgehaltsbestimmung diente die titrimetrische Untersuchung der Ca- und Mg-Gehalte aus einem Salzsäureaufschluß.

Zur Vorbereitung der Analysen wurden 0.2 g der gemörserten Probe mit 5 ml Salzsäure (6.9-molar) erwärmt und nach Beendigung der CO$_2$-Entwicklung auf 100 ml Stammlösung aufgefüllt.

Für die Bestimmung des Ca-Gehaltes diente eine Verdünnung von 10 ml Stammlösung mit 50 ml destilliertem Wasser. Durch Einstellung des pH-Wertes auf 12 nach der Zugabe von Kalilauge (4.5-molar) flockte vorhandenes Magnesium aus. Die nachfolgende Zugabe von 5 ml wäßriger Triethanolaminlösung (0.06-molar) war für die Maskierung von Eisen, Mangan und Aluminium notwendig. Die Lösung wurde mit einem Tropfen methanolischer Lösung von 2-Hydroxy-1-(2-hydroxy-4-sulfonaphtyl-1-azo)-naphtalin-3-carbonsäure (Handelsname: Calconcarbonsäure) angefärbt, und die komplexometrische Titration unter der Verwendung einer 0.01-molaren wäßrigen Lösung des Dinatriumsalzes der Ethylendinitrilotetraessigsäure (Handelsname: Titriplex III) als Chelatbildner durchgeführt. Der Endpunkt der Titration zeigte sich durch einen Farbumschlag von Weinrot nach Reinblau.

Um den Gehalt an Magnesium zu bestimmen, wird danach zunächst die Gesamtmenge von Calcium und Magnesium ermittelt und von dieser die zuvor bestimmte Calciummenge abgezogen.

Für die Bestimmung der Ca-/Mg-Gesamtmenge kamen zu einer wie oben verdünnten Probenlösung 2 g Ammoniumchlorid und 10 ml der bereits verwendeten Triethanolaminlösung sowie 5 ml Ammoniaklösung (14.7-molar). Nach Zugabe einer "Indikatorpuffertablette", in der das Natriumsalz der 2-Hydroxy--1-(1-hydroxynaphtyl-2-azo)- 6-nitronaphtalin-4- sulfonsäure (Handelsname: Eriochromschwarz T) als Indikator enthalten ist, erfolgt die Titration mit dem beschriebenen Titer. Die Farbe schlägt von Rot nach Grün um. Enthält die Lösung nicht ausreichend maskierte Schwermetalle, so kann die Farbe wenige Minuten nach Beendigung der Titration in Braun übergehen.

1.0 ml des exakt verdünnten Titers entsprechen 0.401 mg Ca bzw. 0.243 mg Mg (MERCK o.J.). Zur Kontrolle wurden 0.101 g reines $CaCO_3$ wie die Bodenlösung behandelt und so der Titer geeicht.

Beim Vergleich der titrimetrischen Ca-Bestimmung mit den Ergebnissen der gasvolumetrischen Kalkgehaltsbestimmung muß man berücksichtigen, daß das erstgenannte Verfahren nur die in der Stammlösung enthaltenen Erdalkaliionen berücksichtigt, nicht aber die zugehörigen Säurereste. Es werden außer den Carbonaten also auch z.B. Chloride, Sulfide, Sulfate u.a. des Calciums und Magnesiums erfaßt.

### 3.2.2.1.3 Bestimmung des Anteils organischer Substanz

Die Bestimmung des Anteils organischer Substanzen in einer Bodenprobe wird durch die Oxidation der organischen Verbindung mit Chromschwefelsäure möglich (LESER 1977, SCHLICHTING & BLUME 1966).

Für die Durchführung wurden 0.5 – 1.0 g der lufttrockenen Probe mit 10 ml wäßriger Kaliumdichromatlösung (0.17-molar) angefeuchtet, mit 20 ml konzentrierter Schwefelsäure versetzt und 1 – 2 min geschüttelt. Nach 30 min, in denen die Mischung zwei- bis dreimal geschwenkt wurde, kamen unter Rühren 210 ml destilliertes Wasser und 10 ml konzentrierter o-Phosphorsäure (8.7-molar) hinzu.

Durch die Chromschwefelsäure wird der organische Kohlenstoff von der Stufe $C^0$ zu $C^{+4}$ oxidiert, gleichzeitig geht $Cr^{+6}$ in $Cr^{+3}$ über.

Über die Bestimmung des nicht reduzierten Kaliumdichromates kann nun der Gehalt an organischem Kohlenstoff ermittelt werden. Hierfür kam ein Tropfen schwefelsaurer Diphenylaminlösung (0.5 g Diphenylamin + 20 ml $H_2O$ + 100 ml konzentrierte Schwefelsäure) zu 50 ml der Stammlösung. Die Titration erfolgte mit ebenfalls schwefelsaurer Ammoniumeisen(II)sulfatlösung (39.116 g Ammoniumeisen(II)sulfat + 490 ml $H_2O$ + 10 ml konzentrierter Schwefelsäure) bis zum Farbumschlag nach Grün.

Der Berechnung des Gehaltes an organischem Kohlenstoff (%C) aus dem verbrauchten Titervolumen V und der Einwaage E lag die Formel

$$(20) \qquad \%C = 10-(V \cdot F)) \cdot 0.3/E$$

zugrunde. Den Korrekturfaktor F erhält man durch eine Blindtitration mit einem Ansatz ohne Bodenmaterial. Aus dem dabei festgestellten Titerverbrauch $V_0$ berechnet man:

$$(21) \qquad F = 10/V_0$$

Dem beschriebenen Verfahren und seiner Interpretation liegt die wesentliche Annahme zugrunde, es fände eine ausschließliche Oxidation organischer Kohlenstoffverbindungen statt. Liegen in der Probe andere Substanzen vor, die aufgrund entsprechender Redoxpotentiale mit der Chromschwefelsäure reagieren, so liefert die Analyse einen Gehalt an oxidierbarem Material, der sich von der Menge des organischen Kohlenstoffs unterscheidet.

### 3.2.2.1.4 Bestimmung des pH-Wertes

Zur pH-Wert-Bestimmung wurden 10 g Probenmaterial in 25 ml wäßriger Kaliumchloridlösung (0.1-molar) aufgeschlämmt. Die Messung erfolgte nach 30 – 60 min, in denen die Proben sich unter Luftabschluß befanden, unter Verwendung einer Glaselektrode, die mit über AgCl gesättigter KCl-Lösung (3.0-molar) gefüllt war.

### 3.2.2.1.5 Bestimmung der Leitfähigkeit einer Bodenlösung

Als Maß für den Salzgehalt eines Bodens kann die Leitfähigkeit eines wäßrigen Bodenextraktes herangezogen werden.

Zur Durchführung der Messung wurden 20 g Probenmaterial mit 50 ml frischdestilliertem Wasser angesetzt. Der 1:2.5-Extrakt blieb einen Tag unter Luftabschluß stehen. Anschließend fand unter Verwendung einer Filternutsche eine Trennung der Lösung vom Festmaterial statt. Die Messung der Leitfähigkeit erfolgte unter Verwendung einer temperaturkompensierten Elektrode (Bezugstemperatur: 293.16 K) in $\mu$S als reziproker Widerstand. Hierbei wird im Prinzip nur die Zahl der in der Lösung enthaltenen Ladungen berücksichtigt. Unbeachtet bleibt die Zahl der ladungstragenden Ionen und ihre Zusammensetzung.

Das gewählte Verfahren gestattet es, zur Charakterisierung die von BESLER (1979: 194) angeführten Salinitätsstufen zu verwenden:

- extrem salin $> 10^4$ $\mu$S/cm
- stark salin $> 10^3$ $\mu$S/cm
- salin $> 10^2$ $\mu$S/cm
- nicht salin $< 10^2$ $\mu$S/cm

### 3.2.2.2 Bodenphysikalische Untersuchungen

#### 3.2.2.2.1 Korngrößenbestimmung

Zur Bestimmung der Korngrößenverteilung des Feinsedimentes kleiner 2 mm wurden zunächst 20 – 30 g der lufttrockenen Probe in 200 ml einer 0.025-molaren wäßrigen $Na_4P_2O_7$-Lösung aufgeschlämmt, mit einem Ultraschalldesintegrator zwei Minuten behandelt und anschließend zwei Stunden auf einem Schwingtisch geschüttelt. Die Weiterverarbeitung erfolgte am nächsten Tag, wobei die Proben bis zum Beginn der Siebung erneut bewegt wurden. Die Wahl des Natriumpyrophosphates erfolgte wegen seiner Überlegenheit gegenüber anderen Dispergierungsmitteln. LÜTTMER & JUNG (1955) betonten seine Wirksamkeit bei carbonat- und eisenhaltigen Substraten und erzielten auch bei humusreichen Böden ohne $H_2O_2$-Behandlung eine weitgehende Zerteilung durch Konzentrationserhöhung des $Na_4P_2O_7$ und längere Schüttldauer.

Eine Vorbehandlung der Proben zur Zerstörung von Kalk und organischer Substanz entfiel aus zwei Gründen:

— In den aktuell ablaufenden Abtragungsprozessen sind fallweise die durch Kalkverkittung gebildeten Teilchen dem Transport ausgesetzt. Die Kalkzerstörung liefert deshalb eine Korngrößenverteilung, die nicht mehr derjenigen entspricht, welche in der Natur von der Erosion betroffen ist. Dieser Nachteil wird nicht durch die Fehler aufgewogen, die als Folge der in dem verwendeten frischdestillierten und $CO_2$-armen Wasser sehr geringen Löslichkeit von Calciumbonat entstehen können.

— Die zuvor durchgeführten pedochemischen Untersuchungen ließen auf sehr geringe Anteile organischer Verbindungen schließen, so daß eine Vorbehandlung mit $H_2O_2$ unnötig war.

Bei der durchgeführten Siebanalyse fanden Maschensiebe mit den Maschenweiten 2.0 mm, 1.0 mm, 0.63 mm, 0.315 mm, 0.200 mm, 0.125 mm und 0.063 mm (DIN 4188) Verwendung. Die Proben wurden mit einer Spritzflasche durch die Siebe gespült und die Suspension nach dem letzten Sieb in Bechergläsern aufgefangen, durch Erwärmen eingeengt und in einen 1000 ml-Standzylinder überführt.

Die Bestimmung der Anteile der Schluff- und Tonfraktionen erfolgte mit dem Pipettiergerät nach KÖHN aus der wegen ihrer Verdünnung nunmehr 0.0025-molaren Natriumpyrophosphatlösung. Die Berechnung der verwendeten Fallzeiten war durch Anwendung des STOKEschen Gesetzes möglich. Vor Beginn der Pipettierung wurde der Zylinder gründlich geschüttelt. Die daraus resultierende Störung innerhalb der ersten, eventuell auch der zweiten Sedimentationsphase als Folge von Turbulenzen innerhalb der Suspenssion blieb vernachlässigbar gering.

Wich die unkorrigierte Summe bei der Auswertung um mehr als 5% von 100% ab, so wurde die betreffende Analyse verworfen.

#### 3.2.2.2.2 Bestimmung der Aggregatstabilität

Für die Bestimmung der Stabilität von Bodenaggregaten wird in der Literatur eine Vielzahl von Methoden angeboten (GRIEVE 1979, HARTGE 1971, KERENYI 1981, SCHREIBER 1955). Besonders geeignet ist das von McCALLA (1944) entwickelte Wassertropfen-Verfahren, das auch im Rahmen der Laboruntersuchungen der vorliegenden Arbeit zur Anwendung kam.

Auf ein Sieb (Maschenweite: 1.0 mm) wurde das jeweilige Testobjekt gelegt und aus einer Bürette in einem 3-Sekunden-Rhythmus betropft (Fallhöhe: 30 cm, Tropfendurchmesser: 2.5 mm). Als Maß für die Aggregatstabilität diente die Zahl der Tropfen, die bis zum ersten Verspülen von Bodenmaterial durch das Sieb benötigt wurde.

Die durchgeführten Versuche ergaben keine brauchbaren Ergebnisse, so daß auf weitere Untersuchungen verzichtet wurde. Die Probleme der Aggregatstabilitätsbestimmungen sind in zweierlei Hinsicht verständlich:

— Die Substratoberfläche im Gelände war fast immer von einer Oberflächenverdichtungskruste versiegelt. Bei Niederschlägen sind also nicht einzelne Aggregate, sondern eine insgesamt verdichtete Oberfläche dem Splash ausgesetzt.
— Eine exakte Untersuchung der Stabiltät ist nur im Labor möglich. Dieses machte aber den weiten Transport von Aggregatproben erforderlich, wobei deren mechanische Beanspruchung nicht ausgeschlossen werden konnte. Es bleibt dahingestellt, ob aus der Oberflächenverdichtungskruste herausgelöste Bruchstücke in ihren mechanischen Eigenschaften dem ursprünglichen natürlichen Zustand überhaupt entsprechen können.

3.2.2.2.3 Morphoskopische Sanduntersuchungen

Äolische und fluviale Transportprozesse führen zu einer Oberflächenbehandlung von Sandkörnern und lassen sich daher durch morphoskopische Sanduntersuchungen nachweisen.

Im Rahmen der vorliegenden Arbeit wurden Proben von ausgewählten Standorten diesem Verfahren unterzogen, um Entscheidungshilfen hinsichtlich der wirksamen Prozeßbereiche zu liefern. Die Untergrenze der brauchbaren Sandfraktionen ergibt sich aus der Beobachtung, "daß die Kornbearbeitung in fluviatilem und äolischem Milieu im Korngrößenbereich der 0.125 mm-Fraktion endet" (PACHUR 1966: 3).

In jeder der vier betrachteten Fraktionen (1.0 — > 0.63 mm, 0.63 — > 0.315 mm, 0.315 — > 0.20 mm, 0.20 — > 0.125 mm) wurden nur Quarzkörner berücksichtigt. Neben einer Bestimmung des Quarzkornanteiles in einer zufälligen Stichprobe wurden die Quarzkörner hinsichtlich ihrer Bearbeitung und ihres Rundungsgrades in Klassen eingeteilt.

Für die Zurundung fanden die bei MÜLLER (1964: 108) angegebenen Kategorien Verwendung, denen Indexzahlen zugeordnet wurden: angular (1), subangular (2), angerundet (3), gerundet (4) und gut gerundet (5). Die mittlere Zurundung Z der Quarzkörner einer Fraktion erhält man als

(22) $$Z = 0.01 \cdot \Sigma(i \cdot P_i)$$

wobei $P_i$ den Prozentanteil in der Zurundungsklasse mit der Indexzahl i darstellt.

Hinsichtlich ihrer Bearbeitung wurden die Quarzkörner in die auch bei PACHUR (1966) aufgeführten Gruppen der unbearbeiteten, abgerundet-glänzenden und rund-mattierten Körner eingeteilt. Glänzende Quarzkörner, die hinsichtlich ihrer Zurundung als angular oder subangular angesprochen wurden, zählten zur Klasse der unbearbeiteten Körner. Mattierte Körner mit gleicher Zurundung traten nicht auf.

3.2.3 Angewendete Datenverarbeitung

Zur Auswertung der Korngrößenanalyse diente das FORTRAN-Programm SEDI. Es liefert bei Eingabe der nach Siebung und Pipettanalyse ausgewogenen Massen die Prozentanteile in den einzelnen Fraktionen sowie die Stützstellen der Summenkurven. Für die Summenkurven wird ein linearer Funktionsverlauf zwischen zwei benachbarten Stützstellen angenommen. Auf dieser Grundlage berechnet das Programm ebenfalls folgende granulometrische Kenngrößen:

(23) Sortierungskoeefizient SO = PP75/PP25

(24) Schiefe SCHIEF = $(PP75 \cdot PP25)/PP50^2$

(25) Ungleichförmigkeit UN = PP60/PP10

(26) Körnung KOERN = $(PP30)^2/(PP60 \cdot PP10)$

(27) Kurtosis KURT = $(2 \cdot (PP95 \cdot PP5) - 0.5(PP84-PP16))/$
$(0.5(PP84-PP16))$

(28) Mediandurchmesser MEDRAD = PP50

(29) Mittlerer Durchmesser MITRAD = (PP95+PP84+ PP75+PP50+PP25+PP16+PP5)/7

Wegen der besseren Anschaulichkeit wurde die Korngröße in mm eingesetzt. Die Formeln für SO, SCHIEF, UN, KOERN und KURT entsprechen den bei BLÜMEL & HÜSER (1974: 62) angegebenen, bei KOERN und KURT, wurden jedoch nicht wie dort die Perzentilmaße PP in Phi-Grad, sondern ebenfalls in mm benutzt. Dadurch vermeidet man Schwierigkeiten, die durch einen Vorzeichenwechsel in der Phi-Skala entstehen und dann z.B. einen negativen Mediandurchmesser verursachen können.

Die Möglichkeit zur Erzeugung von Korngrößenkurven bot sich unter Verwendung der im Rechenzentrum der Freien Universität Berlin vorhandenen graphischen Programmpakete.

Mit den Ergebnissen der bodenchemischen und bodenphysikalischen Analysen fand unter Einbeziehung geologischer und geomorphologischer Geländebefunde, für die ein einfacher EDV-Schlüssel erstellt wurde, eine statistische Auswertung mittels des Programmpaketes SPSS (BEUTEL et al. 1980, NIE et al. 1975, ROBINSON 1977, RÖMER & WILKE 1981) statt.

# 4. Möglichkeiten der Bilanzierung und Abschätzung der Abtragungsbeträge

Neben den Mechanismen der Abtragungsprozesse eines Raumes und den hierfür gegebenen klimatischen, geologischen und geomorphologischen Voraussetzungen stellen die Messungen der Prozeßbilanzen einen wichtigen Aspekt von Abtragungsuntersuchungen dar, werfen aber gerade in ariden Gebieten auch große Probleme auf. Das nur sporadische Auftreten von erosionsaktiven Starkregen macht sehr lange Meßzeiträume erforderlich, durch die aber nicht alle Zweifel an der Übertragbarkeit der Ergebnisse ausgeräumt werden können.

## 4.1 Möglichkeiten der direkten Bilanzierung

Ein weitverbreitetes Verfahren der Erfassung von Abtragsraten ist der Einsatz von Erosionspegeln, an denen während eines längeren Zeitraumes Zwischenbilanzen des Massenhaushaltes im jeweiligen Testhang abgelesen werden können (BARNER 1978, GEHRENKEMPER 1981, LEOPOLD & EMMETT 1972, KIRKBY & KIRKBY 1974). Wesentlich aufwendiger sind die Messungen der aus vorgegebenen Testparzellen abgespülten Massen, die in Auffangvorrichtungen gesammelt werden (SCHMIDT 1982a, WISCHMEIER 1959, 1962). Die Schwierigkeiten dieser Verfahren liegen in der Übertragbarkeit der für relativ kleine, stationäre Testparzellen bzw. Testhänge gewonnenen Prozeßraten auf andere Bereiche. Zeichnen sich die betreffenden Arbeitsgebiete außerdem durch seltenes Auftreten erosionsaktiver Niederschläge aus, so sind die Ergebnisse stark zufallsabhängig.

## 4.2 Anwendbarkeit von Modellrechnungen

Aus Massenbilanzen größerer Einzugsgebiete entstanden in der Vergangenheit mehrfach Modelle, die aus verfügbaren Basisdaten eine rechnerische Bilanzierung des Abtragungsprozesses liefern sollen.

FOURNIER (1960) errechnete Abtragsmengen aus einem Niederschlagsfaktor und einem orographischen Faktor, in den die mittlere Höhe eines Einzugsgebietes und ein Reliefkoeefizient eingehen. Der Niederschlagsfaktor $p_m^2/P$ kann aus Niederschlagsmittelwerten bestimmt werden: P ist der mittlere Jahresniederschlag, $p_m$ der maximale mittlere Monatsniederschlag. In Abhängigkeit vom Relief ergeben sich vier Gleichungen für die Berechnung der Abtragsmenge A (in t/km²/a):

– Bereiche schwacher Reliefierung, in denen $8.1 < p_m^2/P < 20$:

(30) $$A = -49.78 + 6.14 \cdot p_m^2/P$$

– Bereiche schwacher Reliefierung mit $p_m^2/P < 20$:

(31) $$A = -475.4 + 27.12 \cdot p_m^2/P$$

– deutlich reliefierte Bereiche außerhalb von ariden und semiariden Klimazonen:

(32) $$A = -513.21 + 52.49 \cdot p_m^2/P$$

– deutlich reliefierte Bereiche in semiariden Klimazonen:

(33) $$A = -737.62 + 91.78 \cdot p_m^2/P$$

Das Modell FOURNIERs läßt sich aber nicht auf das Becken von Ouarzazate anwenden, dessen Niederschlagsregime durch zu geringe Werte des Faktors $p_m^2/P$ gekennzeichnet wird (Tab. 6). Es ist zu sehr von Monatsmitteln abhängig, berücksichtigt dagegen nicht die Geomorphodynamik während sporadischer Starkregen.

Tab. 6: Erosivität der Niederschläge an Stationen des Beckens von Ouarzazate.

Angegeben sind der Faktor $p_m^2/P$ (FOURNIER 1960) und der nach ARNOLDUS (1977) berechnete R-Faktor der universellen Bodenverlustgleichung. Die Stationsnummern beziehen sich auf Abb. 28.

| Station | Stationsnr. | $p_m^2/P$ | R |
|---|---|---|---|
| Tamdrouste | 1 | 2.26 | 6.27 |
| Aguillal | 2 | 0.22 | 14.84 |
| Tiffoultoute | 3 | 1.91 | 10.93 |
| Ouarzazate | 4 | 1.90 | 11.77 |
| Tiflite | 5 | 4.08 | 12.05 |
| Barrage | 6 | 1.78 | 6.55 |
| Skoura | 7 | 2.66 | 11.25 |
| Ifar | 8 | 7.41 | 18.11 |
| El Kelaa des Mgouna | 9 | 4.75 | 18.67 |
| Ait Moutade | 10 | 4.59 | 17.28 |
| Boumalne | 11 | 5.79 | 19.94 |

Das wohl bekannteste Modell zur rechnerischen Bilanzierung ist die "universelle Bodenverlustgleichung" ("universal soil loss equation") (HUDSON 1971,

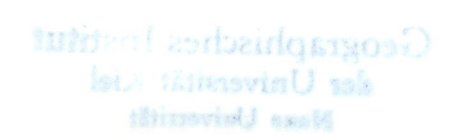

MORGAN 1979), nach der der Abtrag A als Produkt eines Niederschlagsindexes R, eines Erodierbarkeitsfaktors K, den Faktoren L und S zur Kennzeichnung von Hanglänge und Neigung sowie Faktoren der Bodenbearbeitung (C) und Bodenkonservierung (P) ermittelt wird:

(34) $$A = R \cdot K \cdot L \cdot S \cdot P \cdot C$$

Diese aus Messungen in den USA entwickelte Gleichung wirft jedoch Probleme bei der Übertragung auf andere Regionen auf, die im wesentlichen in der Bestimmung des Niederschlagsfaktors R begründet liegen.

WISCHMEIER (1959) legte R den $EI_{30}$-Index zugrunde, der das Produkt der kinetischen Energie eines Niederschlages mit mehr als 12.7 mm (= 0.5 inch) und seiner verdoppelten maximalen Intensität während eines halbstündigen Meßintervalls darstellt. Da für die wenigsten Stationen derartig kurzzeitige Intensitätsmessungen vorliegen, wurde mehrfach versucht, den R-Faktor aus weltweit üblichen Meßdaten zu gewinnen.

BERMANAKUSUMAH (1975) berechnete R aus dem mittleren Jahresniederschlag N und dem Schneeanteil am Gesamtniederschlag ($S_n$), gab jedoch weder die notwendigen Dimensionen noch eine Begründung für die Verwendung des Schneeanteils an:

(35) $$R = 0.01 \cdot N \cdot (2 + 0.02 \cdot S_n)$$

ARNOLDUS (1977) ermittelte R aus den in Marokko verfügbaren Daten der mittleren Monatsniederschläge $p_i$ und dem mittleren Jahresniederschlag P, wobei er die Dimensionen der Werte (mm) vernachlässigte:

(36) $$R = 17.35 \cdot (-0.8188 + 1.51 \cdot \log \Sigma p_i^2 / P)$$

Die auf dieser Grundlage berechenbaren R-Werte der Stationen im Bereich des Beckens von Ouarzazate sind in Tab. 6 aufgeführt. Es zeigt sich eine Zunahme von R, d.h. ein Ansteigen der Niederschlagserosivität, nach Osten (Abb. 28).

Der Faktor K der Bodenerodierbarkeit ergab sich ursprünglich aus dem Bodenverlust von 9% geneigten und 22.13 m (= 72.6 ft) langen Hangstücken. Durch die Beziehungen zwischen dem Bodenverlust dieser Standardflächen und einigen bodenphysikalischen und bodenchemischen Eigenschaften entwickelten WISCHMEIER et al. (1971) ein Nomogramm (Abb. 29), aus dem der K-Wert abgelesen werden kann. Dieses erlaubt allerdings nur die Untersuchung von Böden mit einem Anteil organischer Substanz kleiner 4%, außerdem bleibt der Einfluß eines vorhandenen Steinpflasters oder Bodenskelettes auf die Abtragungsresistenz unberücksichtigt (SCHIEBER 1983). Wesentliche Voraussetzung ist auch die von MORGAN (1983) bestrittene Annahme der Konstanz der Erodierbarkeit während eines Niederschlages bzw. bei verschiedenen Niederschlägen. Eine Veränderung der erosionssteuernden Infiltration durch Verschlämmung von Poren im Verlauf eines Regenereignisses wird nicht beachtet. Auf den Mittelwertcharakter von K und die Bedingungen der Anwendbarkeit der universellen Bodenverlustgleichung wies WISCHMEIER (1976) hin.

Die Faktoren L, S, C und P, die im ursprünglichen Modellansatz zur Planung bodenkonservierender Maßnahmen an konkreten Standorten eine wesentliche Rolle spielen, können im großräumigen Überblick nicht oder nur schwer berücksichtigt werden. ARNOLDUS (1977) wählte auf der Grundlage einer weltweiten Bodenkarte Kennziffern für die dort berücksichtigten Neigungsklassen, die Faktoren L, C und P ließ er außer acht. In seiner Karte des maximalen potentiellen Bodenverlustes für Marokko kann man für das Becken von Ouarzazate eine Rate von 0 bis 30 t/ha/a (entsprechend 0–300 t/km²/a) ablesen.

Für die kleinräumige Kennzeichnung der maximalen potentiellen Bodenverluste im Bereich der Klimastationen im Becken von Ouarzazate (Tab. 7) wurde entsprechend dem oben beschriebenen Ansatz die Basis-Gleichung

(37) $$A = R \cdot K$$

verwendet, die natürlich nur einen Schätzwert liefern kann. Die anderen Faktoren der Bodenverlustgleichung gingen nicht ein, da sie sich für das Arbeitsgebiet nicht aus den vorhandenen Karten ablesen lassen. Um die Erodierbarkeit der schwach geneigten Flächen zu beurteilen, kann man das LS-Produkt gleich 1 setzen, der Faktor C hat für nicht bearbeitete Bereiche ebenfalls den Wert 1 (BERMANAKUSUMAH 1975). Die Berücksichtigung eines Faktors P zur Kennzeichnung bodenkonservierender Maßnahmen ist in dieser Fragestellung sinnlos und wird daher wie bei ARNOLDUS (1977) nicht vorgenommen.

Für K wurden die Mittelwerte der Substratzusammensetzungen und des Anteils der organischen Substanz (vgl. 5.1.) benutzt und die im linken Teil des Nomogramms (Abb. 29) skalierten Näherungswerte für K abgelesen. Auf die Berücksichtigung der Bodenstruktur und Permeabilität wurde mangels Übertragbarkeit der bei WISCHMEIER et al. (1971) angegebenen Kriterien verzichtet.

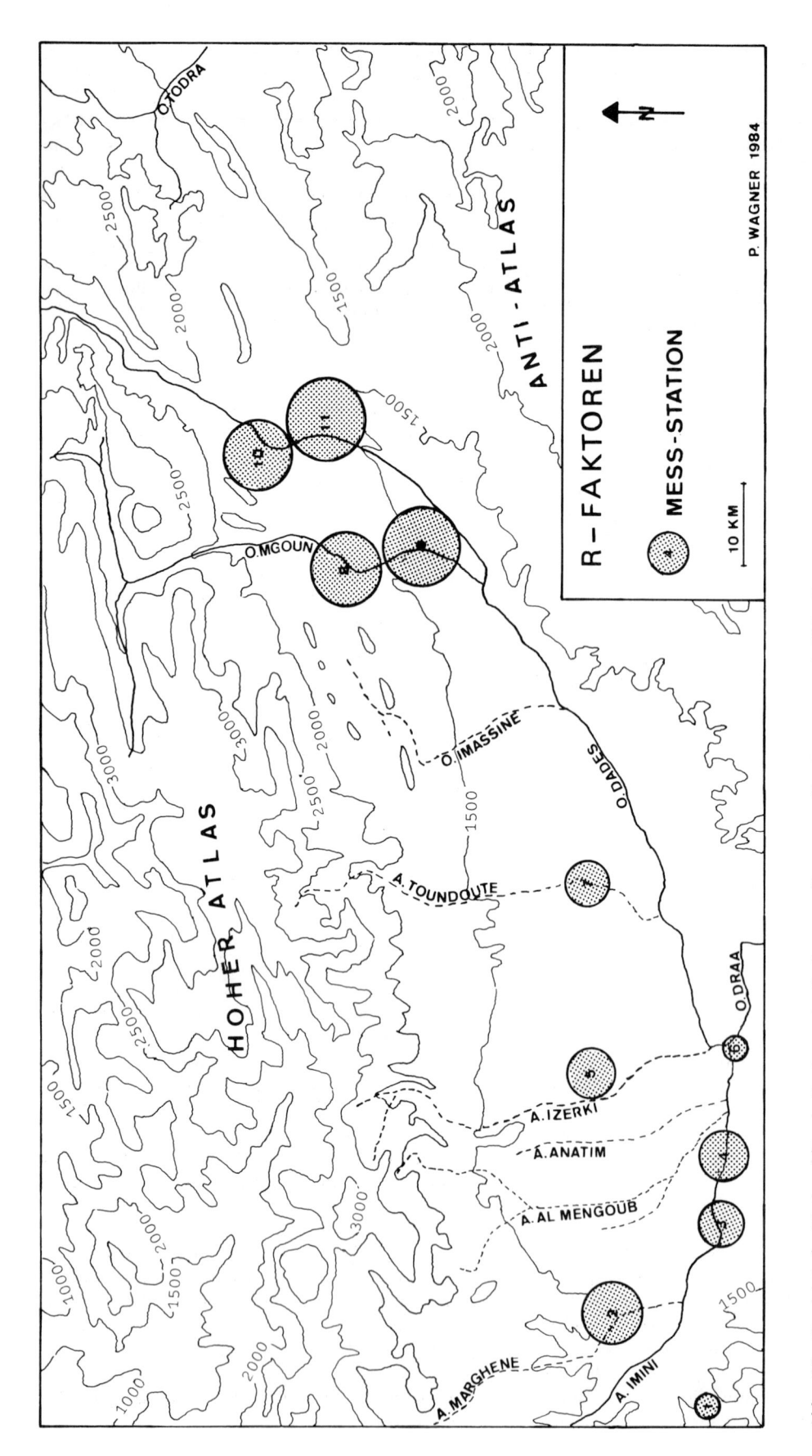

Abb. 28: Erosivität der Niederschläge an Stationen des Beckens von Ouarzazate (Stationsnummer in Tab. 6).

Die durch die Kreisradien relativ zueinander wiedergegebenen R-Werte (berechnet nach ARNOLDUS 1977) zeigen die höhere Erosivität an den höher gelegenen Stationen im Osten.

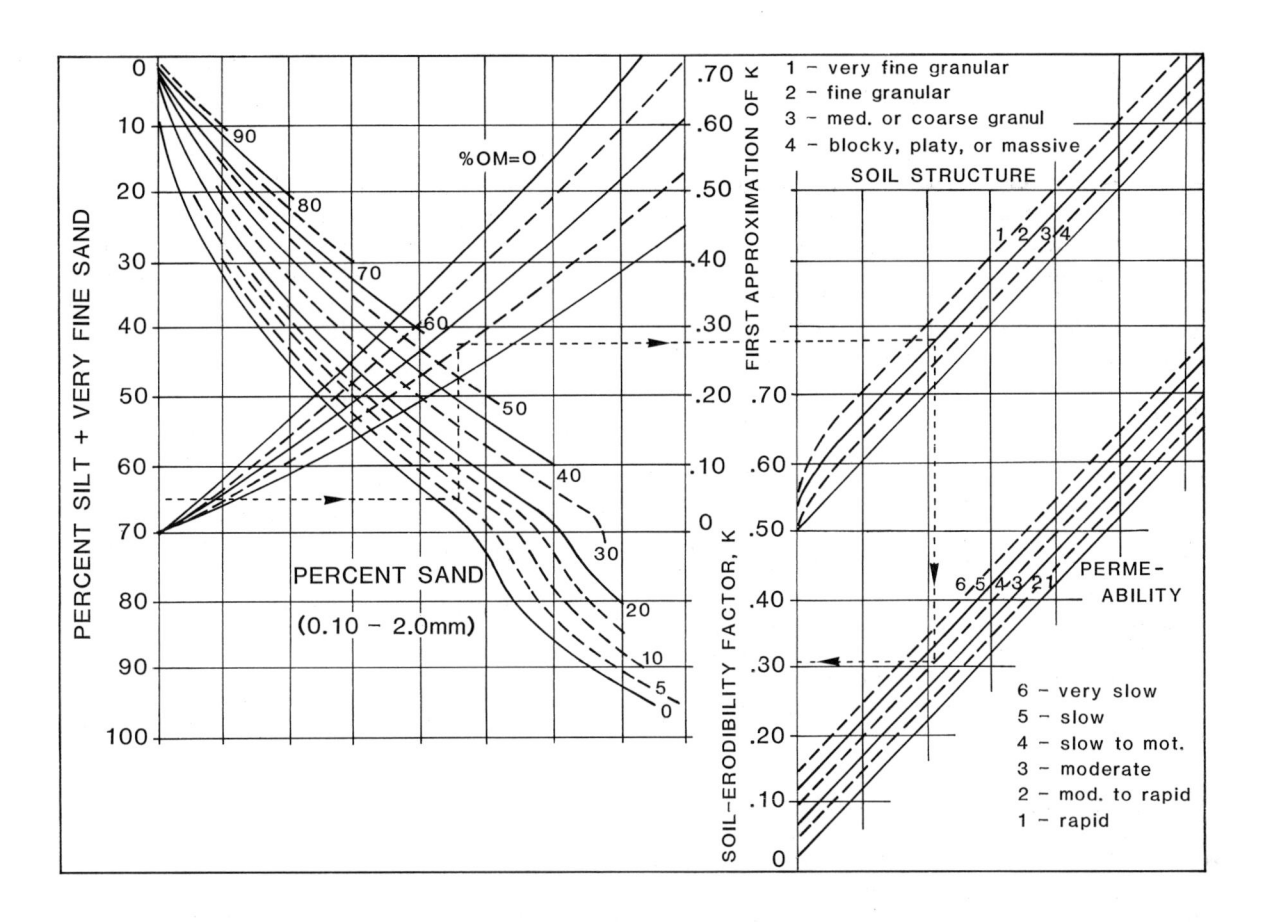

Abb. 29: Nomogramm zur Bestimmung des K-Faktors (der Bodenerodierbarkeit) der universellen Bodenverlustgleichung (aus: WISCHMEIER et al. 1971:190).


Tab. 7: Ergebnisse der Basic-Wischmeier-Gleichung [tkm$^{-2}$ a$^{-1}$].

| Stationsnummer | 1 | 2 | 3 | 4 | 5 | 6 | 7 | 8 | 9 | 10 | 11 |
|---|---|---|---|---|---|---|---|---|---|---|---|
| Jüngste Terrassensedimente | 190.3 | 453.8 | 333.9 | 359.6 | 368.3 | 199.0 | 343.5 | 654.9 | 570.4 | 529.2 | 609.2 |
| Lehmige untere Niederterrasse | 233.3 | 556.3 | 409.3 | 440.8 | 451.4 | 244.0 | 421.0 | 680.2 | 699.2 | 648.7 | 746.8 |
| Glacis q1 | 190.3 | 453.8 | 333.9 | 359.6 | 368.3 | 199.0 | 343.5 | 554.9 | 570.4 | 529.2 | 609.2 |
| Glacis q2 | 196.5 | 468.5 | 344.6 | 371.2 | 380.2 | 205.4 | 354.6 | 572.8 | 588.5 | 546.2 | 628.9 |
| Glacis q3 | 178.1 | 424.6 | 312.3 | 336.4 | 344.5 | 186.2 | 321.3 | 519.1 | 533.6 | 495.0 | 569.9 |
| Glacis q4 | 190.3 | 453.8 | 333.9 | 359.6 | 368.3 | 199.0 | 343.5 | 554.9 | 570.4 | 529.2 | 609.2 |
| Glacis q5 | 171.9 | 409.9 | 301.6 | 324.8 | 332.6 | 179.8 | 310.2 | 501.2 | 515.2 | 478.0 | 550.3 |
| Glacis q6 | 196.5 | 468.5 | 344.6 | 371.2 | 380.2 | 205.4 | 354.6 | 572.8 | 588.8 | 546.2 | 628.9 |
| Mio-pliozäne Konglomerate | 171.9 | 409.9 | 301.6 | 324.8 | 332.6 | 179.8 | 310.2 | 501.2 | 515.2 | 478.0 | 550.3 |
| Mio-pliozäne Sandsteine | 246.0 | 629.5 | 463.1 | 498.8 | 510.8 | 276.1 | 476.4 | 769.7 | 791.3 | 734.0 | 845.1 |
| Mio-pliozäne Mergel | 208.8 | 497.8 | 366.2 | 394.4 | 403.9 | 218.3 | 376.7 | 608.6 | 625.6 | 580.4 | 668.2 |
| Anti-Atlas-Gesteine | 233.3 | 556.3 | 409.3 | 449.8 | 451.4 | 244.0 | 421.0 | 680.2 | 699.2 | 648.7 | 746.8 |

1 Tamdrouste
2 Aguillal
3 Tiffoultoute
4 Ouarzazate
5 Tiflite
6 Barrage
7 Skoura
8 Ifar
9 El Kelaa Des Mgouna
10 Ait Moutade
11 Boumalne

## 4.3 Sedimentation im Bereich des Stausees bei Ouarzazate

Eine Abschätzung der Abtragungsintensität im Becken von Ouarzazate wird durch die Sedimentation im Bereich des Stausees Mansour Eddahbi möglich. Die vom örtlichen SERVICE HYDRAULIQUE zur Verfügung gestellten Zahlen berücksichtigen nicht die Materialmenge, die den Stausee als Lösungsfracht wieder verläßt. Man erhält also Mindestwerte, die realen Prozeßraten können höher liegen. Die von den Zuflüssen mitgeführte Suspensionsfracht setzt sich dagegen praktisch vollständig im Staubecken ab.

Die Arbeiten am Stauseee konnten im Mai 1972 abgeschlossen werden (RISER 1973). Aus dieser Zeit stammen erste Vermessungen des Stauseebereiches (Pegelmessungen, Bestimmung der Wasserfläche aus Luftbildern), der überflutete Untergrund war zuvor detailliert vermessen worden. Die Messungen wurden in den Jahren 1976 und 1982 wiederholt und eine Berechnung der jeweiligen Stauseevolumina bzw. der in diesem Zeitraum erfolgten Sedimentation vorgenommen.

Die Gesamtmenge des in den zehn Jahren abgesetzten Materials wird mit $37.35 \cdot 10^6$ m$^3$ angegeben, was einer Sedimentationsrate von $3.74 \cdot 10^6$ m$^3$ pro Jahr entspräche. Da sich die Wasserfläche des Stausees in den letzten Jahren aber erheblich verringerte, wurde unter Einbeziehung von Messungen des Jahres 1976 für den Zeitraum von 1976 bis 1982 auf eine Materialzufuhr von $4.71 \cdot 10^6$ m$^3$ pro Jahr geschlossen. Unter Zugrundelegung einer Flächenausdehnung des Einzugsgebietes von 15170 km$^2$ als Summe der Einzugsgebiete des Dades (7310 km$^2$) und des Oued Ouarzazate (7460 km$^2$; CHAMAYOU & RUHARD 1977) bestimmte man daraus eine mittlere Abtragungsrate von 310 m$^3$/km$^2$ pro Jahr, aus der sich wiederum eine theoretische Tieferlegung von 0.3 mm pro Jahr ergibt. Hierbei wird dem Sedimentvolumen die Trockendichte von 2.5 g/cm$^3$ zugeordnet, wodurch eine Massenrate von 775 t/km$^2$/a resultiert. Die Untersuchung der Dichte einiger wassergesättigter Proben von Stauseesedimenten im Labor lieferte dagegen eine mittlere Dichte von 1.8 g/cm$^3$. Nimmt man an, daß das angegebene Sedimentationsvolumen durch diese Dichte beschrieben wird, so kann eine jährliche mittlere Abtragsrate für den Zeitraum von 1976-1982 von 558 t/km$^2$ errechnet werden. Durch Verknüpfung dieser Massenrate mit der Trockendichte (2.5 g/cm$^3$) erhält man eine Abtragsrate von jährlich 0.2 mm.

Man muß bei diesen Zahlen berücksichtigen, daß die Einzugsgebiete in die umgebenden Gebirgsbereiche zurückgreifen, in denen höhere Niederschlagsmengen als im Becken zur Verfügung stehen, und dementsprechend die Prozeßraten höher als die auf den Glacis sind. Dies spielt auch für die Differenzen zwischen den tatsächlichen (auf der Grundlage der Stauseeablagerungen ermittelten) Abtragsmengen und den in Tab. 7 modellhaft berechneten eine wesentliche Rolle. Dennoch zeigt sich, daß die theoretisch berechneten Werte sich in realistischen Dimensionen bewegen.

Die aufgeführten Prozeßraten passen sich größenordnungsmäßig in die verwandter Klimabereiche ein (Tab. 8). Sie liegen über den von HEUSCH (1971) für Gesamtmarokko gemittelten Werten von 200 t/km$^2$/a (entsprechend einer Tieferlegung von 0.08 mm/a), sind aber geringer als die von FLORET & PONTANIER (1982) für ihr Arbeitsgebiet in Tunesien angegebenen mittleren Raten von 1 - 2 mm/a.

Tab. 8: Abtragungsraten unter verschiedenen Klimabedingungen (in Bubnoff B = mm/100a, Werte aus SAUNDERS & YOUNG 1983: 497).

Aus der Sedimentationsrate im Stausee Mansour Eddahbi konnte auf eine regionale Rate von 200 - 300 B geschlossen werden.

| Klima | Relief | Charakteristische Spannweiten der Denudationsraten in B | |
|---|---|---|---|
| Glazialklima | Normal (=Eisschilde) | 50 - | 200 |
| | Steil (=Talgletscher) | 1 000 - | 5 000 |
| Polar/Gebirge | Meist steil | 10 - | 1 000 |
| Maritim gemäßigt | Meist normal | 5 - | 500 |
| Kontinental gemäßigt | Normal | 10 - | 100 |
| | Steil | 100 - | 200 |
| Mediterran | — | 10 - | ? |
| Semi-arid | Normal | 100 - | 1 000 |
| Arid | — | 10 - | ? |
| Subtropisch | — | 10 - | 1 000 |
| Savannenklima | | 100 - | 500 |
| Regenwald | Normal | 10 - | 100 |
| | Steil | 100 - | 1 000 |
| | Badlands | 1 000 - | 1 000 000 |

# 5. Das regionale Modell der Abtragungsdisposition

Die Gelände- und Laboruntersuchungen zeigten, daß den geologischen Einheiten des Beckens von Ouarzazate, die in enger Verknüpfung mit den Reliefformen zu sehen sind, charakteristische Merkmale zugeordnet werden können. Ihre Substrate besitzen typische Merkmale (vgl. 5.1), die auch zu einer unterschiedlichen Erodierbarkeit führen (vgl. 5.2). Aus den zu beobachtenden Prozeßspuren und Reliefelementen ist eine Kennzeichnung der aktuellen Prozeßbereiche im Untersuchungsgebiet möglich (vgl. 5.3). In ihrer räumlichen Verteilung führen die unterschiedlichen Relief- und Untergrundeigenschaften zu einer räumlich differenzierten Abtragungsdisposition, aus der bei gegebenen klimatischen Voraussetzungen auch eine unterschiedliche Reliefentwicklung resultiert.

## 5.1 Die Kennzeichnung der Substrate der geologischen Einheiten

Die Ergebnisse der pedochemischen und pedophysikalischen Laboruntersuchungen wurden zusammengefaßt und Mittelwertbildungen vorgenommen (Tab. 9 - 21). Korrelationsuntersuchungen dienten der Überprüfung des linearen Zusammenhanges zwischen den erfaßten bodenchemischen Eigenschaften (Tab. 22). Mit Hilfe des t-Test-Verfahrens, dessen Zulässigkeit durch einen F-Test gesichert wurde, war ersichtlich, welche Merkmale auf dem 5%-Signifikanzniveau zur Unterscheidung der geologischen Einheiten dienen können (Tab. 23).

Die Oberflächensubstrate im Becken von Ouarzazate weisen basische pH-Werte auf und gehören im Sinne der Einteilung von SCHEFFER & SCHACHTSCHABEL (1976) zu den schwach alkalischen bis mäßig alkalischen Böden. Hierfür spielen die im Untergrund anstehenden Kalke des mpc eine wesentliche Rolle. Der ansäuernde Einfluß pflanzlicher Zersetzungsprodukte kann dagegen vernachlässigt werden. Ist schon die Vegetationsdichte und damit die Menge des vorhandenen Pflanzenmaterials (Wurzelreste) gering, so wird dieses wegen des Wassermangels auch nur schlecht zersetzt. Die notwendigen chemischen Prozesse laufen in wäßriger Lösung ab, und eine Bodenfauna ist ebenfalls auf Feuchtigkeit angewiesen. Ein signifikanter Zusammenhang zwischen dem titrimetrisch bestimmten Mengenanteil organischen Kohlenstoffs und dem pH-Wert liegt nicht vor.

Die Kalkgehalte der Substrate, sieht man einmal vom Bereich der metamorphen präkambrischen Gesteine ab, die stellenweise aus den neogenen Beckensedimenten ragen, liegen im Mittel zwischen 10% und 20%. Lediglich die lehmigen unteren Niederterrassen ("Basses-basses terrasses limoneuses") besitzen als Beckensedimente einen mittleren Kalkgehalt von nur 9.3%, unterscheiden sich damit signifikant aber nur von den mio-pliozänen Konglomeraten und Mergeln sowie den q5-Niveaus.

Der Kalk stammt ursprünglich aus tertiären Sedimenten und wurde bei den Glacisschüttungen mittransportiert. Auch im benachbarten Atlasgebiet stehen Kalke an. Die Schwankungsbreiten des Kalkgehaltes in den geologischen Einheiten sind recht hoch. In der Nachbarschaft von anstehendem mpc sorgt die Sedimentverlagerung aus Hangbereichen für eine Zufuhr kalkigen Materials. Die lokale Akkumulation dieser Substrate kann auf den Glacisflächen zu Spitzenwerten des Kalkgehaltes wie 54.1% (q1) oder 45.6% (q2) führen.

Die Proben aus q5- und q6-Bereichen besitzen die höchsten Werte des Kalkgehaltes und liegen sehr eng bei denen der mpc-Konglomerate.

In engem Zusammenhang mit dem Kalkgehalt sind die Ergebnisse der Calcium-Titrationen zu sehen. Der hohe Korrelationsgrad zwischen beiden deutet darauf hin, daß Calcium überwiegend in Carbonatverbindungen auftritt, doch können die im Gelände festgestellten Gipsvorkommen lokale Abweichungen hervorrufen. Da die Erdalkalimetalle meist zusammen auftreten, weist das seltenere Magnesium die entsprechende Tendenz auf. Es kann nur in wenigen Fällen zur signifikanten Unterscheidung geologischer Einheiten dienen.

Ein wichtiges Merkmal stellt die elektrische Leitfähigkeit des wäßrigen Bodenextraktes dar. Betrachtet man die Glacis q1 bis q4, so nimmt die mittlere Leitfähigkeit vom ältesten zum jüngsten zu, gleichzeitig steigen die Spannweiten zwischen Minima und Maxima an. Der Grund für die zunehmende Versalzung der jüngeren Glacis liegt in der stärker werdenden Beeinflussung durch den näher gelegenen Vorfluter. q1 ist stark von den es durchschneidenden Oueds geprägt und läßt sich stellenweise nur schlecht von jüngeren Terrassenbereichen unterscheiden. Bei gelegentlichen Hochwasserereignissen wird es z.T. überflutet, dabei kommt es zu Sedimentakkumulationen. Beim Austrocknen überziehen sich diese häufig mit Salzausblühungen. Im Bereich von q1 muß aber auch von einer vorfluterbedingten lokalen Anhebung des Grundwasserspiegels ausgegangen werden, diese kann zu einem Salztransport durch aus dem Untergrund aufsteigende Wässer führen.

Tab. 9: Mittlerer pH-Wert (PH) der Substrate der geologischen Einheiten im Becken vor Ouarzazate.

|  | Mittelwert | Standardabweichung | Minimum | Maximum |
|---|---|---|---|---|
| Jüngste Terrassensed. | 8.1 | 0.237 | 7.7 | 8.7 |
| Lehm. unt. Niederterrasse | 8.1 | 0.208 | 7.7 | 8.3 |
| Glacis q1 | 8.2 | 0.256 | 7.5 | 8.9 |
| Glacis q2 | 8.2 | 0.409 | 7.6 | 9.9 |
| Glacis q3 | 8.0 | 0.392 | 7.4 | 9.9 |
| Glacis q4 | 8.0 | 0.235 | 7.8 | 9.0 |
| Glacis q5 | 8.0 | 0.072 | 7.9 | 8.1 |
| Glacis q6 | 8.0 | 0.104 | 7.8 | 8.1 |
| mpc-Konglomerat | 8.1 | 0.111 | 7.9 | 8.2 |
| mpc-Mergel | 8.0 | 0.254 | 7.7 | 8.6 |
| mpc-Sandstein | 8.0 | 0.233 | 7.4 | 8.7 |
| Anti-Atlas-Gesteine | 8.0 | 0.179 | 7.9 | 8.3 |

Tab. 10: Mittlerer Kalkgehalt in % (SCH) der Substrate der geologischen Einheiten im Becken von Ouarzazate.

|  | Mittelwert | Standardabweichung | Minimum | Maximum |
|---|---|---|---|---|
| Jüngste Terrassensed. | 13.2 | 9.339 | 1.7 | 39.8 |
| Lehm. unt. Niederterrasse | 9.3 | 6.587 | 0.7 | 21.1 |
| Glacis q1 | 14.1 | 9.746 | 1.0 | 54.1 |
| Glacis q2 | 10.8 | 10.784 | 1.6 | 45.6 |
| Glacis q3 | 10.1 | 8.425 | 0.5 | 33.0 |
| Glacis q4 | 12.6 | 11.503 | 1.9 | 43.7 |
| Glacis q5 | 20.6 | 8.865 | 11.6 | 37.0 |
| Glacis q6 | 22.7 | 14.665 | 5.8 | 31.2 |
| mpc-Konglomerat | 19.9 | 12.023 | 0.8 | 38.0 |
| mpc-Mergel | 17.4 | 16.629 | 1.4 | 54.5 |
| mpc-Sandstein | 11.4 | 8.873 | 0.0 | 41.7 |
| Anti-Atlas-Gesteine | 4.5 | 0.883 | 3.5 | 5.2 |

Tab. 11: Mittlerer Ca-Gehalt in % (CA) der Substrate der geologischen Einheiten im Becken von Ouarzazate.

|  | Mittelwert | Standardabweichung | Minimum | Maximum |
|---|---|---|---|---|
| Jüngste Terrassensed. | 5.8 | 3.874 | 0.4 | 16.7 |
| Lehm. unt. Niederterrasse | 4.2 | 2.636 | 0.6 | 8.6 |
| Glacis q1 | 8.2 | 6.891 | 0.6 | 34.3 |
| Glacis q2 | 5.9 | 6.315 | 0.7 | 25.7 |
| Glacis q3 | 4.4 | 3.621 | 0.6 | 13.9 |
| Glacis q4 | 5.5 | 4.484 | 0.9 | 16.7 |
| Glacis q5 | 7.5 | 3.521 | 3.7 | 14.1 |
| Glacis q6 | 9.5 | 6.582 | 1.9 | 13.3 |
| mpc-Konglomerat | 9.1 | 5.706 | 0.7 | 21.7 |
| mpc-Mergel | 6.8 | 5.858 | 0.6 | 20.1 |
| mpc-Sandstein | 5.7 | 3.857 | 0.7 | 18.6 |
| Anti-Atlas-Gesteine | 2.1 | 0.651 | 1.5 | 2.8 |

Tab. 12: Mittlerer Mg-Gehalt in % (MG) der Substrate der geologischen Einheiten im Becken von Ouarzazate.

|  | Mittelwert | Standardabweichung | Minimum | Maximum |
|---|---|---|---|---|
| Jüngste Terrassensed. | 0.7 | 0.935 | 0.0 | 4.0 |
| Lehm. unt. Niederterrasse | 0.4 | 0.453 | 0.0 | 1.0 |
| Glacis q1 | 0.5 | 0.671 | 0.0 | 3.0 |
| Glacis q2 | 0.4 | 0.759 | 0.0 | 3.0 |
| Glacis q3 | 0.3 | 0.456 | 0.0 | 1.0 |
| Glacis q4 | 0.1 | 0.359 | 0.0 | 1.0 |
| Glacis q5 | 0.7 | 0.498 | 0.0 | 1.3 |
| Glacis q6 | 0.7 | 0.924 | 0.2 | 1.8 |
| mpc-Konglomerat | 0.4 | 0.501 | 0.0 | 1.0 |
| mpc-Mergel | 1.4 | 1.849 | 0.0 | 6.7 |
| mpc-Sandstein | 0.6 | 0.679 | 0.0 | 3.0 |
| Anti-Atlas-Gesteine | 0.1 | 0.115 | 0.0 | 0.2 |

Tab. 13: Mittlerer Gehalt an organischem Kohlenstoff in % (ORGC) der Substrate der geologischen Einheiten im Becken von Ouarzazate.

|  | Mittelwert | Standardabweichung | Minimum | Maximum |
|---|---|---|---|---|
| Jüngste Terrassensed. | 0.3 | 0.265 | 0.0 | 1.1 |
| Lehm. unt. Niederterrasse | 0.5 | 0.286 | 0.1 | 1.0 |
| Glacis q1 | 0.3 | 0.202 | 0.0 | 1.0 |
| Glacis q2 | 0.5 | 0.306 | 0.0 | 1.2 |
| Glacis q3 | 0.6 | 0.409 | 0.0 | 2.4 |
| Glacis q4 | 0.3 | 0.297 | 0.0 | 1.0 |
| Glacis q5 | 0.3 | 0.187 | 0.0 | 0.6 |
| Glacis q6 | 0.6 | 0.231 | 0.3 | 0.7 |
| mpc-Konglomerat | 0.4 | 0.194 | 0.1 | 0.8 |
| mpc-Mergel | 0.3 | 0.183 | 0.0 | 0.6 |
| mpc-Sandstein | 0.3 | 0.269 | 0.0 | 1.2 |
| Anti-Atlas-Gesteine | 0.4 | 0.300 | 0.1 | 0.7 |

Tab. 14: Mittlere elektrische Leitfähigkeit (LEIT) µS von 1:2.5-Bodenextrakten der Substrate der geologischen Einheiten im Becken von Ouarzazate.

|  | Mittelwert | Standardabweichung | Minimum | Maximum |
|---|---|---|---|---|
| Jüngste Terrassensed. | 3106.2 | 20348.6 | 76.0 | 160600.0 |
| Lehm. unt. Niederterrasse | 3220.2 | 9348.7 | 75.0 | 28150.0 |
| Glacis q1 | 10227.3 | 35559.3 | 63.0 | 193800.0 |
| Glacis q2 | 480.8 | 983.9 | 79.0 | 4710.0 |
| Glacis q3 | 154.0 | 93.6 | 4.0 | 588.0 |
| Glacis q4 | 128.1 | 24.9 | 88.0 | 166.0 |
| Glacis q5 | 168.5 | 34.8 | 121.0 | 237.0 |
| Glacis q6 | 418.6 | 101.5 | 367.0 | 571.0 |
| mpc-Konglomerat | 158.2 | 46.6 | 96.0 | 244.0 |
| mpc-Mergel | 555.3 | 600.2 | 12.0 | 1807.0 |
| mpc-Sandstein | 5150.0 | 26538.4 | 85.0 | 174800.0 |
| Anti-Atlas-Gesteine | 152.7 | 68.7 | 111.0 | 232.0 |

Tab. 15: Mittelwerte der Sortierung (SO) der Substrate der geologischen Einheiten im Becken von Ouarzazate.

|  | Mittelwert | Standardabweichung | Minimum | Maximum |
|---|---|---|---|---|
| Jüngste Terrassensed. | 19.0 | 47.9 | 2.0 | 388.5 |
| Lehm. unt Niederterrasse | 118.2 | 268.3 | 2.2 | 822.6 |
| Glacis q1 | 22.4 | 25.1 | 1.9 | 111.5 |
| Glacis q2 | 40.9 | 43.2 | 3.7 | 146.9 |
| Glacis q3 | 38.3 | 31.1 | 3.5 | 117.1 |
| Glacis q4 | 50.7 | 37.8 | 5.7 | 148.9 |
| Glacis q5 | 29.5 | 26.2 | 10.8 | 101.6 |
| Glacis q6 | 12.8 | 9.6 | 5.3 | 26.8 |
| mpc-Konglomerat | 29.7 | 23.5 | 3.3 | 100.0 |
| mpc-Mergel | 16.7 | 30.7 | 1.7 | 111.4 |
| mpc-Sandstein | 33.9 | 43.2 | 2.7 | 224.5 |
| Anti-Atlas-Gesteine | 18.2 | 19.1 | 3.0 | 46.2 |

Tab. 16: Mittelwerte der Ungleichförmigkeit (UN) der Substrate der geologischen Einheiten im Becken von Ouarzazate.

|  | Mittelwert | Standardabweichung | Minimum | Maximum |
|---|---|---|---|---|
| Jüngste Terrassensed. | 48.6 | 84.2 | 2.4 | 668.7 |
| Lehm. unt. Niederterrasse | 69.1 | 56.9 | 2.9 | 148.8 |
| Glacis q1 | 63.5 | 46.2 | 2.2 | 165.0 |
| Glacis q2 | 80.5 | 39.0 | 2.7 | 170.4 |
| Glacis q3 | 70.7 | 31.3 | 11.6 | 140.0 |
| Glacis q4 | 91.1 | 44.2 | 22.6 | 193.2 |
| Glacis q5 | 73.9 | 34.9 | 45.7 | 168.7 |
| Glacis q6 | 50.0 | 19.1 | 33.5 | 73.0 |
| mpc-Konglomerat | 64.4 | 27.3 | 18.7 | 107.6 |
| mpc-Mergel | 27.7 | 46.6 | 1.9 | 154.6 |
| mpc-Sandstein | 90.2 | 99.2 | 2.0 | 582.9 |
| Anti-Atlas-Gesteine | 46.4 | 23.7 | 21.5 | 68.5 |

Tab. 17: Mittelwerte der Kurtosis (KURT) der Substrate der geologischen Einheiten im Becken von Ouarzazate.

|  | Mittelwert | Standardabweichung | Minimum | Maximum |
|---|---|---|---|---|
| Jüngste Terrassensed. | 8.8 | 4.053 | 4.17 | 24.16 |
| Lehm. unt. Niederterrasse | 9.0 | 3.973 | 4.32 | 17.01 |
| Glacis q1 | 11.5 | 10.373 | 4.40 | 76.42 |
| Glacis q2 | 24.3 | 57.953 | 4.03 | 310.86 |
| Glacis q3 | 15.1 | 7.110 | 6.97 | 33.87 |
| Glacis q4 | 11.7 | 4.009 | 4.38 | 21.81 |
| Glacis q5 | 15.4 | 3.903 | 10.83 | 21.89 |
| Glacis q6 | 9.3 | 3.256 | 5.06 | 11.94 |
| mpc-Konglomerat | 13.4 | 5.195 | 6.51 | 24.69 |
| mpc-Mergel | 55.4 | 144.781 | 5.43 | 513.94 |
| mpc-Sandstein | 8.9 | 4.147 | 4.30 | 25.20 |
| Anti-Atlas-Gesteine | 7.6 | 0.810 | 7.06 | 8.84 |

Tab. 18: Mittelwerte der Schiefe (SCHIEF) der Substrate der geologischen Einheiten im Becken von Ouarzazate.

|  | Mittelwert | Standardabweichung | Minimum | Maximum |
|---|---|---|---|---|
| Jüngste Terrassensed. | 0.785 | 0.511 | 0.12 | 2.49 |
| Lehm. unt. Niederterrasse | 9.818 | 3.973 | 4.32 | 17.01 |
| Glacis q1 | 0.801 | 0.996 | 0.06 | 6.66 |
| Glacis q2 | 1.132 | 3.426 | 0.08 | 18.51 |
| Glacis q3 | 0.717 | 0.917 | 0.05 | 4.62 |
| Glacis q4 | 0.471 | 0.539 | 0.10 | 2.50 |
| Glacis q5 | 0.334 | 0.212 | 0.06 | 0.88 |
| Glacis q6 | 0.527 | 0.163 | 0.39 | 0.73 |
| mpc-Konglomerat | 0.612 | 0.594 | 0.11 | 2.44 |
| mpc-Mergel | 1.403 | 1.20 | 0.40 | 3.77 |
| mpc-Sandstein | 0.634 | 0.630 | 0.05 | 3.19 |
| Anti-Atlas-Gesteine | 0.777 | 0.441 | 0.45 | 1.42 |

Tab. 19: Mittelwerte der Körnung (KOERN) der Substrate der geologischen Einheiten im Becken von Ouarzazate.

|  | Mittelwert | Standardabweichung | Minimum | Maximum |
|---|---|---|---|---|
| Jüngste Terrassensed. | 2.810 | 3.017 | 0.03 | 15.23 |
| Lehm. unt. Niederterrasse | 5.114 | 6.694 | 0.24 | 0.74 |
| Glacis q1 | 3.404 | 4.248 | 0.11 | 19.29 |
| Glacis q2 | 3.560 | 4.901 | 0.05 | 15.44 |
| Glacis q3 | 2.740 | 4.407 | 0.07 | 18.33 |
| Glacis q4 | 1.486 | 3.058 | 0.06 | 14.13 |
| Glacis q5 | 1.637 | 1.509 | 0.16 | 5.17 |
| Glacis q6 | 3.727 | 2.580 | 0.57 | 5.88 |
| mpc-Konglomerat | 2.389 | 3.048 | 0.14 | 10.85 |
| mpc-Mergel | 2.859 | 5.349 | 0.06 | 19.27 |
| mpc-Sandstein | 2.669 | 3.084 | 0.17 | 13.75 |
| Anti-Atlas-Gesteine | 3.882 | 2.220 | 1.10 | 6.45 |

Tab. 20: Mittelwerte des Mittleren Durchmessers (MITRAD) der Substrate der geologischen Einheiten im Becken von Ouarzazate.

|  | Mittelwert | Standardabweichung | Minimum | Maximum |
|---|---|---|---|---|
| Jüngste Terrassensed. | 0.236 | 0.199 | 0.014 | 0.815 |
| Lehm. unt. Niederterrasse | 0.419 | 0.177 | 0.196 | 0.704 |
| Glacis q1 | 0.207 | 0.125 | 0.032 | 0.526 |
| Glacis q2 | 0.206 | 0.094 | 0.026 | 0.453 |
| Glacis q3 | 0.187 | 0.080 | 0.057 | 0.489 |
| Glacis q4 | 0.198 | 0.129 | 0.023 | 0.596 |
| Glacis q5 | 0.206 | 0.041 | 0.117 | 0.259 |
| Glacis q6 | 0.285 | 0.229 | 0.095 | 0.618 |
| mpc-Konglomerat | 0.211 | 0.103 | 0.068 | 0.443 |
| mpc-Mergel | 0.076 | 0.064 | 0.003 | 0.187 |
| mpc-Sandstein | 0.222 | 0.169 | 0.026 | 0.636 |
| Anti-Atlas-Gesteine | 0.258 | 0.144 | 0.110 | 0.424 |

Tab. 21: Mittelwerte des Mediandurchmessers in mm (MEDRAD) der Substrate der geologischen Einheiten im Becken von Ouarzazate.

|  | Mittelwert | Standardabweichung | Minimum | Maximum |
|---|---|---|---|---|
| Jüngste Terrassensed. | 0.124 | 0.137 | 0.003 | 0.624 |
| Lehm. unt. Niederterrasse | 0.181 | 0.148 | 0.045 | 0.506 |
| Glacis q1 | 0.074 | 0.041 | 0.007 | 0.188 |
| Glacis q2 | 0.065 | 0.034 | 0.002 | 0.130 |
| Glacis q3 | 0.058 | 0.045 | 0.002 | 0.200 |
| Glacis q4 | 0.053 | 0.033 | 0.008 | 0.120 |
| Glacis q5 | 0.060 | 0.024 | 0.036 | 0.116 |
| Glacis q6 | 0.148 | 0.143 | 0.034 | 0.356 |
| mpc-Konglomerat | 0.060 | 0.034 | 0.013 | 0.144 |
| mpc-Mergel | 0.035 | 0.055 | 0.001 | 0.169 |
| mpc-Sandstein | 0.084 | 0.074 | 0.003 | 0.459 |
| Anti-Atlas-Gesteine | 0.080 | 0.024 | 0.045 | 0.097 |

Bei zunehmend sandigeren Substraten nehmen die Kapillarkräfte, welche die aszendenten Bodenwasserbewegungen ermöglichen, ab, und die Salzausfällungen werden wie im Bereich der jüngsten Terrassensedimente ("Alluviones modernes") und lehmigen unteren Niederterrassen ("Basses-basses terrasses limoneuses") im oberflächennahen Substrat geringer.

Für die Substrate der mpc-Flächen und mpc-Hänge bzw. den von ihnen beeinflußten ältest-pleistozänen Niveaus q5 und q6 stimmen die Tendenzen der Leitfähigkeit des Bodenextraktes gut mit denen des Kalkgehaltes überein.

Ordnet man die Mittelwerte der elektrischen Leitfähigkeiten der Bodenextrakte in die Salinitätsstufen von BESLER (1979) (vgl. 3.2.2.1.5 ) ein, so müssen die Substrate der jüngsten Terrassessedimente, der lehmigen unteren Niederterrassen und des mpc-Sandsteins als stark salin, q1-Substrate als extrem salin gelten. Die anderen geologischen Einheiten sind als salin zu bezeichnen.

Bei den berechneten granulometrischen Kenngrößen werden die Mittelwerte durch Extrema infolge lokaler Abtragungs- und Ablagerungsbedingungen stark beeinflußt. In der Literatur wurden sie häufig für Sande, aber nur selten für Substratgemische mit hohen Schluff-und Tonanteilen benutzt (FÜCHTBAUER & MÜLLER 1977, WALGER 1962). Man kann davon ausgehen, daß sich aber auch bei diesen das Vorherrschen einzelner Substratfraktionen als Folge selektiver Erosion und Akkumulation in den verwendeten Parametern widerspiegelt. Tab. 23 läßt ihre Verwendbarkeit zur Unterscheidung der geologischen Einheiten deutlich werden.

Als anschaulichste der Kenngrößen können wohl die Sortierung sowie der Mediandurchmesser gelten.

Die Sortierungswerte nehmen von den ältesten zu den jüngsten Glacis ab, die Sortierung wird also besser. Dies ist nicht zuletzt eine Folge des längerwerdenden Transportweges, aber auch, wie im folgenden nachzuweisen ist, der heute geltenden Prozeßdifferenzierung. Entsprechend müssen die Tendenzen der anderen granulometrischen Parameter interpretiert werden.

Der Mediandurchmesser liegt für die aktuell fluvial beeinflußten Bereiche (jüngste Terrasensedimente,

Tab. 22: Lineare Regressionsmodelle des Zusammenhanges zwischen den ermittelten pedochemischen Variablen.

| Abhängige Variable | Unabhängige Variable | Steigung B | Achsenabschnitt A | Korrelations- grad r | $r^2$ | Signifikanz von r |
|---|---|---|---|---|---|---|
| pH-Wert | Scheibler-Kalkgehalt | 0.004 | 8.045 | 0.151 | 0.023 | 0.002 |
|  | Calcium-Geh. | 0.009 | 8.044 | 0.161 | 0.026 | 0.001 |
|  | Magnesium-Geh. | -0.011 | 8.105 | -0.032 | 0.001 | 0.278 |
|  | Organ. Kohlenst. | -0.036 | 8.113 | -0.037 | 0.001 | 0.246 |
|  | Leitfähigkeit | $3.9 \cdot 10^{-6}$ | 8.080 | 0.285 | 0.081 | 0.000 |
| Scheibler-Kalkgehalt | Calcium-Geh. | 1.511 | 3.624 | 0.760 | 0.577 | 0.000 |
|  | Magnesium-Geh. | 4.338 | 10.910 | 0.339 | 0.115 | 0.000 |
|  | Organ. Kohlenst. | 0.956 | 12.795 | 0.027 | 0.001 | 0.307 |
|  | Leitfähigkeit | $1.1 \cdot 10^{-4}$ | 12.838 | 0.221 | 0.049 | 0.000 |
| Calcium-Gehalt | Magnesium-Geh. | 1.502 | 5.553 | 0.234 | 0.055 | 0.000 |
|  | Organ. Kohlenst. | -0.095 | 6.362 | -0.005 | 0.000 | 0.460 |
|  | Leitfähigkeit | $9.0 \cdot 10^{-5}$ | 6.050 | 0.338 | 0.114 | 0.000 |
| Magnesium-Gehalt | Organ. Kohlenst. | 0.062 | 0.491 | 0.023 | 0.001 | 0.337 |
|  | Leitfähigkeit | $2.3 \cdot 10^{-6}$ | 0.505 | 0.058 | 0.003 | 0.145 |
| Organ. Kohlenstoff | Leitfähigkeit | $6.6 \cdot 10^{-7}$ | 0.368 | 0.047 | 0.002 | 0.193 |

lehmige untere Niederterrassen, q1), für q6, den mpc-Sandstein und die Proben von Anti-Atlas-Gesteinen deutlich im Feinsandbereich, q2 fällt mit 0.065 mm knapp in diese Fraktion. Die anderen geologischen Einheiten besitzen Mediandurchmesser im Grobschluffbereich.

Auffällig ist die Übereinstimmung der Werte für q5-Proben und mpc-Konglomerate. Die Mediandurchmesser sind gleich (0.060 mm), ihre Standardabweichungen und die Spannweiten zwischen den Extrema liegen eng beieinander. Die Signifikanzuntersuchungen (Tab. 23) lassen keine der aufgenommenen Eigenschaften als Unterscheidungsmerkmal gelten. Es stellt sich die Frage nach der Berechtigung einer Differenzierung, wie sie in den geologischen Karten 1:200 000 zwischen q5- und benachbarten mpc-Flächen vorgenommen wird. Die hier gezeigten Ergebnisse negieren eine Unterteilung hinsichtlich der für aktuelle Prozesse wichtigen Substratfaktoren.

Zur Veranschaulichung der Substratverhältnisse wurden die mittleren Korngrößensummenkurven als Kennlinien für die einzelnen geologischen Einheiten berechnet, wobei als Stützstellen der Kurven die Mittelwerte der Summen in den einzelnen Fraktionen dienten (Abb. 30 - 41). Auch hier werden der hohe Sandanteil in den jüngeren, fluvial beeinflußten Struktureinheiten sowie die hohe Ähnlichkeit zwischen q5 und den in mpc-Konglomeraten angelegten Flächen deutlich.

## 5.2 Die Erodierbarkeit der Substrate

### 5.2.1 Ansätze in der Literatur

Die Anfälligkeit eines Substrates gegenüber Abtragungsprozessen, seine Erodierbarkeit, mit Hilfe von pedophysikalischen und pedochemischen Eigenschaften zu beschreiben, war das Ziel verschiedener Arbeiten.

Einen der einfachsten Ansätze stellt das sogenannte "Tonverhältnis" nach BOUYOUCOS (1935, zitiert nach BERMANAKUSUMAH 1975) dar, das aus dem Verhältnis

(38)     (Sand + Schluff)/Ton

eine Indexzahl liefert, die für schwer erodierbare Böden niedrig, für leicht erodierbare hoch sein soll.

Tab. 23: Matrix der ermittelten Variablen, die auf dem 5 %-Signifikanzniveau als Ergebnis des t-Tests zur Unterscheidung der geologischen Einheiten hinsichtlich ihrer Substrateigenschaften und der Merkmale der Oberflächen (Steinpflasterdichte ST, Bodenskelettgehalt SK, Auftreten einer Oberflächenverdichtungskruste SC) dienen.

| | Jüngste Terrassensed. | Lehm. unt. Niederterrasse | Glacis q1 | Glacis q2 | Glacis q3 | Glacis q4 |
|---|---|---|---|---|---|---|
| Jüngste Terrassensedimente | | ST,SK GROBSILT, MITSILT ORGC | ST,SK,SC FEINSILT,PH,CA, MEDRAD | ST,SK,SC,TON, ORGC,SO,UN, MEDRAD | ST,SK,SC,MITSAND, FEINSILT,TON,SAND, MG,ORGC,SO,KURT, MEDRAD | ST,SK,SC,MITSAND, FEINSILT,TON,SAND, MG,SO,UN,KURT, SCHIEF,MEDRAD |
| Lehm. unt. Niederterrasse | ST,SK,GROBSILT, MITSILT,ORGC | | SC,SC,MITSAND, GROBSILT,MITSILT, SAND,SILT,ORGC, LEIT,MITRAD | MITSAND,FEINSILT, TON,SAND,SILT, MITRAD | SC,MITSAND,GROBSILT, MITSILT,FEINSILT, TON,SAND,SILT,LEIT, KURT,MITRAD,MEDRAD | SC,MITSAND, GROBSILT,MITSILT, FEINSILT,TON,SAND, SILT,MITRAD,MEDRAD |
| Glacis q1 | ST,SK,SC, FEINSILT, PH,CA,MEDRAD | SK,SC,MITSAND, GROBSILT,MITSILT, SAND,SILT,ORGC, MITRAD,LEIT | | SK,FEINSILT, TON,ORGC,LEIT, SO | ST,SK,MITSILT, FEINSILT,TON,SCH, CA,ORGC,LEIT,SO, KURT | ST,SK,FEINSILT, TON,MG,LEIT, SO,KURT |
| Glacis q2 | ST,SK,SC, TON,ORGC, SO,UN,MEDRAD | MITSAND,FEINSILT, TON,SAND,SILT, MITRAD | SK,FEINSILT, TON,ORGC,LEIT, SO | | SC | ST,SK,SC FEINSILT |
| Glacis q3 | ST,SK,SC,MITSAND, FEINSILT,TON, SAND,MG,ORGC, SO,KURT,MEDRAD | SC,MITSAND,GROBSILT, MITSILT,FEINSILT, TON,SAND,SILT,LEIT, KURT,MITRAD,MEDRAD | ST,SK,MITSILT, FEINSILT,TON, SCH,CA,ORGC, LEIT,SO,KURT | SC | | ST,SK, ORGC, UN,KURT |
| Glacis q4 | ST,SK,SC, MITSAND,FEINSILT, TON,SAND,MG,SO,UN, KURT,SCHIEF,MEDRAD | SC,MITSAND, GROBSILT,MITSILT, FEINSILT,TON,SAND, SILT,MITRAD,MEDRAD | ST,SK, FEINSILT,TON, MG,LEIT,SO,UN | ST,SK,SC, FEINSILT | ST,SK, ORGC, UN,KURT | |
| Glacis q5 | ST,SK, FEINSILT,TON,SAND, SCH,KURT,SCH, MEDRAD | MITSAND,GROBSILT, MITSILT,FEINSILT, TON,SAND,SILT,SCH, CA,LEIT,KURT,SCHIEF | SK,FEINSILT, TON,PH,SCH, LEIT,KURT, SCHIEF,KOERN | SCH | TON, SCH,CA,MG, SCHIEF | ST,SC, TON,SCH,MG,LEIT, KURT |
| Glacis q6 | | LEIT | SC, LEIT | SK,SC, SO | ST,SK, TON,LEIT | SC, TON,SAND,LEIT, SO |
| Mio-pliozäne Konglomerate | ST,SK,GROBSAND, TON,SAND, SCH,CA, KURT,MEDRAD | SC,MITSAND,GROBSILT, FEINSILT,TON,SAND, SILT,SCH,CA,LEIT, KURT,MITRAD | ST,SK, FEINSILT | SCH | TON, SCH,CA,ORGC | ST, TON, CA,LEIT, UN |
| Mio-pliozäne Mergel | ST,SC,GROBSAND, FEINSAND,GROBSILT, FEINSILT,SAND, MITRAD,MEDRAD | ST,SK,GROBSAND, MITSAND,FEINSILT, SAND,SILT,LEIT, MITRAD,MEDRAD | GROBSAND,FEINSAND, GROBSILT,FEINSILT, SAND,PH, UN,SCHIEF,MEDRAD | GROBSAND,FEINSAND, GROBSILT,FEINSILT, SAND, UN,MITRAD | ST,SK,GROBSAND, GROBSILT,FEINSILT, ORGC,LEIT,SO,UN, SCHIEF,MITRAD | ST,SK,GROBSAND, GROBSILT, LEIT,SO,UN, SCHIEF,MITRAD |
| Mio-pliozäne Sandsteine | ST, TON, UN,MEDRAD | ST,SK,MITSAND, GROBSILT,MITSILT, SAND,SILT, ORGC,MITRAD | SC,FEINSILT, TON, PH,CA | SK, ORGC | ST,SK,SC, FEINSILT,TON, ORGC, KURT | ST,SK,SC, FEINSILT,TON, MG, KURT,MEDRAD |
| Anti-Atlas-Gesteine | ST, SCH,MG | GROBSILT | SC, MITSILT, SCH,CA,MG,LEIT, KURT | SC, SCH,CA,MG | TON, MG, KURT | SC, FEINSILT,TON, CA, KURT |

64

**Fortsetzung von Tab. 23**

| | Glacis q5 | Glacis q6 | Mio-pliozäne Konglomerate | Mio-pliozäne Mergel | Mio-pliozäne Sandsteine | Anti-Atlas-Gesteine |
|---|---|---|---|---|---|---|
| Jüngste Terrassensedimente | ST,SK, FEINSILT,TON,SAND, SCH, KURT,SCHIEF,MEDRAD | | ST,SK,SC, TON,SAND, SCH,CA, KURT,MEDRAD | ST,SC,GROBSAND, FEINSAND,GROBSILT, FEINSILT,SAND, MITRAD,MEDRAD | ST, TON, UN,MEDRAD | ST, SCH,MG |
| Lehm. unt. Niederterrasse | MITSAND,GROBSILT, MITSILT,FEINSILT, TON,SAND,SILT,SCH, CA,LEIT,KURT,SCHIEF | LEIT | SC,MITSAND,GROBSILT, FEINSILT,TON,SAND, SILT,SCH,CA,LEIT, KURT,MITRAD | ST,SK,GROBSAND, MITSAND,FEINSILT, SAND,SILT,LEIT, MITRAD,MEDRAD | ST,SK,MITSAND, GROBSILT,MITSILT, SAND,SILT,ORGC, MITRAD | GROBSILT |
| Glacis q1 | SK, FEINSILT,TON, PH,SCH,LEIT, KURT,SCHIEF,KOERN | SC, LEIT | ST,SK, FEINSILT | GROBSAND,FEINSAND, GROBSILT,FEINSILT, SAND,PH, UN,SCHIEF,MEDRAD | SC, FEINSILT,TON, PH,CA | SC, MITSILT, SCH,CA,MG,LEIT, KURT |
| Glacis q2 | SCH | SK,SC, SO | SCH | GROBSAND,FEINSAND, GROBSILT,FEINSILT, SAND, UN,MITRAD | SK, ORGC | SC, SCH,CA,MG |
| Glacis q3 | TON, SCH,CA,MG, SCHIEF | ST,SK, TON, LEIT | TON, SCH,CA,ORGC | ST,SK,GROBSAND, GROBSILT,SAND, ORGC,LEIT,SO,UN, SCHIEF,MITRAD | ST,SK,SC, FEINSILT,TON, ORGC, KURT | TON, MG, KURT |
| Glacis q4 | ST,SC, TON, SCH,MG,LEIT, KURT | SC, TON,SAND, LEIT, SO | ST, TON, CA,LEIT, UN | ST,SK,GROBSAND, GROBSILT,LEIT, SO,UN,SCHIEF, MITRAD | ST,SK,SC, FEINSILT,TON, MG, KURT,MEDRAD | SC, FEINSILT,TON, SCH,CA, KURT |
| Glacis q5 | SK, LEIT, KURT | SK, LEIT, KURT | | SK,GROBSAND, GROBSILT,SAND, LEIT,UN,SCHIEF, MITRAD | SK, SCH, KURT,SCHIEF | SCH,CA,MG, KURT,KOERN |
| Glacis q6 | | | ST,SK,SC, LEIT | SC, SCHIEF | SO,UN | GROBSILT, LEIT |
| Mio-pliozäne Konglomerate | | ST,SK,SC, LEIT | | ST,SK,GROBSAND, GROBSILT,SAND, LEIT, UN,MITRAD | ST,SK, FEINSILT,TON, SCH,CA, KURT | SC, SCH,CA, KURT |
| Mio-pliozäne Mergel | SK,GROBSAND, GROBSILT,SAND, LEIT, UN,SCHIEF,MITRAD | SC, SCHIEF | ST,SK, GROBSAND,GROBSILT, SAND,LEIT, UN,MITRAD | | GROBSAND,GROBSILT, FEINSILT,SAND, UN,SCHIEF, MITRAD,MEDRAD | SC, GROBSILT, SCH,CA,MG,LEIT |
| Mio-pliozäne Sandsteine | SK, SCH, KURT,SCHIEF | SO,UN | ST,SK, FEINSILT,TON, SCH,CA, KURT | GROBSAND,GROBSILT, FEINSILT,SAND, UN,SCHIEF, MITRAD,MEDRAD | | SCH,MG, UN |
| Anti-Atlas-Gesteine | SCH,CA,MG, KURT,KOERN | GROBSILT, LEIT | SC, SCH,CA, KURT | SC, GROBSILT, SCH,CA,LEIT | SCH,MG, UN | |

65

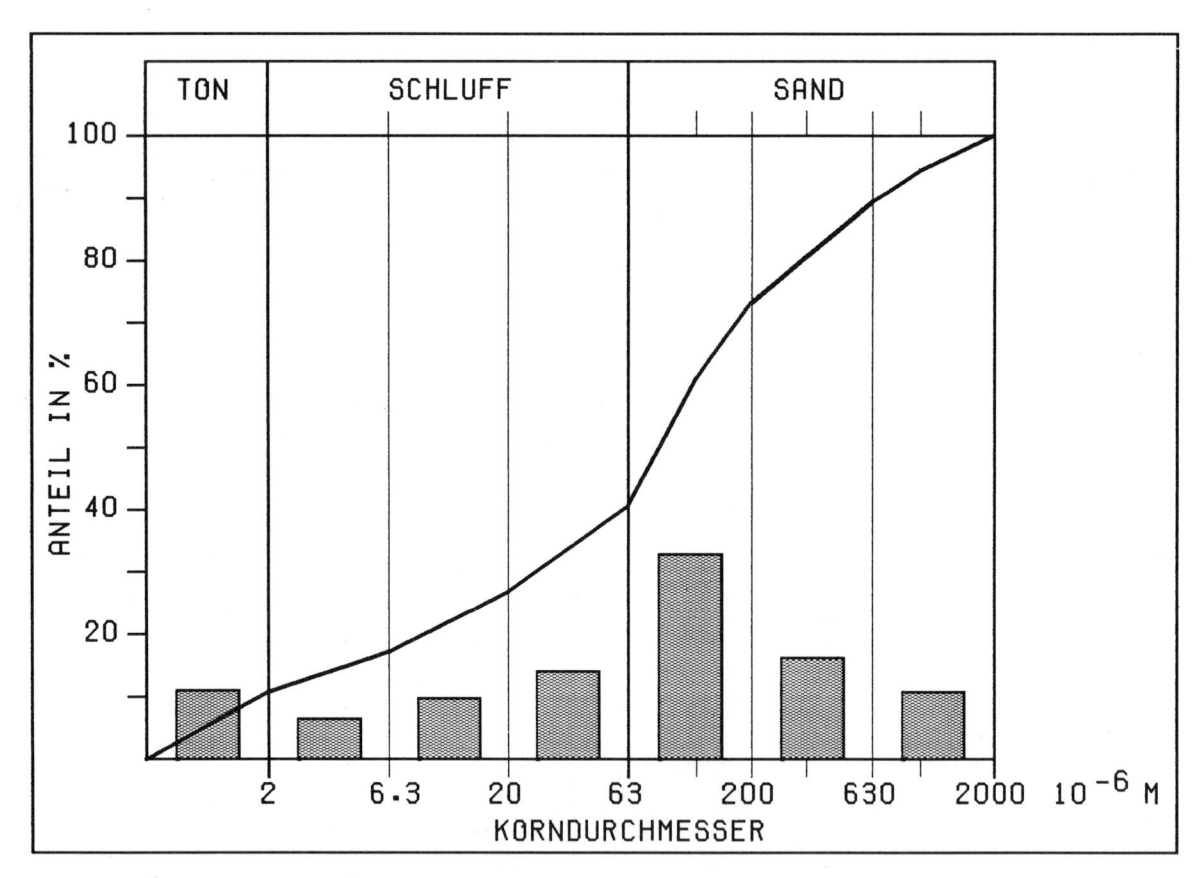

Abb. 30: Mittlere Korngrößenverteilung der jüngsten Terrassensedimente („Alluviones modernes").

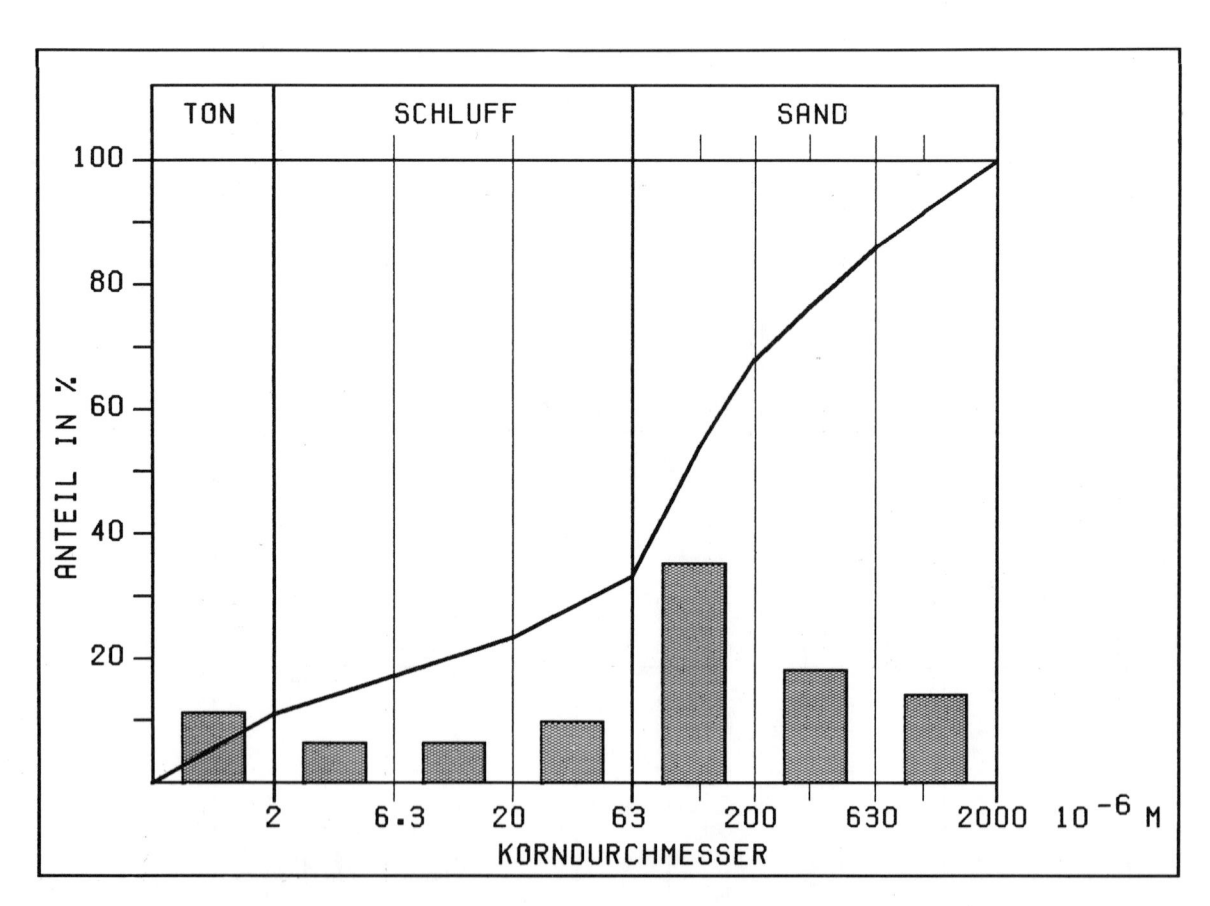

Abb. 31: Mittlere Korngrößenverteilung der lehmigen unteren Niederterrassen („Basses-basses terrasses limoneuses").

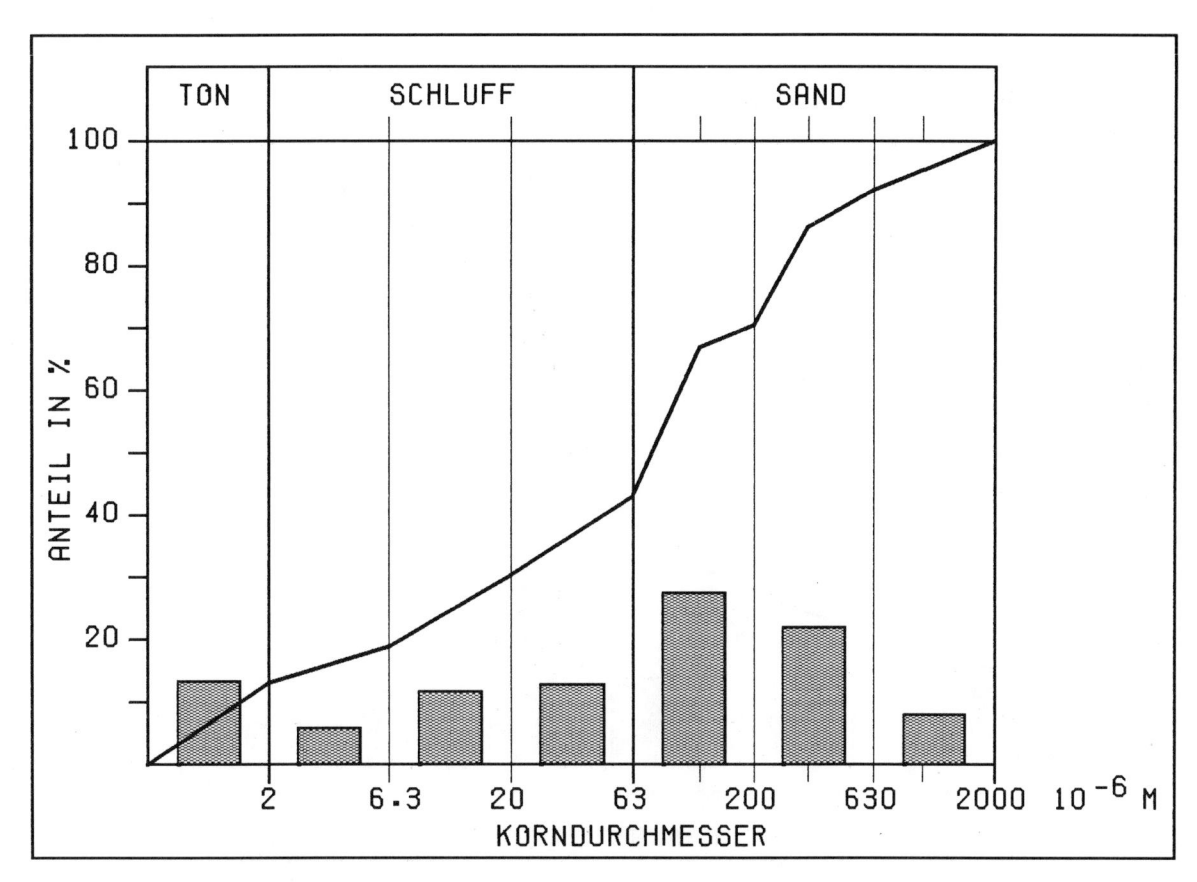

Abb. 32: Mittlere Korngrößenverteilung der Glacis q1.

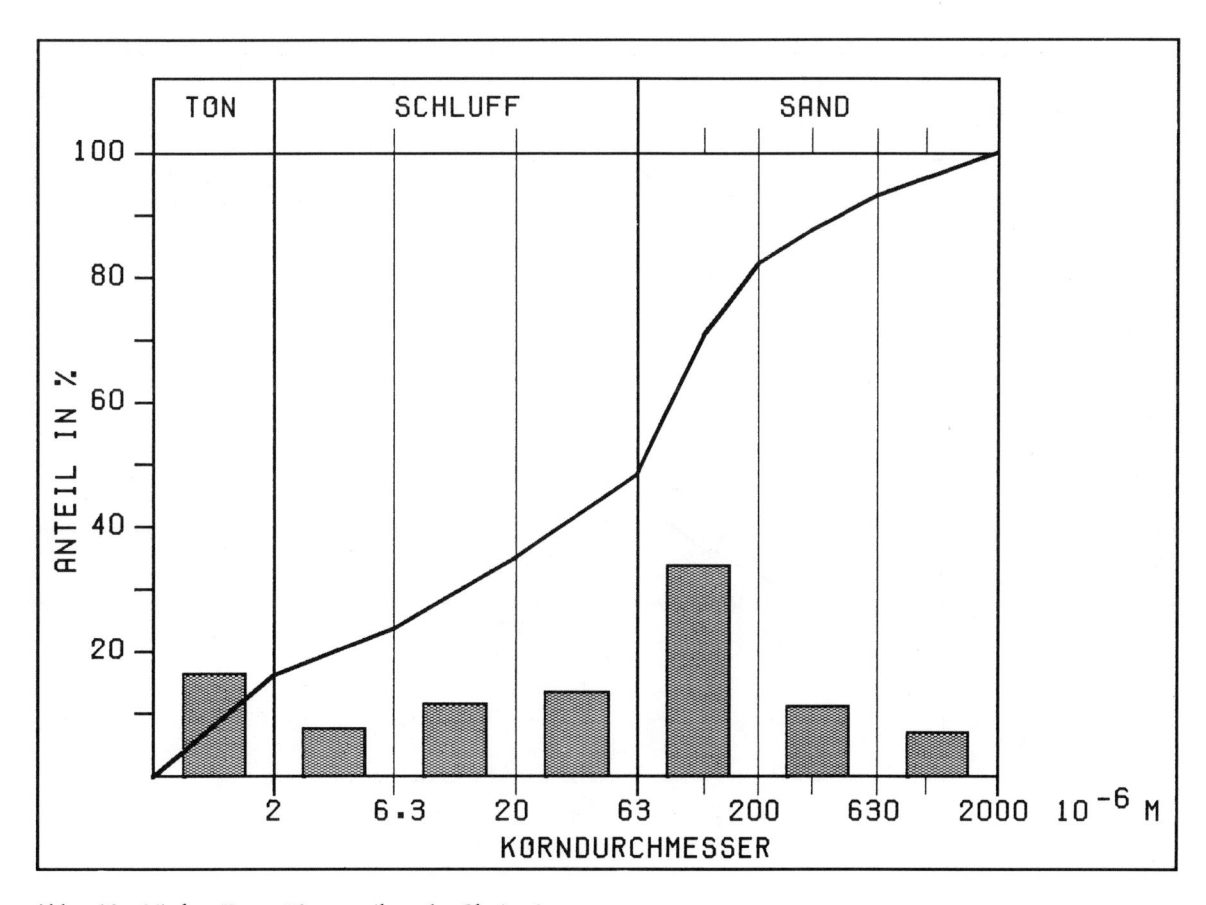

Abb. 33: Mittlere Korngrößenverteilung der Glacis q2.

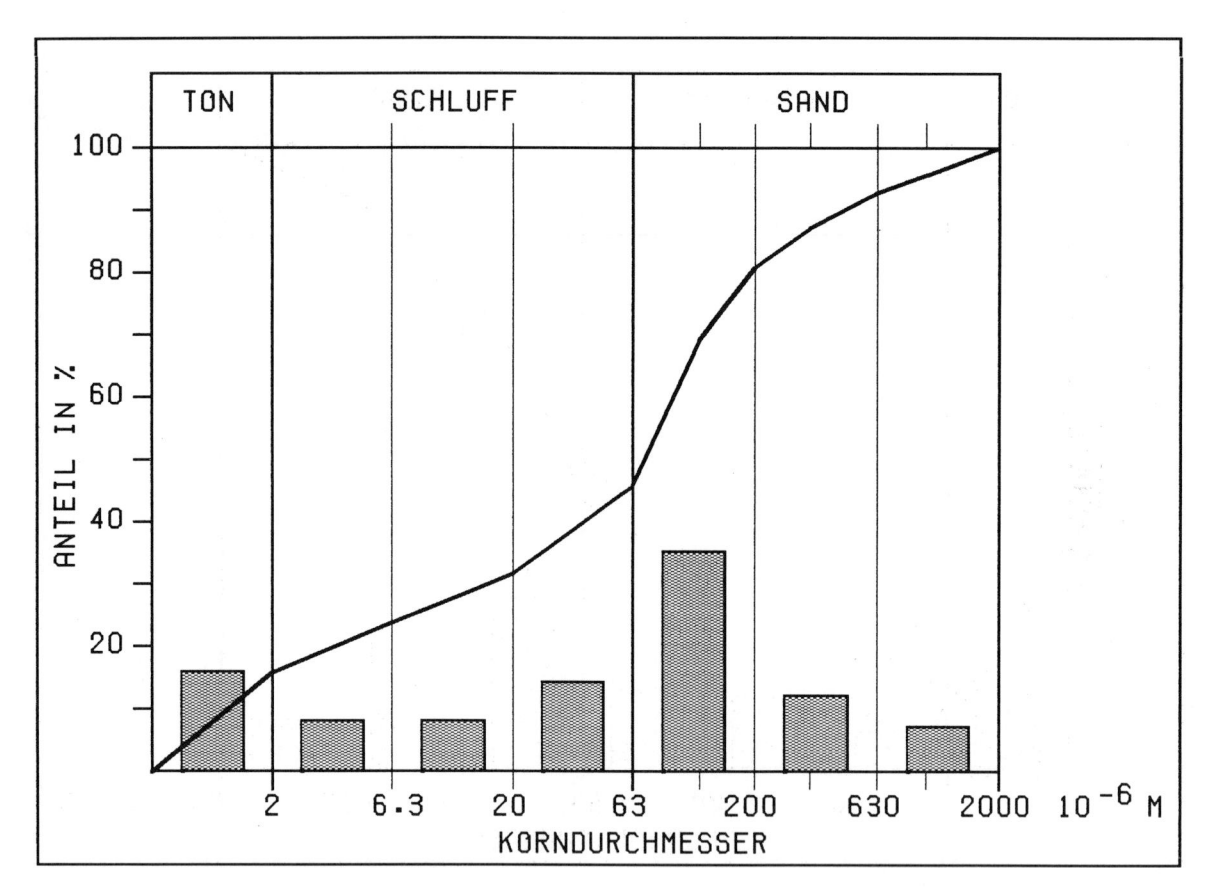

Abb. 34: Mittlere Korngrößenverteilung der Glacis q3.

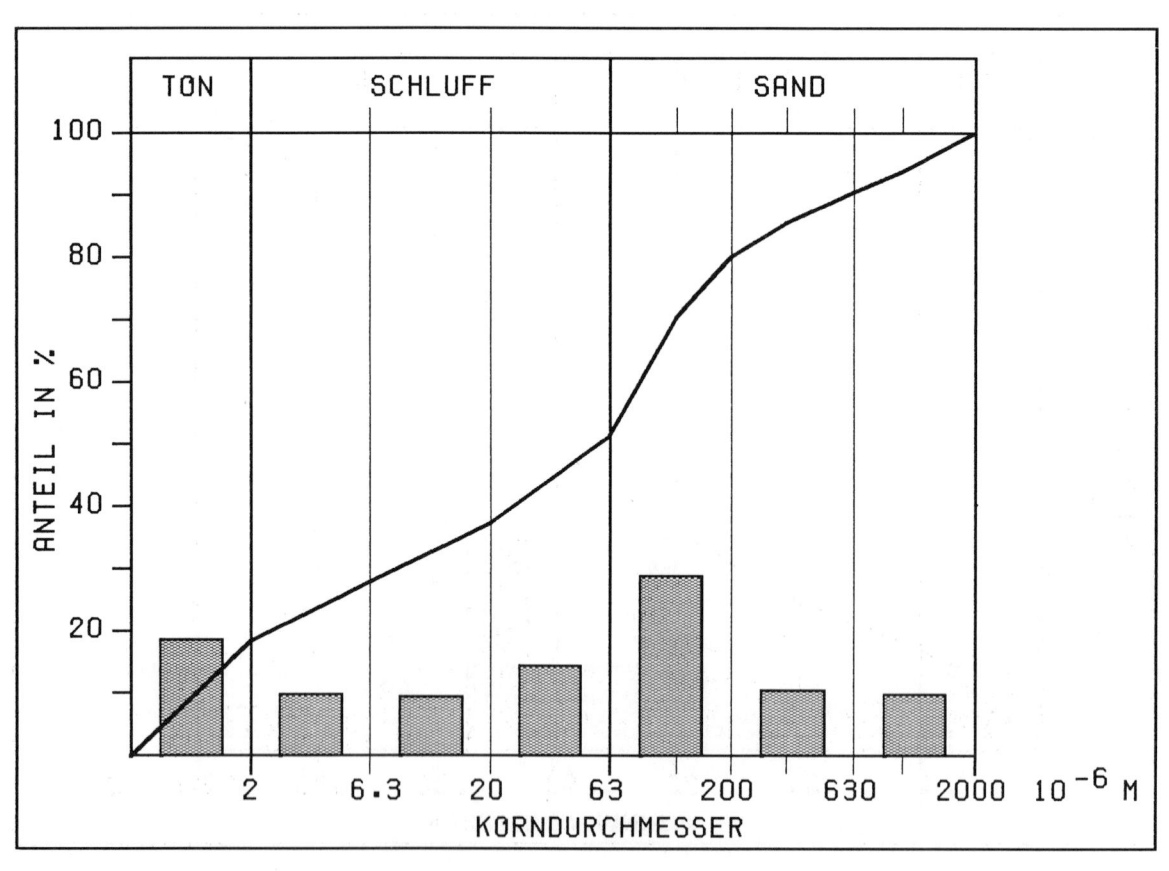

Abb. 35: Mittlere Korngrößenverteilung der Glacis q4.

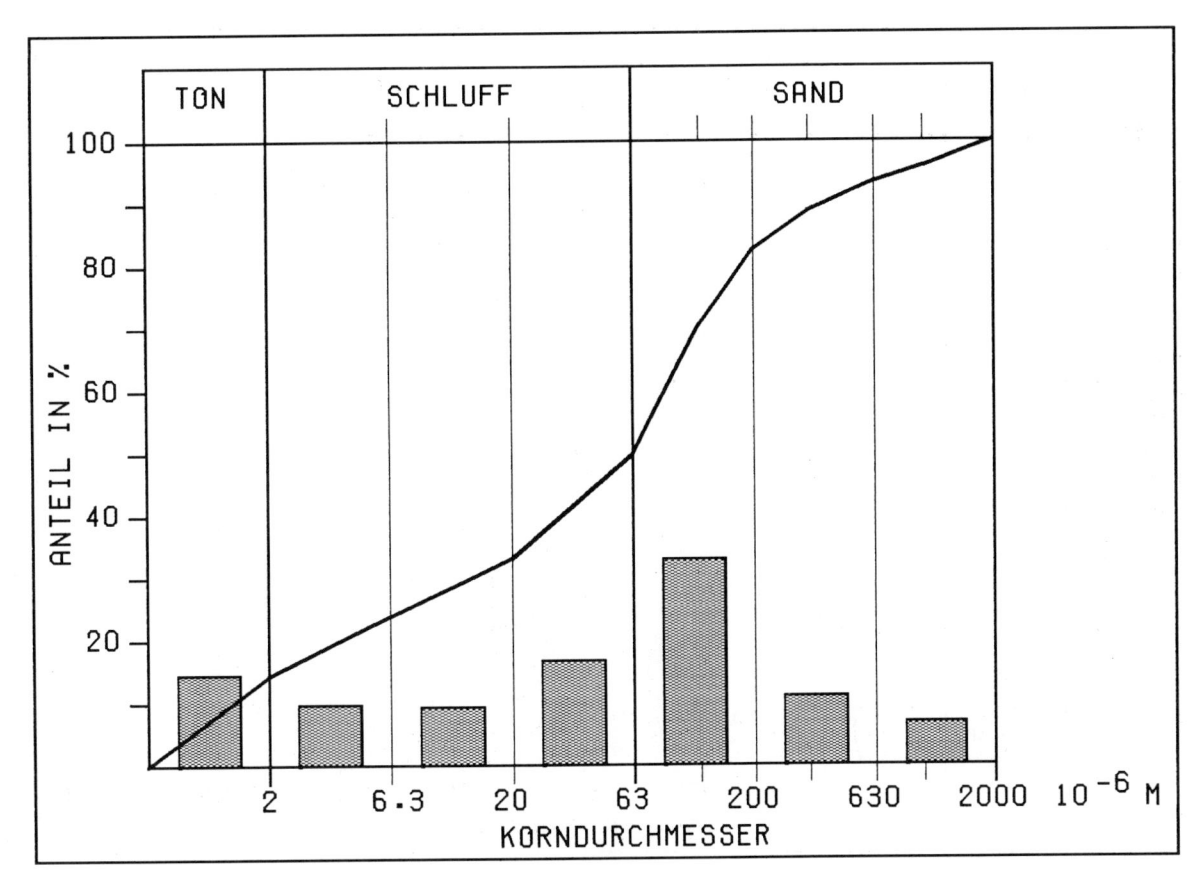

Abb. 36: Mittlere Korngrößenverteilung der Glacis q5.

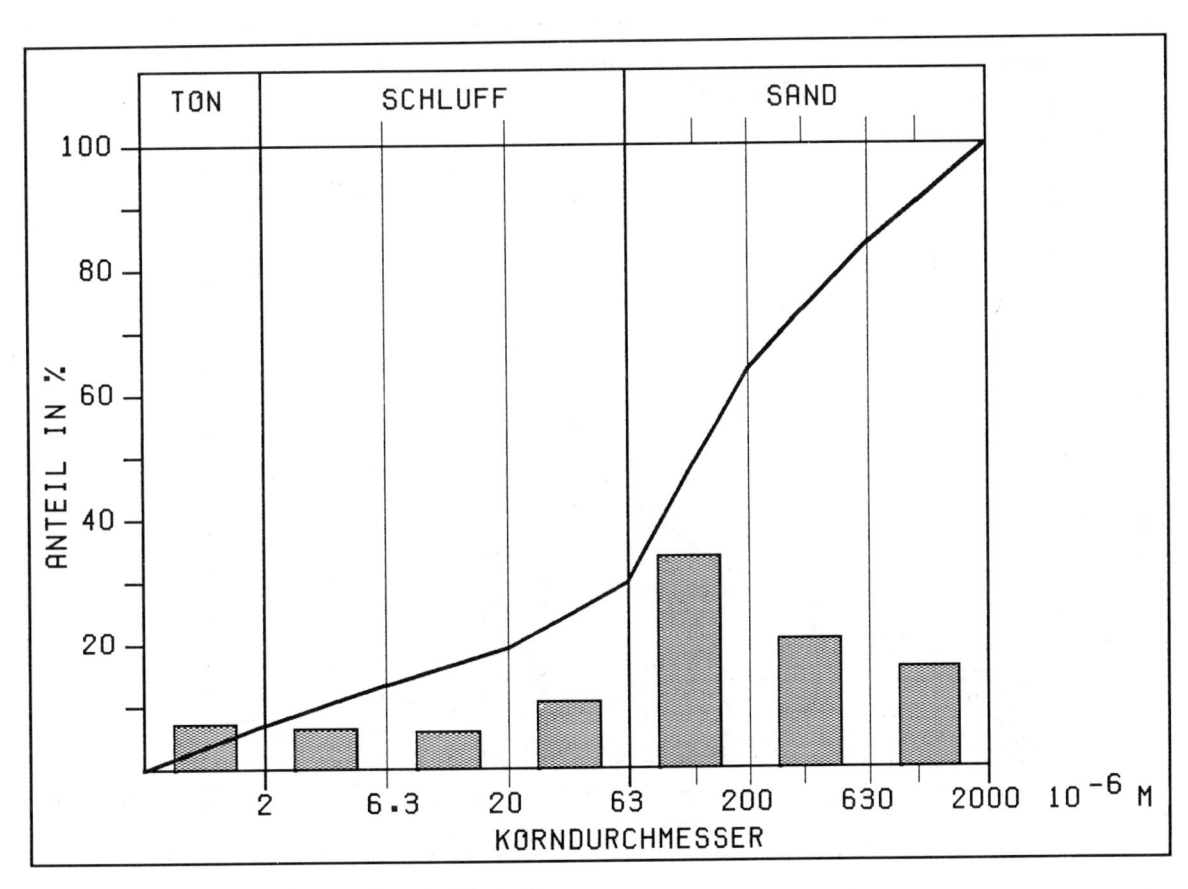

Abb. 37: Mittlere Korngrößenverteilung der Glacis q6.

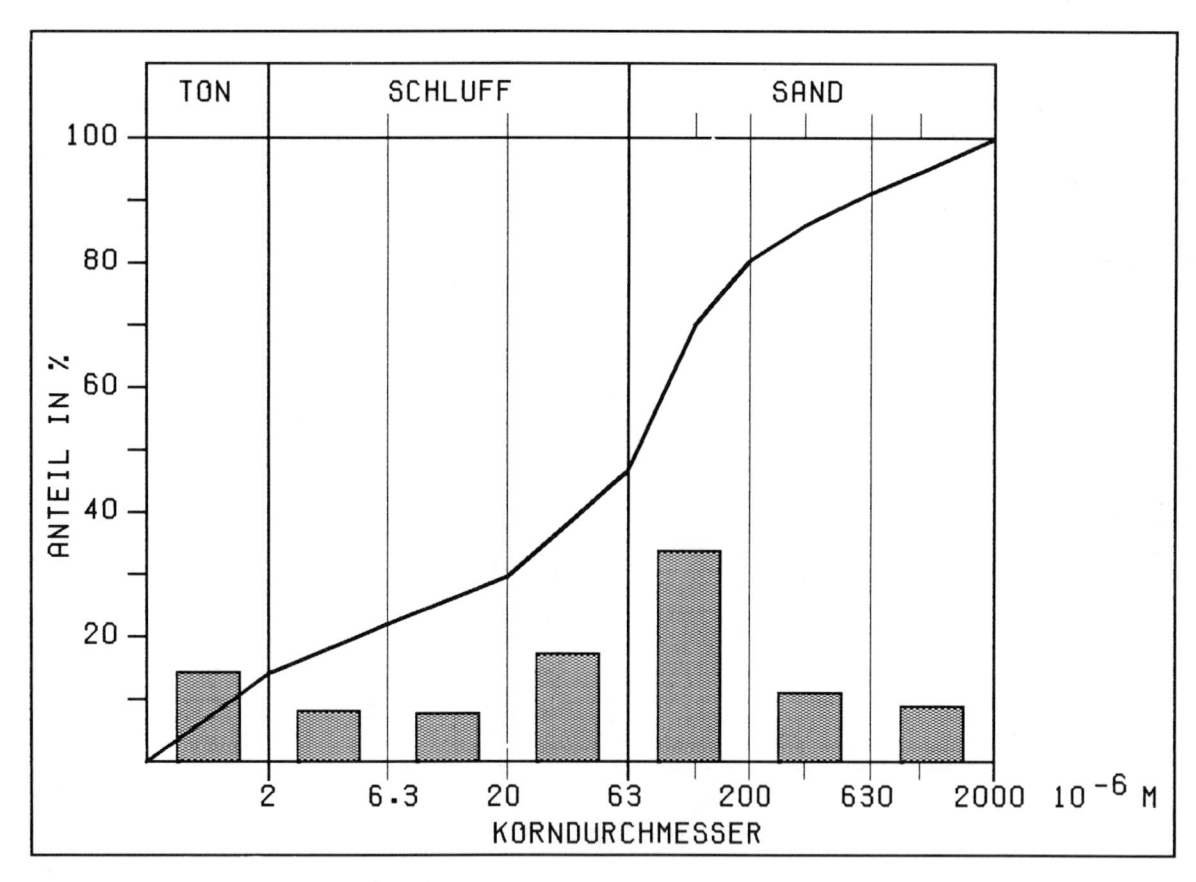

Abb. 38: Mittlere Korngrößenverteilung der verwitterten mpc-Konglomerate.

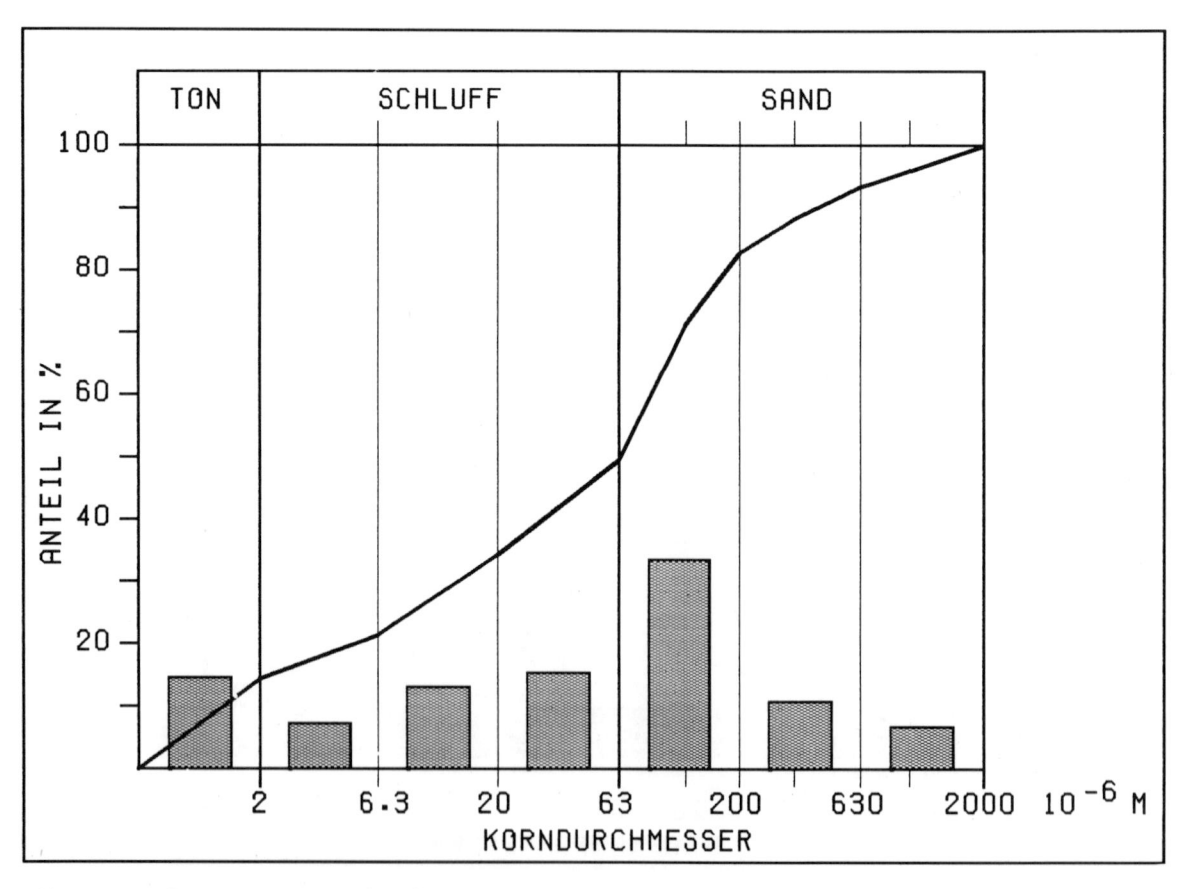

Abb. 39: Mittlere Korngrößenverteilung der verwitterten mpc-Sandsteine.

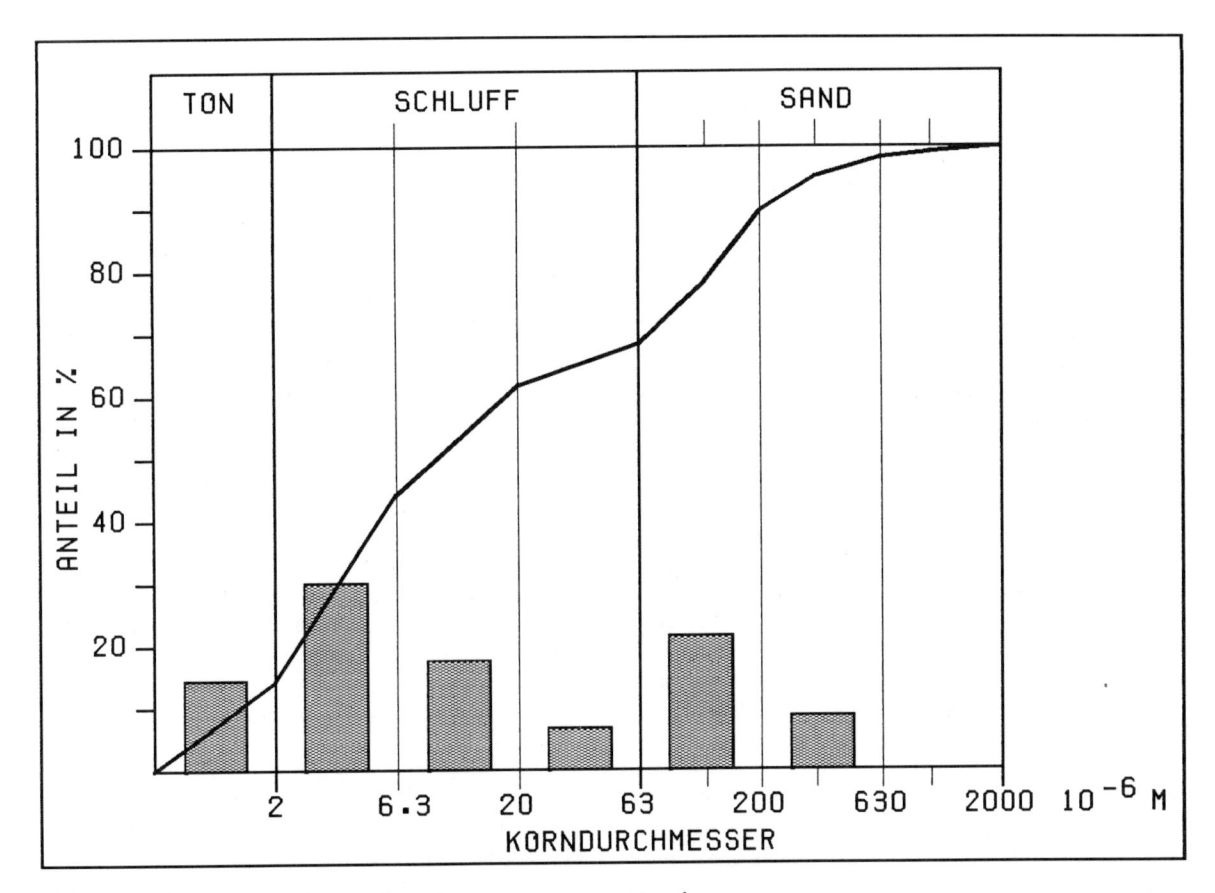

Abb. 40: Mittlere Korngrößenverteilung der verwitterten mpc-Mergel.

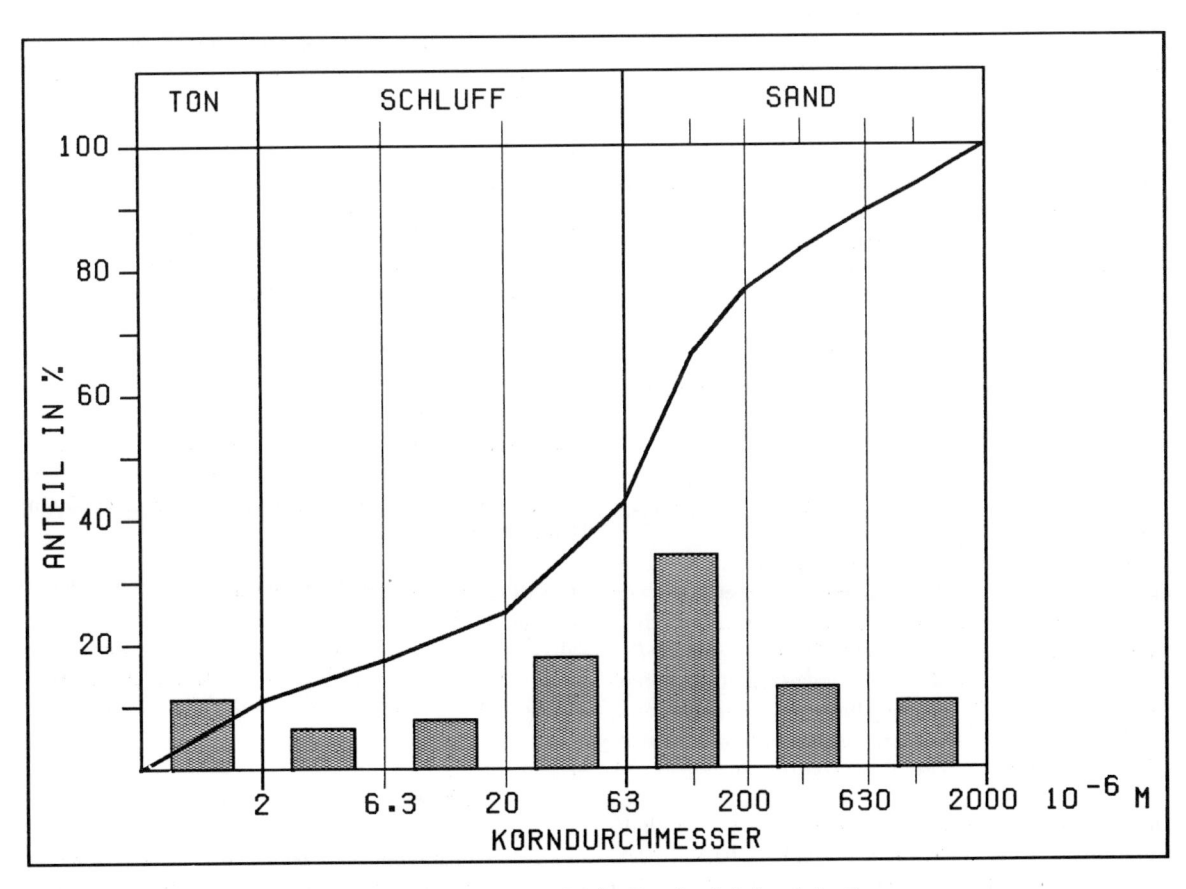

Abb 41: Mittlere Korngrößenverteilung verwitterter Anti-Atlas-Gesteine („Précambrien").

Hier liegt die Überlegung zugrunde, daß Bodenteilchen vor Eintritt der Abspülung verschlämmt werden.

Es sei an dieser Stelle vorweggenommen, daß die später darzustellenden Ergebnisse der im Rahmen dieser Arbeit durchgeführten Versuche für den Zusammenhang zwischen der sich dabei ergebenden Erodierbarkeit und dem Tonverhältnis einen Produktmomentkorrelationskoeffizienten von nur 0.21 bei einer Sicherungswahrscheinlichkeit von 95.1% lieferten.

BRYAN (1968) bemängelt an dem Tonverhältnis, daß eine Materialverlagerung durch Splash unberücksichtigt bleibt. Außerdem werde der Funktion des Tons als Bindemittel bei der Aggregatbildung zu große Bedeutung beigemessen, der hierfür wichtigere Anteil an organischer Substanz dagegen nicht berücksichtigt. In einer späteren Arbeit (BRYAN 1974a) konnte er allerdings keinen signifikanten Zusammenhang zwischen der Aggregatstabilität und dem Gehalt an organischem Material feststellen.

MIDDLETON (1930, zitiert nach ANDERSON 1951) errechnete die Erodierbarkeit E aus der Dispersionsrate D einer Probe sowie der vom Boden gehaltenen Wassermenge (Feuchtigkeitsäquivalent):

(39) $\quad E = D/((Ton+Schluff) \cdot Feuchtigkeitsäquivalent)$

(40) $\quad D = (Ton+Schluff)_{Susp.}/(Ton+Schluff)_{Disperg.}$

Man bestimmt hierfür den Anteil von Schluff und Ton aus einer nicht dispergierten Probe (in Suspension) und vergleicht mit den entsprechenden Gehalten nach Zugabe eines Dispergierungsmittels. Leicht erodierbare Böden sollen hohe, schwer erodierbare niedrige Werte für E haben.

Die Erodierbarkeit eines Substrates läßt sich auch durch den K-Faktor der universellen Bodenverlustgleichung (HUDSON 1971, MORGAN 1979, WISCHMEIER et al. 1971) beschreiben. Er wurde für die Substrate der geologischen Einheiten im Becken von Ouarzazate bestimmt (Tab. 24, Abb. 29) (vgl. 4.2).

Auswertungen von Niederschlagssimulationen ließen den Anteil wasserstabiler Aggregate als geeignet zur Kennzeichnung der Abtragungsanfälligkeit eines Bodens erscheinen (BRYAN 1968, 1974a, 1974b, 1976; LUK 1979). Der Einfluß der Bodenaggregate hängt von ihrer Stabilität ab. Bewahren sie ihre Form und Größe, so wirken sie abtragungshemmend, zerfallen sie rasch, nimmt der Einfluß der Textur zu.

Die beschriebenen Ansätze benutzen ausschließlich chemische sowie physikalische Eigenschaften des Feinsedimentes kleiner 2 mm zur Kennzeichnung der Erodierbarkeit. Wesentlichen Einfluß auf Eintreten und Ausmaß des Abspülungsprozesses haben aber auch andere Faktoren, von denen beispielhaft ein eventuell vorhandenes Steinpflaster, das die dem Splash ausgesetzte Oberfläche reduziert, das Bodenskelett mit seinem Einfluß auf die Infiltration sowie unter humiden Klimabedingungen die Vegetation genannt seien. Die Erodierbarkeit kann also nur in komplexerem Zusammenhang von Standortfaktoren gesehen werden. Es erscheint sinnvoll, nicht von der Erodierbarkeit eines Substrates, sondern der einer Oberfläche zu sprechen, die sich aus dem Zusammenwirken aller Standortfaktoren ergibt.

So beschreibt DUMAS (1965) den Zusammenhang zwischen dem K-Faktor und der Steinpflasterdichte ($x_1$), dem Anteil organischen Materials ($x_2$) und dem Bodenfeuchtegehalt ($x_3$) als

(41) $\quad lg(1000K)=3.462-0.17x_2-0.021x_3-0.282x_1$

Der Steingehalt geht durch einen Parameter k auch in den von KURON & JUNG (1957) entwickelten Index E der Erodierbarkeit ein:

(42) $\quad\quad\quad E = B/St$

Die Beweglichkeit B berechneten sie aus dem Gehalt an Schluff (U) und Feinsand (FS) sowie dem Parameter k :

(43) $\quad\quad\quad B = k^{-1} \cdot (U+FS)$

In die Formel für die Stabilität St gingen der Tongehalt T, der Anteil organischer Substanz (H) und Grobsand (GS) sowie die Aggregatstabilität AS ein:

(44) $\quad\quad\quad St = (T+H+GS+AS)$

Der so berechnete Index der Erodierbarkeit, der mit zunehmender Abspülungsanfälligkeit steigt, lieferte in den Untersuchungen von SCHIEBER (1983) allerdings nur für tonarme, steinarme und sandige Böden brauchbare Werte.

Der Grobsedimentgehalt spielt auch in den Ergebnissen von SUMMER (1983) eine wesentliche Rolle, er geht neben den Feinsedimentfraktionen, der Menge organischen Materials und dem Wasserabsorptionsvermögen in einen "Field-erodibility index" ein.

### 5.2.2 Die Auswertung der Abspülsimulationen

Zur Kennzeichnung der Erodierbarkeit von Oberflächen an Standorten im Becken von Ouarzazate sollen

Tab. 24: Mittlere K-Faktoren der Bodenerodierbarkeit der Substrate der geologischen Einheiten des Beckens von Ouarzazate (nach WISCHMEIER et al. 1971).

|  | Sand 0.1mm | Schluff+Feinsand | Organ. Material | K |
|---|---|---|---|---|
| Jüngste Terrassensed. | 45% | 44% | 0.51% | 0.31 |
| Lehm. unt. Niederterrasse | 53% | 46% | 0.85% | 0.38 |
| Glacis q1 | 41% | 46% | 0.85% | 0.38 |
| Glacis q2 | 36% | 48% | 0.85% | 0.32 |
| Glacis q3 | 40% | 44% | 1.02% | 0.29 |
| Glacis q4 | 35% | 47% | 0.51% | 0.31 |
| Glacis q5 | 38% | 48% | 0.51% | 0.28 |
| Glacis q6 | 58% | 35% | 1.02% | 0.32 |
| mpc-Konglomerat | 38% | 48% | 0.68% | 0.28 |
| mpc-Mergel | 25% | 61% | 0.51% | 0.43 |
| mpc-Sandstein | 36% | 50% | 0.51% | 0.34 |
| Anti-Atlas-Gesteine | 46% | 44% | 0.68% | 0.38 |

die Ergebnisse der Abspülsimulationen dienen. Die Erodierbarkeit drückt sich in der pro Versuch aufgefangenen abgespülten Masse (MAS) aus. In die Auswertung gehen folgende Faktoren ein:

— Indexzahlen für die Neigung der Testfläche, die Dichte des Steinpflasters, den Bodenskelettgehalt und das Vorhandensein einer Oberflächenverdichtungskruste (Tab. 25 - 28);
— Anteile der Feinsedimentfraktionen der Oberfläche vor und nach der Beregnung;
— granulometrische Parameter;
— Ergebnisse der pedochemischen Untersuchungen.

Die Erodierbarkeit hängt in erster Linie von den Eigenschaften der Oberflächen und des oberflächennahen Untergrundes ab. Sie hemmen oder fördern die Infiltration und damit das Eintreten des Oberflächenabflusses. Aus diesem Grund wurde nur der Untergrund bis in 15 cm Tiefe berücksichtigt. Auf eine Untersuchung der Aggregatstabilität wurde aus den bereits geschilderten Gründen verzichtet (vgl. 3.2.2.2.2).

Zunächst wurden einfache lineare Regressionen zwischen der abgespülten Masse MAS und verschiedenen Parametern berechnet (Tab. 29 - 32).

Der Vergleich zwischen MAS und den einzelnen Feinsedimentfraktionen der Oberfläche (zur Vereinfachung wurden die Sandfraktionen zu Grob-, Mittel- und Feinsand zusammengefaßt) zeigt eine Zunahme der abgespülten Masse mit wachsendem Sandanteil, während Schluffe und Tone die Werte von MAS verringern. Der Grund hierfür liegt im Einfluß des Sandanteils auf Ausbildung und Stabilität der Oberflächenverdichtungskruste. Sandige Sedimente mit ihrem relativ hohen Anteil an Grobporen neigen kaum zur Verschlämmung, die aber eine wesentliche Voraussetzung für die Ausbildung dieses Phänomens darstellt. Zu beachten sind auch Kohäsionskräfte zwischen Partikeln der Ton- und Schlufffraktionen, die den Sandteilchen fehlen.

Natürlich ist in durch sandige Substrate geprägten Arealen die Ausbildung einer Kruste möglich. Beobachtungen nach einem Starkregen im März 1983 zeigten, daß in den kurzzeitig durchflossenen Oueds die Verschlämmung tonigen und schluffigen Materials über Sande zur Ausbildung einer mehrere Millimeter dicken Kruste führte. Dieser fehlte aber die Anbindung an den Untergrund. Der unterlagernde Sand führte dazu, daß die Kruste bereits bei Feuchtegehalten von 30% Sprünge bekam, mit fortschreitender Austrocknung bildeten sich die aus Trockengebieten hinreichend bekannten großflächig auftretenden Tonscherben aus.

In den Bereichen feinerer Substrate sind die Kohäsionskräfte dagegen im gesamten Profil auch nach un-

Tab. 25: Werte zur Kennzeichnung der Neigung (NEIGU) an Probenentnahmeorten.

| Neigungsintervall (in °) | Klasse |
|---|---|
| 0 - 0,5 | 1 |
| > 0,5 - 2 | 2 |
| > 2 - 7 | 3 |
| > 7 - 11 | 4 |
| >11 - 15 | 5 |
| >15 - 25 | 6 |
| >25 - 35 | 7 |
| >35 | 8 |

Tab. 26: Werte zur Kennzeichnung der Steinpflasterdichte (ST) an Probenentnahmeorten.

| | |
|---|---|
| Klasse 1 | 0 - 10% |
| Klasse 2 | >10 - 30% |
| Klasse 3 | >30 - 75% |
| Klasse 4 | >75 - 90% |
| Klasse 5 | >90 - 100% |

Tab. 27: Werte zur Kennzeichnung des Bodenskelettgehaltes (SK) an Probenentnahmeorten.

| Beschreibung | Raum-% | Gew.-% | Wert |
|---|---|---|---|
| Sehr schwach steinig | ≥ 1 | ≥ 2 | 1 |
| Schwach steinig | > 1-10 | > 2-17 | 2 |
| Mittelsteinig | >10-30 | >17-44 | 3 |
| Stark steinig | >30-75 | >44-83 | 4 |

ten gerichtet. Es läßt sich keine scharfe Untergrenze der Verdichtung erkennen. Sie ist hier in homogenerem Material mit vergleichbaren Eigenschaften, d.h. auch ähnlichem Verhalten bei Austrocknung, ausgebildet.

Tab. 28: Werte zur Kennzeichnung des Auftretens einer Oberflächenverdichtungskruste.

| Beschreibung | Kennziffer |
|---|---|
| Oberflächenverdichtungskruste fehlt | 0 |
| Oberflächenverdichtungskruste vorhanden | 1 |

Die gleichen Trends wie die der Oberfläche weisen die Beziehungen zwischen MAS und den Substratfraktionen in 10-15 cm auf, jenem Bereich, der während der Versuche von der versickernden Wasserfront erreicht wurde. Man kann allerdings davon ausgehen, daß im überwiegenden Teil der Fälle keine signifikanten Unterschiede des Feinsedimentes zwischen der Oberfläche und diesem Bereich bestehen.

Die Betrachtung der erfaßten pedochemischen Eigenschaften zeigen, daß an der Oberfläche nur der pH-Wert und die Leitfähigkeit (Sicherungswahrscheinlichkeit: 99%) sowie der Ca-Gehalt (Sicherungswahrscheinlichkeit: 95%) signifikant mit MAS korrelieren.

Der Salzgehalt, hier dargestellt durch die elektrische Leitfähigkeit eines wäßrigen Bodenextraktes, die ihrerseits eng mit pH-Wert und Ca-Gehalt korreliert, ist in Vorfluternähe, d.h. auf q1 sowie im Bereich der jüngsten Terrassensedimente und der lehmigen unteren Niederterrassen, besonders hoch. Gleichzeitig nimmt der Sandgehalt in den Substraten dieser geologischen Einheiten aber ebenfalls zu. Der sich statistisch darstellende positive Zusammenhang zwischen den genannten pedochemischen Faktoren und der Erodierbarkeit kann also nur im Zusammenhang mit einer lokalen Substratkorrelation gesehen werden.

Tab. 29: Einfache lineare Regressionsmodelle des Zusammenhanges zwischen der abgespülten Masse (MAS) und den Fraktionen der Oberflächensubstrate.

| Abhängige Variable | Unabhängige Variable | Steigung B | Achsenabschnitt A | Korrelationsgrad r | $r^2$ | Signifikanz von r |
|---|---|---|---|---|---|---|
| MAS | Grobsand | 3.716 | 249.575 | 0.281 | 0.079 | 0.014 |
| | Mittelsand | 7.087 | 200.204 | 0.220 | 0.489 | 0.045 |
| | Feinsand | 1.725 | 223.040 | 0.093 | 0.007 | 0.239 |
| | Grobschluff | -17.754 | 525.648 | -0.514 | 0.264 | 0.000 |
| | Mittelschluff | -7.106 | 349.951 | -0.215 | 0.046 | 0.049 |
| | Feinschluff | -17.943 | 420.081 | -0.324 | 0.105 | 0.006 |
| | Ton | -4.231 | 331.125 | -0.125 | 0.016 | 0.176 |

Tab. 30: Einfache lineare Regressionsmodelle des Zusammenhanges zwischen der abgespülten Masse (MAS) und den granulometrischen Parametern der Oberflächensubstrate.

| Abhängige Variable | Unabhängige Variable | Steigung B | Achsenabschnitt A | Korrelationsgrad r | $r^2$ | Signifikanz von r |
|---|---|---|---|---|---|---|
| MAS | Sortierung | -3.13 | 327.00 | -0.204 | 0.042 | 0.062 |
| | Ungleichförm. | -1.22 | 345.25 | -0.165 | 0.027 | 0.108 |
| | Kurtosis | -16.42 | 448.97 | -0.357 | 0.128 | 0.003 |
| | Schiefe | 278.29 | 119.30 | 0.583 | 0.339 | 0.000 |
| | Körnung | 12.40 | 227.71 | 0.242 | 0.059 | 0.033 |
| | Mittl. Durchm. | 422.48 | 195.81 | 0.188 | 0.035 | 0.079 |
| | Mediandurchm. | 2232.55 | 97.03 | 0.398 | 0.158 | 0.001 |

Tab. 31: Einfache lineare Regressionsmodelle des Zusammenhanges zwischen der abgespülten Masse (MAS) und den pedochemischen Eigenschaften der Oberflächensubstrate.

| Abhängige Variable | Unabhängige Variable | Steigung B | Achsenabschnitt A | Korrelationsgrad r | $r^2$ | Signifikanz von r |
|---|---|---|---|---|---|---|
| MAS | pH-Wert | 449.30 | -3341.58 | 0.316 | 0.100 | 0.006 |
| | Kalkgehalt | 5.27 | 224.12 | 0.141 | 0.020 | 0.140 |
| | Calciumgeh. | 15.93 | 204.14 | 0.223 | 0.050 | 0.042 |
| | Magnesiumgeh. | 17.11 | 277.31 | 0.044 | 0.002 | 0.367 |
| | Org. Kohlenst. | -3.20 | 285.63 | -0.002 | 0.000 | 0.492 |
| | Leitfähigkeit | 0.10 | 250.22 | 0.341 | 0.116 | 0.004 |

Tab. 32: Einfache lineare Regressionsmodelle des Zusammenhanges zwischen der abgespülten Masse (MAS) und der Beschaffenheit der Oberfläche.

| Abhängige Variable | Unabhängige Variable | Steigung B | Achsenabschnitt A | Korrelationsgrad r | $r^2$ | Signifikanz von r |
|---|---|---|---|---|---|---|
| MAS | Steinpflasterdichte | 25.18 | 156.32 | 0.187 | 0.035 | 0.076 |
| | Bodenskelettgehalt | -71.22 | 519.80 | -0.048 | 0.229 | 0.000 |

Die Resistenz eines Feinsedimentes wird nicht nur durch die Anteile der Einzelfraktionen, sondern auch durch ihr Mischungsverhältnis beeinflußt, welches sich in den berechneten granulometrischen Kenngrößen ausdrückt.

Die Zusammenhänge mit der Erodierbarkeit sind für Kurtosis, Schiefe, Körnung und den Medianradius auf dem 95%-, z.T. auch dem 99%-Niveau der Sicherungswahrscheinlichkeit signifikant. Am anschaulichsten ist sicherlich der Medianradius. Sein positiver Korrelationskoeffizient weist auf die geringere Abtragungsresistenz gröberer Substrate hin.

Es wurden auch Einfachregressionen zwischen MAS und der Steinpflasterdichte bzw. dem Bodenskelettgehalt berechnet, beide ausgedrückt durch Indexzahlen. Die positive Korrelation mit der Steinpflasterdichte, die allerdings nur eine Sicherungswahrscheinlichkeit von 93.4% besitzt, kann dadurch erklärt werden, daß in den durchgeführten Versuchen die Splashwirkung gegenüber der Abspülung zurücktritt. So wird zwar die splashempfindliche Oberfläche reduziert, gleichzeitig aber steht dem abfließenden Wasser weniger Raum zur Verfügung, und es steigert seine Abflußgeschwindigkeit.

Die negative Steigung der Regressionsgeraden zwischen MAS und dem Bodenskelettgehalt beruht auf der infiltrationsverbessernden Wirkung des Grobsedimentes im Untergrund.

Bodenskelett und Steinpflasterdichte müssen nicht unbedingt gleiche Werte besitzen. Zwar besteht zwischen beiden eine positive Korrelation, die allerdings mit einer Sicherungswahrscheinlichkeit von nur 90.6% nicht signifikant ist.

Betrachtet man die Werte des Bestimmtheitsmaßes $r^2$, so lassen sich unter den signifikanten Beziehungen diejenigen kennzeichnen, deren unabhängige Variablen als Einzelfaktoren am besten zur Kennzeichnung der Erodierbarkeit geeignet sind.

Der höchste Wert für $r^2$, d.h. der größte erklärte Varianzanteil, kann mit 33.9% für den Zusammenhang zwischen MAS und der Schiefe SCHIEF festgestellt werden. Es folgen der Bodenskelettanteil (22.8%), der Grobschluffanteil (26.4%) sowie der Mediandurchmesser (15.8%). Mit knapp einem Drittel erklärter Gesamtvarianz kann man sich allerdings noch nicht zufrieden geben.

Tab. 33: Multiples lineares Regressionsmodell.
   Abhängige Variable: MAS (in g), die Variable SED110 entspricht dem Tonanteil.

Variablen der Regressionsmodelle (Tab. 33, 35 - 48):

MAS = Abgespülte Masse, GROBSAN1 = Grobsandgehalt Oberfläche, MITSAN1 = Mittelsandgehalt Oberfläche, FEINSAN1 = Feinsandgehalt Oberfläche, GROBSIL1 = Grobschluffgehalt Oberfläche, MITSIL1 = Mittelschluffgehalt Oberfläche, FEINSIL1 = Feinschluffgehalt Oberfläche, SED110 = Tongehalt Oberfläche, SO0 = Sortierung Oberflächensubstrat, UN0 = Ungleichförmigkeit Oberflächensubstrat, KURT0 = Kurtosis Oberflächensubstrat, SCHIEF0 = Schiefe Oberflächensubstrat, KOERN0 = Körnung Oberflächensubstrat, MITRAD0 = Mittlerer Durchmesser Oberflächensubstrat, MEDRAD0 = Mediandurchmesser Oberflächensubstrat, ST = Steinpflasterdichte, SK = Bodenskelettgehalt, SC = Auftreten einer surface crust, PH0 = pH-Wert Oberflächensubstrat, SCH0 = Scheibler-Kalkgehalt Oberflächensubstrat, CA0 = Calciumgehalt Oberflächensubstrat, MG0 = Magnesiumgehalt Oberflächensubstrat, ORGC0 = Organischer Kohlenstoff des Oberflächensubstrates, LEIT0 = Leitfähigkeit Oberflächesubstrat, NEIGU = Neigung.

```
ZUSAMMENHANG DER VARIABLEN BEI BEREGUNGSVERSUCHEN

FILE   NONAME   (CREATION DATE = 17/12/84 )
* * * * * * * * * * * * * * * * * * * * * * *  M U L T I P L E    R E G R E S S I O N  * * * * * * * * * * * * * * * * * * * * * * *
DEPENDENT VARIABLE..    MAS         ABGESPUELTE MASSE

VARIABLE(S) ENTERED ON STEP NUMBER  11..   SO0        SORTIERUNG 0-5CM

MULTIPLE R          .89171      ANALYSIS OF VARIANCE    DF       SUM OF SQUARES      MEAN SQUARE           F        SIGNIFICANCE
R SQUARE            .79514      REGRESSION             11.      2372241.66735       215658.33340       15.52593         .000
ADJUSTED R SQUARE   .74393      RESIDUAL               44.       611169.07480        13890.20625
STD DEVIATION    117.85672      COEFF OF VARIABILITY   43.1 PCT


------------------- VARIABLES IN THE EQUATION -----------------      ---------- VARIABLES NOT IN THE EQUATION ----------

VARIABLE          B           STD ERROR B         F              BETA          VARIABLE     PARTIAL    TOLERANCE         F
                                              ------------     ----------                                           ------------
                                              SIGNIFICANCE     ELASTICITY                                           SIGNIFICANCE

SCHIEF0       210.51832         40.781065     26.647881       .4151771         NEIGU        -.07562     .84074       .24731781
                                                  .000          .41580                                                   .622
SK            -53.321789        21.464614      6.1711098     -.1979708         ST           -.00440     .36764       .83438122E-03
                                                  .017         -.46351                                                   .977
SC           -777.16850        130.76217      35.323695      -.4459088         GROBSAN1      .08533     .03017       .31540250
                                                  .000        -2.79370                                                   .577
LEIT0          .39893998E-01    .23370891E-01  2.9138326      .1395869         MITSAN1      -.05566     .16591       .13364118
                                                  .095          .04827                                                   .716
GROBSIL1     -11.927130          3.5206534    11.476919      -.3300540         FEINSAN1      .05283     .22536       .12032713
                                                  .001         -.62028                                                   .730
ORGC0        388.71271         105.27817      13.632640       .3011968         FEINSIL1     -.03319     .38703       .47426651E-01
                                                  .001          .33790                                                   .829
MITRAD0     -303.69519         214.31035       2.0081195     -.1345851         SED110       -.03206     .24340       .44255985E-01
                                                  .164         -.20608                                                   .834
PH0          598.84880         188.15668      10.129665       .4114554         SCH0         -.18136     .86741      1.4623862
                                                  .003         17.67791                                                  .233
MG0           72.311425         33.070926      4.7810263      .1900652         CA0          -.14207     .78372       .88577796
                                                  .034          .11579                                                   .352
MITSIL1       10.175390          4.6912932     4.7045378      .2432860         UN0           .10040     .32060       .43786898
                                                  .036          .33479                                                   .512
SO0            2.5496609         1.4590071     3.0538663      .1660761         KURT0        -.15458     .61065      1.0526951
                                                  .088          .15900                                                   .311
(CONSTANT) -3826.6631          1567.7664       5.9576876                       KOERN0       -.01769     .42881       .13454733E-01
                                                  .019                                                                   .908
                                                                               MEDRAD0       .06557     .07425       .18568892
                                                                                                                         .669
```

Aus diesem Grund wurde für die Kennzeichnung der Erodierbarkeit ein multiples lineares Regressionsmodell errechnet. Hier gingen neben der abhängigen Variable MAS die Anteile an Grob-, Mittel- und Feinsand, Grob-, Mittel- und Feinschluff, Ton, die Ergebnisse der bodenchemischen Untersuchungen, aber auch die granulometrischen Parameter sowie die Indexzahlen der Neigung der Testflächen, des Bodenskelettgehaltes, der Steinpflasterdichte sowie des Auftretens einer Oberflächenverdichtungskruste ein.

Es wurde eine schrittweise Regression durchgeführt. Die Testung der Signifikanz eines Regressionskoeffizienten für die Aufnahme einer Variable in die Gleichung erfolgte mit einem F-Wert von 0.01. Ergab der vorgeschaltete F-Test einen geringeren Wert, so wurde die Variable nicht in die Gleichung aufgenommen. Als Grenzwert der Toleranz eines Prädiktors, d.h. dem Anteil seiner Varianz, den nicht die anderen, in die Gleichung bereits eingegangenen Prädiktoren erklären, wurde 0.001 gewählt.

Als Ergebnis wird durch die in Tab. 33 angegebenen Variablen und Koeffizienten ein Modell mit einer Sicherungswahrscheinlichkeit von 100% beschrieben, welches 80.1% der Gesamtvarianz erklärt.

Das Einsetzen der für die geologischen Einheiten berechneten Mittelwerte (vgl. 5.1) ermöglicht eine relative Abstufung der Oberflächenerodierbarkeit auf der Grundlage der in Tab. 34 aufgelisteten, modellhaft berechneten Werte von MAS. Im Mittel ergibt sich folgende Hierarchie von der anfälligsten (10) zur resistentesten (1) Struktureinheit:

(10) lehmige untere Niederterrassen
 (9) Glacis q1
 (8) mpc-Mergel ; Glacis q6
 (7) jüngste Terrassensedimente
 (6) mpc-Sandstein
 (5) Anti-Atlas-Gesteine
 (4) Glacis q2
 (3) Glacis q3
 (2) Glacis q5 ; mpc-Konglomerate
 (1) Glacis q4

Im Modell wird die Variable "Neigung" nicht berücksichtigt, also nur die Disposition gleich geneigter Oberflächen abgestuft.

5.2.3 Die Veränderung der Substratoberflächen

Die Abspülung sorgt nicht nur für einen Massentransport, sondern führte auch zu Veränderungen in der oberflächlichen Substratzusammensetzung.

Tab. 34: Oberflächenerodierbarkeit der geologischen Einheiten.

In das Regressionsmodell für MAS (Tab. 33) wurden die für die geologischen Einheiten berechneten Mittelwerte eingesetzt.

| Geologische Einheit | MAS |
|---|---|
| Jüngste Terrassensedimente | 965 |
| Lehmige untere Niederterrassen | 3095 |
| Glacis q1 | 1486 |
| Glacis q2 | 770 |
| Glacis q3 | 513 |
| Glacis q4 | 296 |
| Glacis q5 | 435 |
| Glacis q6 | 1015 |
| mpc-Konglomerate | 427 |
| mpc-Mergel | 1378 |
| mpc-Sandstein | 883 |
| Anti-Atlas-Gestein | 855 |

Der Vergleich der Korngrößensummenkurven (Abb. 42-49) zeigt in fast allen Fällen, von denen hier nur einige Beispiele gezeigt werden, eine positive Verschiebung des Medianradius hin zu gröberen Fraktionen und damit eine bevorzugte Auswaschung von Tonen und Schluffen. Diese erhöhen zwar die Resistenz eines Substratgemisches, sind aber am anfälligsten gegenüber der Abspülung, wenn der aquatische Feinsedimenttransport erst eingesetzt hat, da sie als Suspensionsfracht wesentlich leichter als die gröberen Sandkörner transportiert werden können. Dieses macht sich in einer Änderung der Korngrößensummenkurven und den aus ihnen abgeleiteten granulometrischen Parametern bemerkbar.

Die dargestellten Summenkurven zeigen auch eine Veränderung der Sortierung an. Die selektive Abspülung sorgt für eine oberflächliche Verringerung der Sortierungswerte, d.h. eine Verbesserung der Sortierung.

Die Veränderungen des Oberflächensubstrates (Substratfraktionen, granulometrische Kenngrößen) lassen sich durch multiple lineare Regressionsmodelle beschreiben (Tab. 35-48). Die durchgeführten Rechnungen erfolgten unter den bereits für MAS beschriebenen Testvoraussetzungen.

Die Änderung des Oberflächensubstrates hat aber Konsequenzen für die Erodierbarkeit im Falle eines zweiten Beregnungsversuches auf der gleichen Testfläche, da die in die Gleichung für MAS eingehenden pedophysikalischen und granulometrischen Variablen

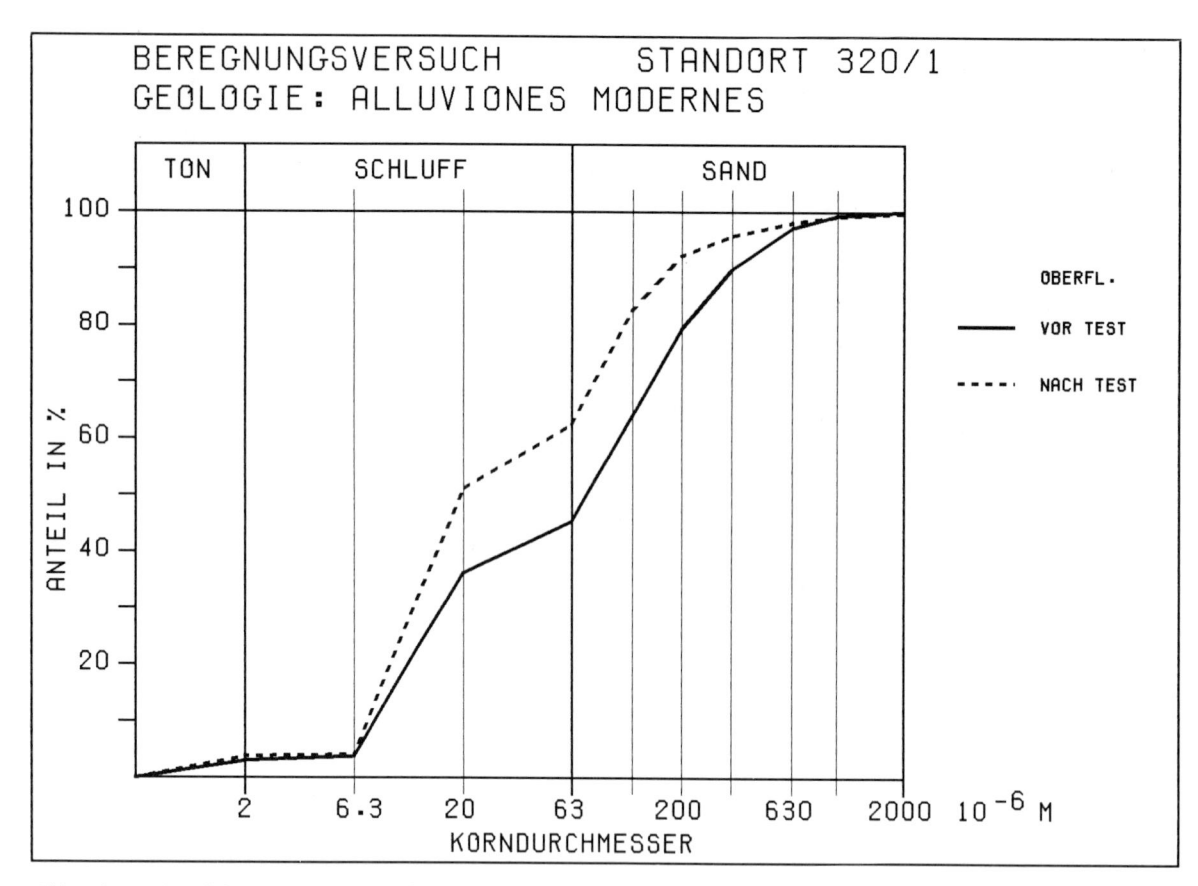

Abb. 42: Beispiel der Korngrößenverteilung bei Abspülversuchen.

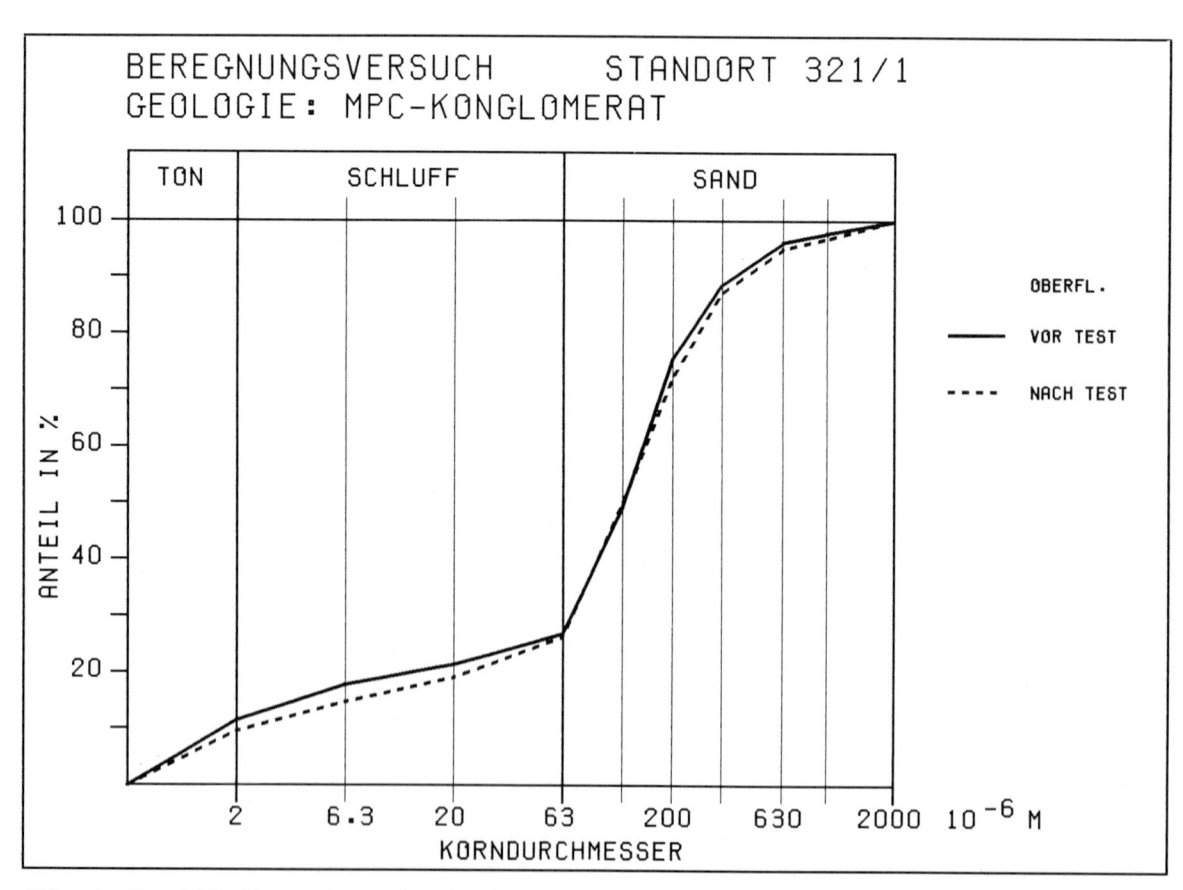

Abb. 43: Beispiel der Korngrößenverteilung bei Abspülversuchen.

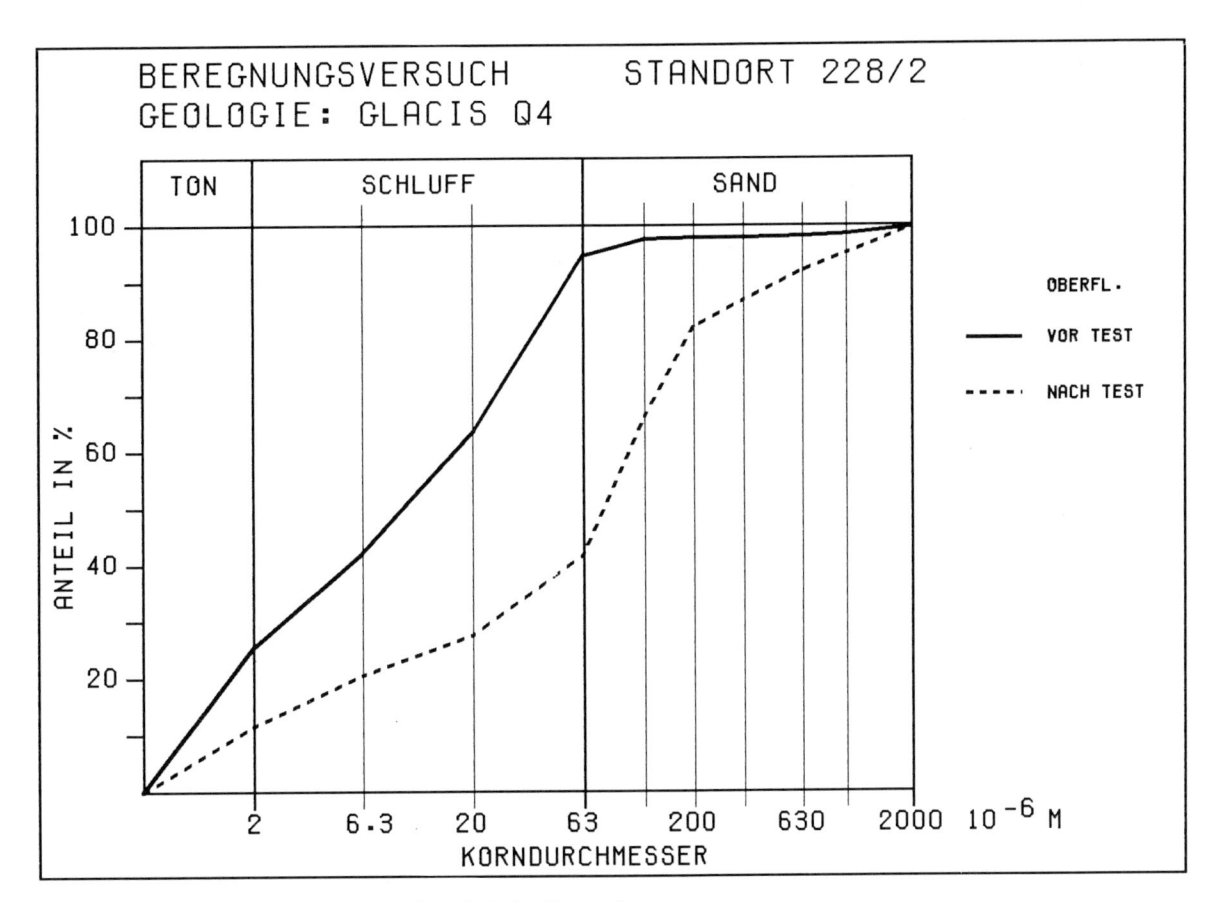

Abb. 44: Beispiel der Korngrößenverteilung bei Abspülversuchen.

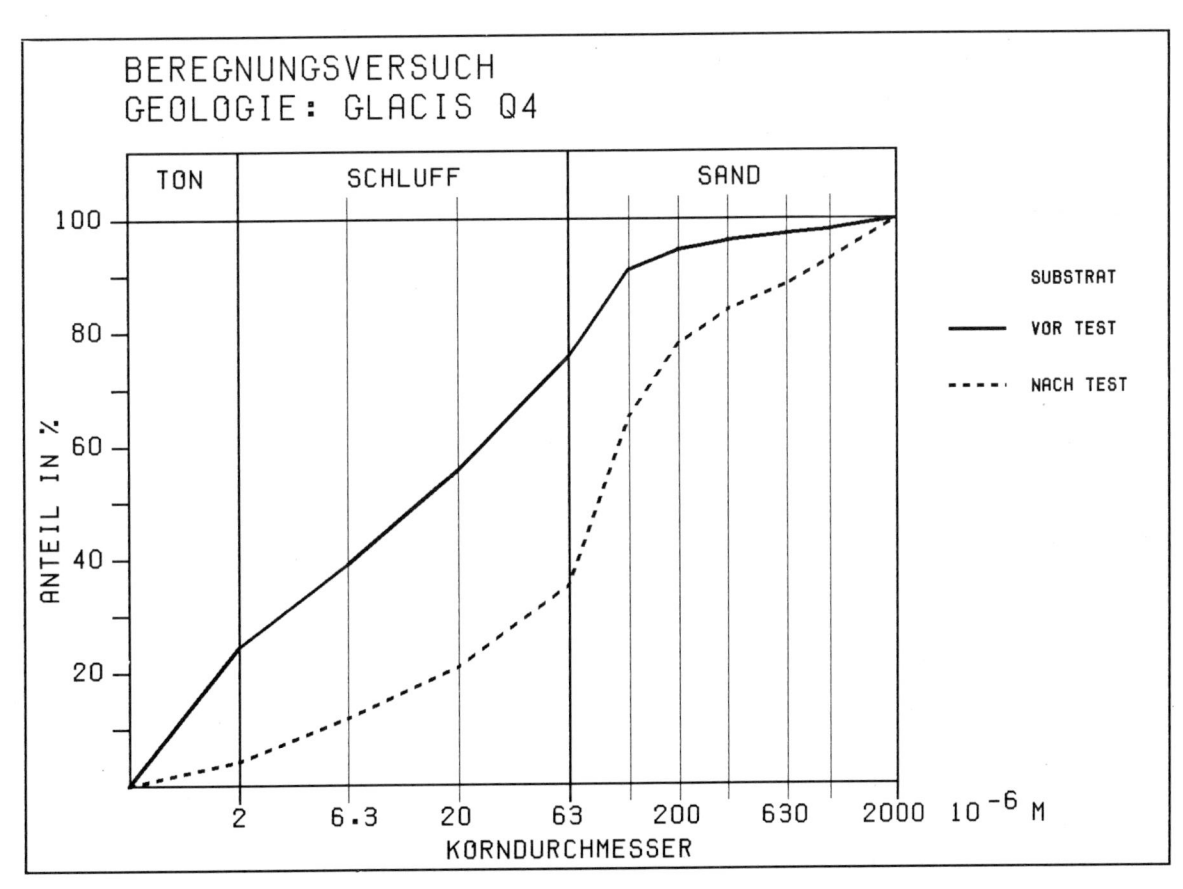

Abb. 45: Beispiel der Korngrößenverteilung bei Abspülversuchen.

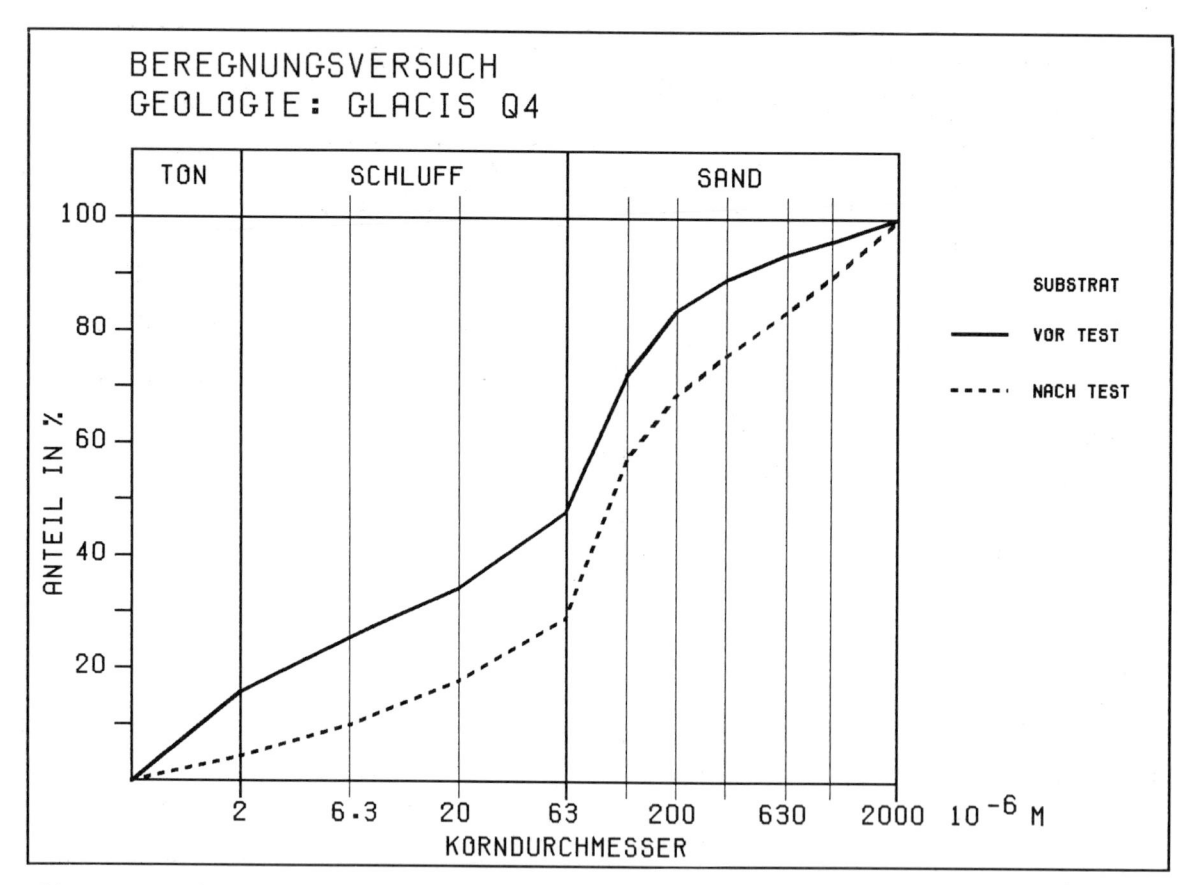

Abb. 46: Beispiel der Korngrößenverteilung bei Abspülversuchen.

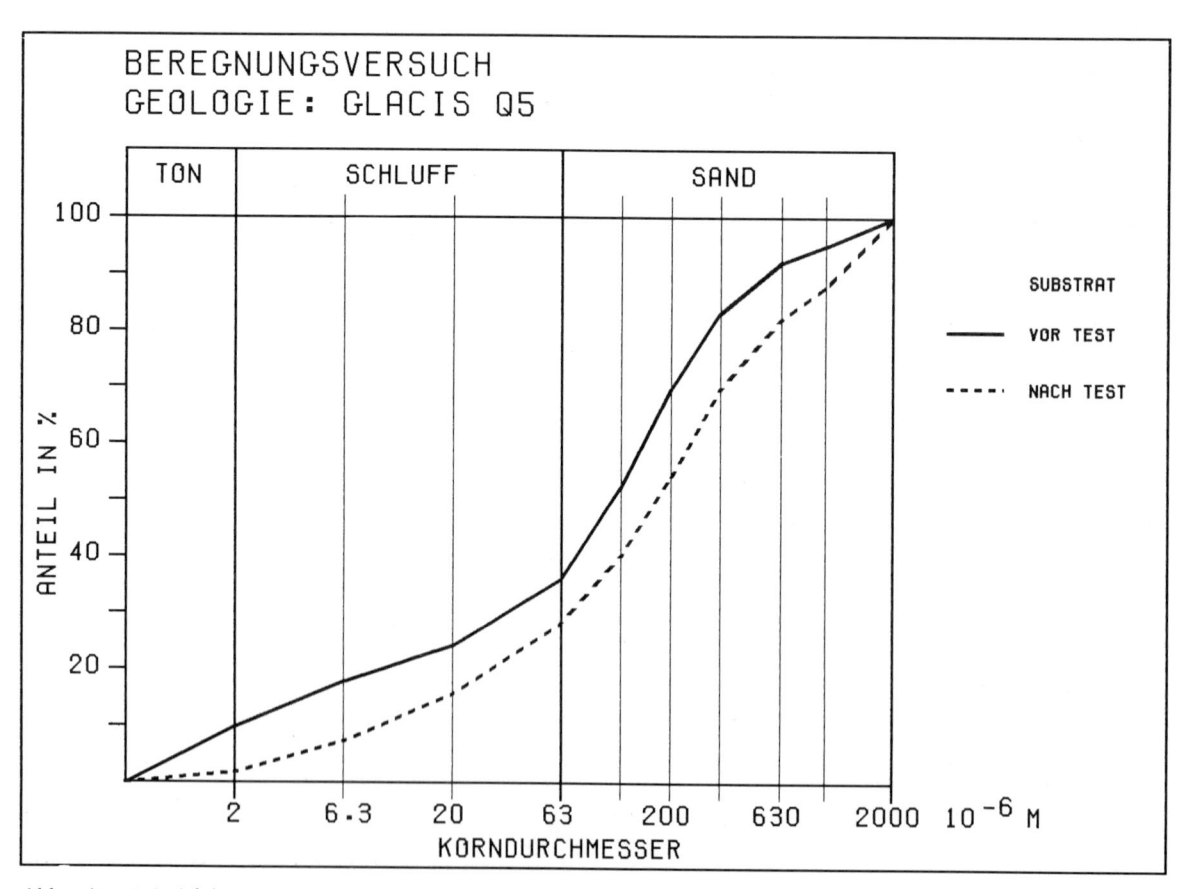

Abb. 47: Beispiel der Korngrößenverteilung bei Abspülversuchen.

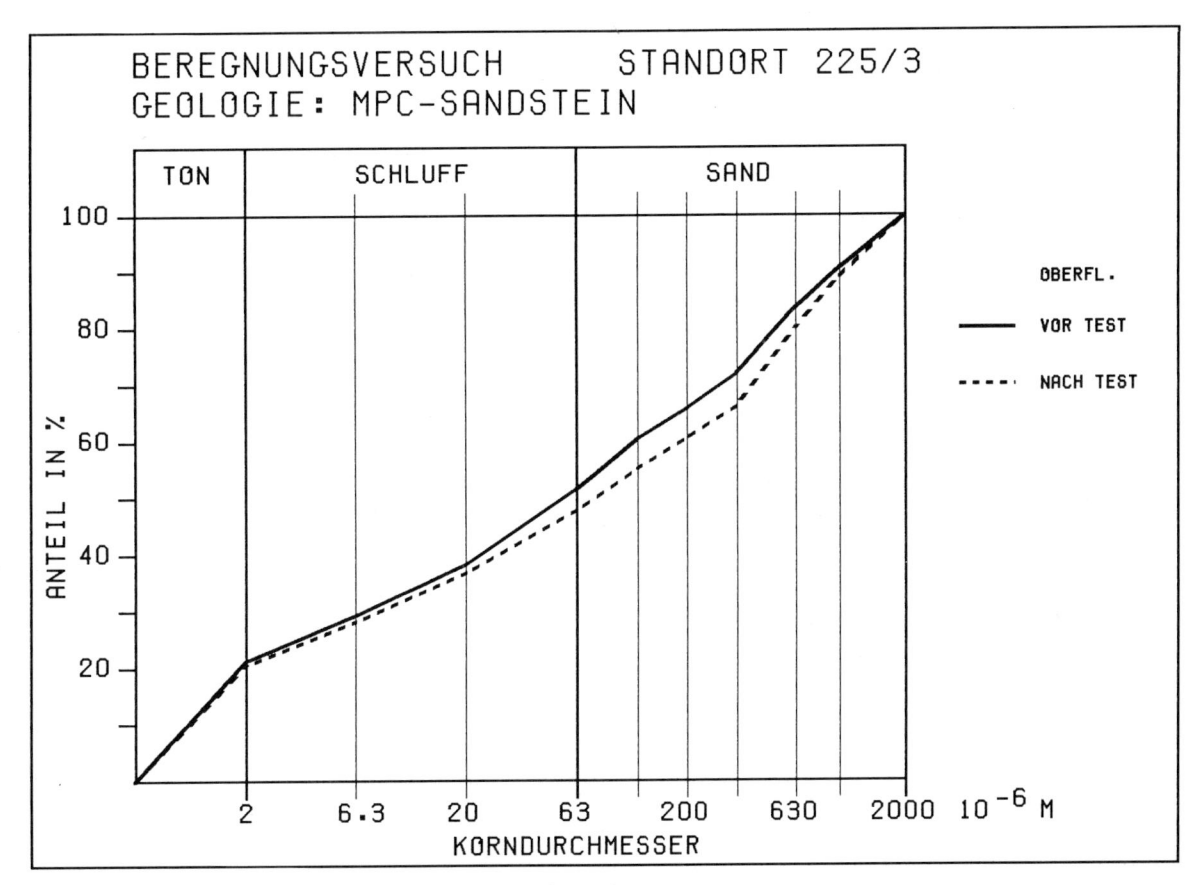

Abb. 48: Beispiel der Korngrößenverteilung bei Abspülversuchen.

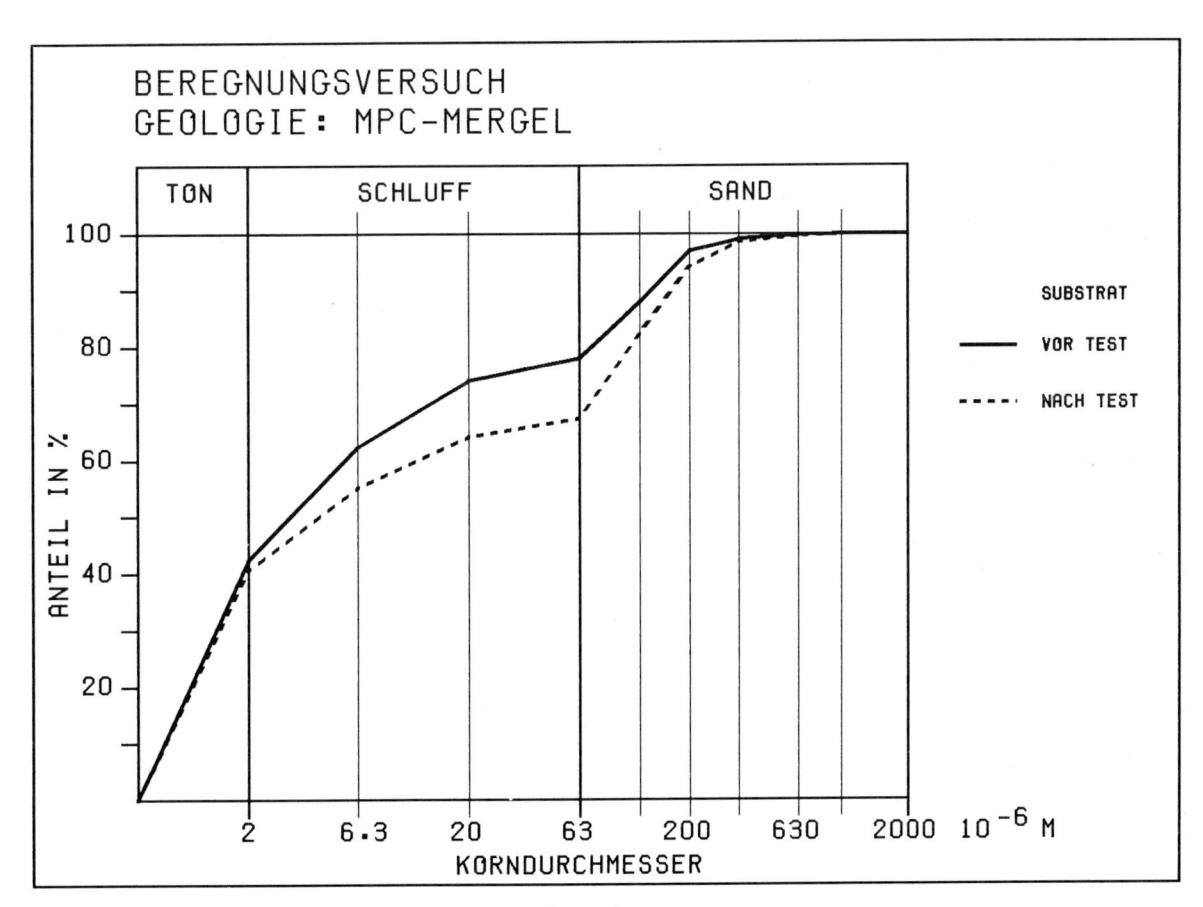

Abb. 49: Beispiel der Korngrößenverteilung bei Abspülversuchen.

Tab. 35: Multiples lineares Regressionsmodell: Verschiebung des Mediandurchmessers bei Abspülversuchen.
Abhängige Variable: DIFF01 = MEDRAD (vor Test) - MEDRAD (nach Test).

```
* * * * * * * * * * * * * * * * * * * * * * *   M U L T I P L E   R E G R E S S I O N   * * * * * * * * * * * * * * * * * * * * * * * *
DEPENDENT VARIABLE..    DIFF01

VARIABLE(S) ENTERED ON STEP NUMBER  15..   MITSIL1


   MULTIPLE R           .80153       ANALYSIS OF VARIANCE       DF       SUM OF SQUARES.      MEAN SQUARE             F       SIGNIFICANCE
   R SQUARE             .64246       REGRESSION                 15.           .06074              .00405          4.91139         .000
   ADJUSTED R SQUARE    .51165       RESIDUAL                   41.           .03380              .00082
   STD DEVIATION        .02871       COEFF OF VARIABILITY     420.7 PCT


   -------------------- VARIABLES IN THE EQUATION ---------------------        ---------- VARIABLES NOT IN THE EQUATION -----------

   VARIABLE        B            STD ERROR B         F              BETA         VARIABLE    PARTIAL    TOLERANCE         F
                                                ------------    ----------                                           ------------
                                                SIGNIFICANCE    ELASTICITY                                           SIGNIFICANCE

   ST         -.39284878E-02   .48630723E-02     .65257340      -.1457517       SC          -.13889      .32627      .78683975
                                                    .424         1.98949                                                .380
   FEINSAN1    .22841272E-02   .14289298E-02    2.5551640        .6276572       GROBSIL1    -.03749      .20428      .56296378E-01
                                                    .118       -12.15989                                                .814
   CAO         .13006429E-01   .38554171E-02   11.380815        1.1775203       SED110       .03749      .18430      .56296378E-01
                                                    .002        -9.63947                                                .814
   MGO        -.24767328E-01   .76215791E-02   10.560108        -.3684377       ORGCO       -.07092      .58507      .20221034
                                                    .002         1.62357                                                .655
   SCHO       -.33539502E-02   .16991845E-02    3.8961186       -.6053388       LEITO       -.12695      .09137      .65517695
                                                    .055         5.71741                                                .423
   MITSAN1    -.79580074E-02   .21404325E-02   13.823105       -1.3707339       SOO          .00891      .15899      .31790643E-02
                                                    .001        14.16484                                                .955
   MITRADO     .76809932       .30451746        6.3622446       1.9169996       KURTO       -.01067      .44211      .45539109E-02
                                                    .016       -20.75803                                                .947
   PHO        -.95968534E-01   .30404886E-01    9.9625603       -.4519813       SCHIEFO     -.06109      .31856      .14982745
                                                    .003       113.62033                                                .701
   SK         -.10879922E-01   .76517375E-02    2.0217687       -.2319816       KOERNO      -.14829      .33123      .89936803
                                                    .163         3.74784                                                .349
   FEINSIL1    .57361790E-02   .30351687E-02    3.5717391        .5637547
                                                    .066        -6.55458
   NEIGU       .20886528E-01   .97713306E-02    4.5690414        .2532058
                                                    .039        -7.40962
   MEDRADO    1.0180722        .46652842        4.7621274       1.0299743
                                                    .035       -11.79001
   GROBSAN1   -.10971402E-01   .62550677E-02    3.0765235      -1.3476783
                                                    .087         9.91939
   UNO         .23044739E-03   .16290664E-03    2.0010871        .1764841
                                                    .165        -1.97751
   MITSIL1     .19130580E-02   .15055328E-02    1.6146405        .4329757
                                                    .211        -2.79779
   (CONSTANT)  .52341634        .24545156        4.5473978
                                                    .039
```

Tab. 36: Multiples lineares Regressionsmodell: Veränderung des Mittleren Durchmessers bei Abspülversuchen.
Abhängige Variable: DIFF03 = MITRAD (vor Test) - MITRAD (nach Test).

```
* * * * * * * * * * * * * * * * * * * * * * *   M U L T I P L E   R E G R E S S I O N   * * * * * * * * * * * * * * * * * * * * * * * *
DEPENDENT VARIABLE..    DIFF03

VARIABLE(S) ENTERED ON STEP NUMBER  16..   KOERNO     KOERNUNG 0-5CM              MITR


   MULTIPLE R           .78628       ANALYSIS OF VARIANCE       DF       SUM OF SQUARES       MEAN SQUARE             F       SIGNIFICANCE
   R SQUARE             .61824       REGRESSION                 16.           .45423              .02839          4.04868         .000
   ADJUSTED R SQUARE    .46554       RESIDUAL                   40.           .28048              .00701
   STD DEVIATION        .08374       COEFF OF VARIABILITY     156.5 PCT


   -------------------- VARIABLES IN THE EQUATION ---------------------        ---------- VARIABLES NOT IN THE EQUATION -----------

   VARIABLE        B            STD ERROR B         F              BETA         VARIABLE    PARTIAL    TOLERANCE         F
                                                ------------    ----------                                           ------------
                                                SIGNIFICANCE    ELASTICITY                                           SIGNIFICANCE

   ST         -.25225983E-01   .10830206E-01    5.4252879       -.3357341       SK           .00728      .32327      .20697778E-02
                                                    .025         1.62903                                                .964
   GROBSAN1   -.46769319E-01   .18293959E-01    6.5359193      -2.0608402       FEINSAN1    -.14019      .06413      .78187271
                                                    .014         5.39198                                                .382
   CAO         .25690926E-01   .57643177E-02   19.863862         .8343520       MITSIL1      .05091      .12003      .10135783
                                                    .000        -2.42795                                                .752
   MITSAN1    -.26772551E-01   .53912691E-02   24.660251       -1.6542371       FEINSIL1     .13293      .19463      .70158943
                                                    .000         6.07661                                                .407
   MITRADO    3.3783255        1.0572591       10.210338        3.0245816       SCHO        -.06832      .11086      .18286675
                                                    .003       -11.64219                                                .671
   LEITO      -.18427009E-05   .10949903E-05    2.8319732       -.3609216       ORGCO       -.10411      .47010      .42732503
                                                    .100          .11363                                                .517
   KURTO      -.69755154E-02   .31796726E-02    4.8126891       -.3057891       SCHIEFO     -.01470      .06602      .84242911E-02
                                                    .034         1.40750                                                .927
   GROBSIL1   -.63110471E-02   .35449386E-02    3.1694609       -.3601835       MEDRADO      .02347      .02972      .21498712E-01
                                                    .083         1.65379                                                .884
   SED110     -.31794750E-02   .36035915E-02     .77846617      -.1910459
                                                    .383         -.80482
   PHO        -.22135863       .11062001        4.0042900       -.3739790
                                                    .052        33.41858
   NEIGU       .53671376E-01   .29261219E-01    3.3643459        .2334045
                                                    .074        -2.42793
   MGO        -.47390162E-01   .23753959E-01    3.9801953       -.2528904
                                                    .053          .39613
   UNO         .16917654E-02   .66013182E-03    6.5677851        .4647648
                                                    .014        -1.85119
   SC         -.18016171       .14106629        1.6310922       -.2083342
                                                    .209         3.30724
   SOO        -.28120981E-02   .15071650E-02    3.4812827       -.3702428
                                                    .069          .88705
   KOERNO     -.68921459E-02   .46262645E-02    2.2194635       -.2707688
                                                    .144          .48751
   (CONSTANT) 1.9385012         .94376051        4.2189906
                                                    .047
```

Tab. 37: Multiples lineares Regressionsmodell: Veränderung der Ungleichförmigkeit bei Abspülversuchen.
Abhängige Variable: DIFF05 = UN (vor Test) - UN (nach Test).

```
* * * * * * * * * * * * * * * * * * * * * * *  M U L T I P L E    R E G R E S S I O N  * * * * * * * * * * * * * * * * * * * * * * *
DEPENDENT VARIABLE..     DIFF05

VARIABLE(S) ENTERED ON STEP NUMBER   9..   SCHO        SCHEIBLERKALKGEHALT OBERFL.

    MULTIPLE R            .76081       ANALYSIS OF VARIANCE      DF       SUM OF SQUARES       MEAN SQUARE              F       SIGNIFICANCE
    R SQUARE              .57884       REGRESSION                 9.         25698.44529        2855.38281         7.17725            .000
    ADJUSTED R SQUARE     .49819       RESIDUAL                  47.         18698.38772         397.83804
    STD DEVIATION       19.94588       COEFF OF VARIABILITY    144.2 PCT


------------------- VARIABLES IN THE EQUATION ---------------------        --------- VARIABLES NOT IN THE EQUATION -----------
VARIABLE          B            STD ERROR B          F              BETA       VARIABLE     PARTIAL     TOLERANCE         F
                                              ------------      ----------                                        ------------
                                              SIGNIFICANCE      ELASTICITY                                        SIGNIFICANCE

MITSAN1      2.8945492        1.0089159       8.2309880         .7275646       NEIGU         .12445       .72702      .72370116
                                                   .006         2.54196                                                   .399
ST           2.8969586        2.2105312       1.7174784         .1568456       SK            .03743       .37836      .64541974E-01
                                                   .196          .72384                                                   .801
SOO         -1.8918318         .36779282     26.458093         -1.0132608      SC            .10676       .62895      .53036244
                                                   .000        -2.30895                                                   .470
UNO           .76886091        .15723431     23.911174          .8592577       GROBSAN1      .04622       .38823      .98470470E-01
                                                   .000         3.25519                                                   .755
KOERNO      -1.9886552         .94743515      4.4057513        -.3178236       FEINSAN1      .03714       .46741      .63535194E-01
                                                   .041         -.53979                                                   .802
MEDRADO    -364.68806       204.34203         3.1851336        -.5384075       GROBSIL1     -.11817       .41302      .65147698
                                                   .081        -2.08371                                                   .424
ORGCO       -42.964212        17.652244       5.9239841        -.2748726       MITSIL1      -.06970       .32392      .22453689
                                                   .019         -.74655                                                   .638
PHO         -32.426795        17.989002       3.2493308        -.2228627       FEINSIL1      .08820       .37803      .36063293
                                                   .078       -18.94140                                                   .551
SCHO          .55537860        .45444043      1.4935658         .1462759       SED110        .05379       .33526      .13345639
                                                   .228          .46710                                                   .717
(CONSTANT)  257.72752       147.39075         3.0576033                        CAO           .01029       .10943      .48753474E-02
                                                   .087                                                                   .945
                                                                               MGO          -.07404       .82817      .25352713
                                                                                                                          .617
                                                                               LEITO        -.00383       .27028      .67448207E-03
                                                                                                                          .979
                                                                               KURTO         .11770       .68750      .64624804
                                                                                                                          .426
                                                                               SCHIEFO       .12390       .42628      .71716882
```

Tab. 38: Multiples lineares Regressionsmodell: Veränderung der Kurtosis bei Abspülversuchen.
Abhängige Variable: DIFF07 = KURT (vor Test) - KURT (nach Test).

```
* * * * * * * * * * * * * * * * * * * * * * *  M U L T I P L E    R E G R E S S I O N  * * * * * * * * * * * * * * * * * * * * * * *
DEPENDENT VARIABLE..     DIFF07

VARIABLE(S) ENTERED ON STEP NUMBER  12..   SC         SURFACE CRUST

    MULTIPLE R            .67517       ANALYSIS OF VARIANCE      DF       SUM OF SQUARES       MEAN SQUARE              F       SIGNIFICANCE
    R SQUARE              .45586       REGRESSION                12.           806.12444          67.17704         3.07176            .003
    ADJUSTED R SQUARE     .30745       RESIDUAL                  44.           962.24693          21.86925
    STD DEVIATION        4.67646       COEFF OF VARIABILITY   3874.4 PCT


------------------- VARIABLES IN THE EQUATION ---------------------        --------- VARIABLES NOT IN THE EQUATION -----------
VARIABLE          B            STD ERROR B          F              BETA       VARIABLE     PARTIAL     TOLERANCE         F
                                              ------------      ----------                                        ------------
                                              SIGNIFICANCE      ELASTICITY                                        SIGNIFICANCE

KURTO         .60203543        .16138595     13.915944          .5379471       NEIGU         .06950       .67654      .20870668
                                                   .001        53.86292                                                   .650
ST           -.76473110        .53954737      2.0089002        -.2074570       SK            .05968       .39688      .15369611
                                                   .163       -21.89710                                                   .697
MITSIL1       .19159831        .20204100       .89929942         .3170721      FEINSAN1     -.04451       .06233      .85365875E-01
                                                   .348        15.84306                                                   .772
MITSAN1       .94839481E-01    .30292607       .98017822E-01     .1194453      GROBSIL1     -.00956       .29759      .39327662E-02
                                                   .756         9.54460                                                   .950
MEDRADO     -36.471864       60.996673         .35752271        -.2697968      SED110        .05053       .21057      .11005245
                                                   .553       -23.88112                                                   .742
LEITO        -.13896678E-03   .79063357E-04   3.0893813         -.5548058      SCHO         -.01194       .47583      .61308500E-02
                                                   .086         -3.79961                                                   .938
MGO          1.8299744        1.3042516       1.9686443          .1990494      CAO          -.03597       .32666      .55712210E-01
                                                   .168          6.78261                                                   .815
PHO          7.7241248        5.7595624       1.7985379          .2659941      ORGCO         .01519       .60366      .99299579E-02
                                                   .187        517.05606                                                   .921
MITRADO     99.567627        59.212318        2.8275623         1.8169954      SOO           .04958       .20077      .10596102
                                                   .100       152.14165                                                   .746
GROBSAN1    -1.5856938         .99848146      2.5220788        -1.4242114      UNO           .13493       .42603      .79740478
                                                   .119       -81.05938                                                   .377
FEINSIL1      .40614127        .33197015      1.4967738          .2918607      SCHIEFO      -.05530       .36557      .13188682
                                                   .228        26.23980                                                   .718
SC          -6.7421420        7.0714219        .90903853        -.1589160      KOERNO       -.04752       .40837      .97332939E-01
                                                   .346       -54.87790                                                   .757
(CONSTANT) -71.812184        48.613005        2.1821838
                                                   .147
```

Tab. 39: Multiples lineares Regressionsmodell: Veränderung der Schiefe bei Abspülversuchen.
Abhängige Variable: DIFF09 = SCHIEF (vor Test) - SCHIEF (nach Test).

```
* * * * * * * * * * * * * * * * * * *  M U L T I P L E   R E G R E S S I O N  * * * * * * * * * * * * * * * * * * * * * * *
DEPENDENT VARIABLE..    DIFF09
VARIABLE(S) ENTERED ON STEP NUMBER   8..  ST          STEINPFLASTERDICHTE

   MULTIPLE R          .83467       ANALYSIS OF VARIANCE     DF       SUM OF SQUARES      MEAN SQUARE              F      SIGNIFICANCE
   R SQUARE            .69668       REGRESSION                8.           23.79681          2.97460        13.78089           .000
   ADJUSTED R SQUARE   .64612       RESIDUAL                 48.           10.36079           .21585
   STD DEVIATION       .46460       COEFF OF VARIABILITY  164.6 PCT

------------------- VARIABLES IN THE EQUATION ---------------------         --------- VARIABLES NOT IN THE EQUATION ----------
VARIABLE          B           STD ERROR B         F             BETA         VARIABLE    PARTIAL    TOLERANCE        F
                                              ------------   ----------                                          ------------
                                              SIGNIFICANCE   ELASTICITY                                          SIGNIFICANCE

LEITO       -.57452439E-05  .61548968E-05    .87131541      -.1650371       NEIGU       -.06533    .76134       .20145220
                                                 .355          .06717                                                .656
SCHIEFO     -.70434545      .16665347      17.862519        -.5528928       SK           .01558    .42343       .11412306E-01
                                                 .000        1.48223                                                 .915
GROBSAN1     .20664976E-01  .18597225E-01   1.2347342        .1335467       SC           .05854    .76894       .16161595
                                                 .272         -.45170                                                .689
CAO          .79143382E-01  .26241260E-01   9.0961967        .3769633       MITSAN1     -.07255    .13735       .24871381
                                                 .004        -1.41809                                                .620
GROBSIL1     .71792869E-01  .19302822E-01  13.833147         .6009226       FEINSAN1     .01964    .18406       .18129644E-01
                                                 .001        -3.56689                                                .893
MEDRADO    14.317110        4.9451279       8.3821542        .7620391       MITSIL1      .06844    .15358       .22116374
                                                 .006        -4.00852                                                .640
SED110       .46613120E-01  .19020541E-01   6.0057967        .4107764       FEINSIL1    -.07738    .24358       .28315178
                                                 .018        -2.23708                                                .597
ST          -.79553766E-01  .47755941E-01   2.7750236       -.1552827       PHO          .04984    .43466       .11704568
                                                 .102          .97403                                                .734
(CONSTANT) -2.8676482        .83087035     11.912015                        SCHO        -.06255    .13923       .18463501
                                                 .001                                                                .669
                                                                            MGO         -.09415    .67645       .42035419
                                                                                                                     .520
                                                                            ORGCO       -.13934    .85747       .93066409
                                                                                                                     .340
                                                                            SOO         -.01291    .24556       .78323322E-02
                                                                                                                     .930
                                                                            UNO          .00241    .28453       .27192657E-03
                                                                                                                     .987
                                                                            KURTO       -.12790    .72072       .78158635
```

Tab. 40: Multiples lineares Regressionsmodell: Veränderung der Körnung bei Abspülversuchen.
Abhängige Variable: DIFF11 = KOERN (vor Test) - KOERN (nach Test).

```
* * * * * * * * * * * * * * * * * * *  M U L T I P L E   R E G R E S S I O N  * * * * * * * * * * * * * * * * * * * * * * *
DEPENDENT VARIABLE..    DIFF11
VARIABLE(S) ENTERED ON STEP NUMBER   9..  SCHIEFO     SCHIEFE 0-5CM

   MULTIPLE R          .87869       ANALYSIS OF VARIANCE     DF       SUM OF SQUARES      MEAN SQUARE              F      SIGNIFICANCE
   R SQUARE            .77210       REGRESSION                9.          501.80827         55.75647        17.69240           0
   ADJUSTED R SQUARE   .72846       RESIDUAL                 47.          148.11752          3.15144
   STD DEVIATION      1.77523       COEFF OF VARIABILITY  369.6 PCT

------------------- VARIABLES IN THE EQUATION ---------------------         --------- VARIABLES NOT IN THE EQUATION ----------
VARIABLE          B           STD ERROR B         F             BETA         VARIABLE    PARTIAL    TOLERANCE        F
                                              ------------   ----------                                          ------------
                                              SIGNIFICANCE   ELASTICITY                                          SIGNIFICANCE

KOERNO       .55208869      .75804285E-01  53.043256         .7292554       NEIGU        .07933    .72358       .29130314
                                                 0           4.31528                                                 .592
UNO         -.69209188E-02  .12330198E-01   .31505576       -.0639269       SK           .03987    .39965       .73227581E-01
                                                 .577         -.84378                                                .788
ST          -.49942228      .17907292       7.7781446       -.2234817       SC          -.02637    .65319       .32019712E-01
                                                 .008        -3.59336                                                .859
FEINSIL1     .24445865      .11365684       4.6261491        .2897736       GROBSAN1    -.11860    .33819       .65621878
                                                 .037         3.96866                                                .422
SED110      -.31749035      .78609429E-01  16.312171        -.6414157       FEINSAN1     .12710    .25107       .75534198
                                                 .000        -8.95420                                                .389
MITSAN1      .33219576      .83011931E-01  16.014269         .6901266       GROBSIL1    -.10937    .26926       .55689926
                                                 .000         8.40074                                                .459
MEDRADO    -96.021759      23.561625       16.608439       -1.1716647       PHO         -.03123    .39215       .44896208E-01
                                                 .000       -15.79870                                                .833
MITSIL1     -.19936986      .61582014E-01  10.481205        -.5442278       SCHO         .03696    .48571       .62924294E-01
                                                 .002        -4.14250                                                .803
SCHIEFO    1.3411552         .70751145      3.5932805        .2413493       CAO          .11902    .34453       .66096073
                                                 .064         1.65857                                                .420
(CONSTANT) 7.6804654        2.6014021       8.7168607                       MGO          .11330    .85030       .59818096
                                                 .005                                                                .443
                                                                            ORGCO       -.11641    .73383       .63196642
                                                                                                                     .431
                                                                            LEITO        .08029    .13079       .29847441
                                                                                                                     .587
                                                                            SOO         -.03818    .20833       .67144241E-01
                                                                                                                     .797
                                                                            KURTO       -.09030    .69002       .37820740
```

Tab. 41: Multiples lineares Regressionsmodell: Veränderung der Sortierung bei Abspülversuchen.
Abhängige Variable: DIFF13 = SO (vor Test) - SO (nach Test).

```
* * * * * * * * * * * * * * * * * * * * *   M U L T I P L E     R E G R E S S I O N   * * * * * * * * * * * * * * * * * * * * * * * *
DEPENDENT VARIABLE..    DIFF13

VARIABLE(S) ENTERED ON STEP NUMBER   8..   SED110


    MULTIPLE R           .80100        ANALYSIS OF VARIANCE     DF      SUM OF SQUARES      MEAN SQUARE              F      SIGNIFICANCE
    R SQUARE             .64160        REGRESSION                8.         4648.11248         581.01406         10.74105          .000
    ADJUSTED R SQUARE    .58187        RESIDUAL                 48.         2596.45598          54.09283
    STD DEVIATION       7.35478        COEFF OF VARIABILITY  235.0 PCT
```

| | ---------- VARIABLES IN THE EQUATION ---------- | | | | | ---------- VARIABLES NOT IN THE EQUATION ---------- | | | |
|---|---|---|---|---|---|---|---|---|---|
| VARIABLE | B | STD ERROR B | F | BETA | VARIABLE | PARTIAL | TOLERANCE | F | |
| | | | SIGNIFICANCE | ELASTICITY | | | | SIGNIFICANCE | |
| SCHIEFO | -18.715442 | 2.3316778 | 64.426283 | -1.0087714 | NEIGU | .10017 | .86684 | .47633178 | |
| | | | .000 | -3.55295 | | | | .493 | |
| CAO | .85330962 | .41220620 | 4.2853297 | .2790799 | ST | .13827 | .35714 | .91604237 | |
| | | | .044 | 1.37928 | | | | .343 | |
| SK | 3.7317104 | 1.1865728 | 9.8907018 | .2874401 | SC | -.05577 | .76772 | .14664639 | |
| | | | .003 | 2.80359 | | | | .703 | |
| MITSIL1 | .77142130 | .22906706 | 11.341173 | .6307228 | GROBSAN1 | .02601 | .50278 | .31825119E-01 | |
| | | | .002 | 2.46054 | | | | .859 | |
| MEDRADO | 254.77885 | 87.090663 | 8.5582219 | .9311565 | FEINSAN1 | -.03687 | .35448 | .63962382E-01 | |
| | | | .005 | 6.43504 | | | | .801 | |
| MITSAN1 | -.66864069 | .35095064 | 3.6298907 | -.4160573 | GROBSIL1 | -.00091 | .26460 | .39073688E-04 | |
| | | | .063 | -2.59569 | | | | .995 | |
| ORGCO | -9.6442827 | 5.7569411 | 2.8064434 | -.1527440 | FEINSIL1 | .07891 | .24523 | .29446879 | |
| | | | .100 | -.74079 | | | | .590 | |
| SED110 | .39488488 | .25096250 | 2.4758443 | .2389490 | PHO | -.00441 | .42370 | .91443833E-03 | |
| | | | .122 | 1.70963 | | | | .976 | |
| (CONSTANT) | -21.586753 | 9.0143009 | 5.7346979 | | SCHO | .06506 | .14614 | .19980045 | |
| | | | .021 | | | | | .657 | |
| | | | | | MGO | .01434 | .86129 | .96627157E-02 | |
| | | | | | | | | .922 | |
| | | | | | LEITO | .08805 | .17978 | .36723664 | |
| | | | | | | | | .547 | |
| | | | | | SOO | -.07889 | .39012 | .29432042 | |
| | | | | | | | | .590 | |
| | | | | | UNO | -.12099 | .41301 | .69828083 | |
| | | | | | | | | .408 | |
| | | | | | KURTO | .11503 | .61203 | .63024331 | |

Tab. 42: Multiples lineares Regressionsmodell: Veränderung des Grobsandanteils bei Abspülversuchen.
Abhängige Variable: DIFF15 = GROBSAN (vor Test) - GROBSAN (nach Test).

```
* * * * * * * * * * * * * * * * * * * * *   M U L T I P L E     R E G R E S S I O N   * * * * * * * * * * * * * * * * * * * * * * * *
DEPENDENT VARIABLE..    DIFF15

VARIABLE(S) ENTERED ON STEP NUMBER  12..   MEDRADO     MEDIANDURCHM.0-5CM


    MULTIPLE R           .54288        ANALYSIS OF VARIANCE     DF      SUM OF SQUARES      MEAN SQUARE              F      SIGNIFICANCE
    R SQUARE             .29471        REGRESSION               12.         7384.06525         615.33877          1.53217          .149
    ADJUSTED R SQUARE    .10236        RESIDUAL                 44.        17670.91370         401.61167
    STD DEVIATION      20.04025        COEFF OF VARIABILITY  248.7 PCT
```

| | ---------- VARIABLES IN THE EQUATION ---------- | | | | | ---------- VARIABLES NOT IN THE EQUATION ---------- | | | |
|---|---|---|---|---|---|---|---|---|---|
| VARIABLE | B | STD ERROR B | F | BETA | VARIABLE | PARTIAL | TOLERANCE | F | |
| | | | SIGNIFICANCE | ELASTICITY | | | | SIGNIFICANCE | |
| ORGCO | 8.0062077 | 17.243069 | .21558798 | .0681837 | SK | -.00147 | .37555 | .92882223E-04 | |
| | | | .645 | -.23881 | | | | .992 | |
| NEIGU | -16.251695 | 6.6474648 | 5.9770271 | -.3827162 | GROBSAN1 | .01832 | .31014 | .14435137E-01 | |
| | | | .019 | 4.88294 | | | | .905 | |
| CAO | -3.9630087 | 2.4540188 | 2.6079200 | -.6969573 | FEINSAN1 | -.04240 | .30880 | .77459259E-01 | |
| | | | .113 | 2.48756 | | | | .782 | |
| LEITO | .18662499E-03 | .27069643E-03 | .47530734 | .1979427 | GROBSIL1 | .00471 | .30764 | .95449599E-03 | |
| | | | .494 | -.07643 | | | | .975 | |
| SC | -18.189978 | 24.001688 | .57435550 | -.1139047 | MITSIL1 | .05282 | .12875 | .12030520 | |
| | | | .453 | 2.21781 | | | | .730 | |
| ST | 5.2332477 | 2.4505439 | 4.5605542 | .3771640 | SED110 | .00690 | .20009 | .20449761E-02 | |
| | | | .038 | -2.24461 | | | | .964 | |
| SCHIEFO | 15.518446 | 7.7990111 | 3.9592908 | .4497800 | PHO | -.05342 | .32090 | .12305119 | |
| | | | .053 | -1.14403 | | | | .727 | |
| SOO | .56551123 | .26136887 | 4.6813893 | .4031893 | MGO | .06557 | .85365 | .18565214 | |
| | | | .036 | -1.18480 | | | | .669 | |
| FEINSIL1 | -1.4490097 | 1.3158422 | 1.2126486 | -.2766365 | UNO | -.00450 | .29400 | .86912381E-03 | |
| | | | .277 | 1.40232 | | | | .977 | |
| SCHO | .97925924 | 1.0492984 | .87095818 | .3433289 | KURTO | .05396 | .65626 | .12555453 | |
| | | | .356 | -1.41382 | | | | .725 | |
| MITSAN1 | -1.8078137 | 1.0827167 | 2.7879030 | -.6048856 | KOERNO | .09378 | .45689 | .38154763 | |
| | | | .102 | 2.72530 | | | | .540 | |
| MEDRADO | 327.71246 | 230.17329 | 2.0271042 | .6440380 | MITRADO | .00833 | .23181 | .29818255E-02 | |
| | | | .162 | -3.21426 | | | | .957 | |
| (CONSTANT) | 25.778401 | 38.100217 | .45778025 | | | | | | |
| | | | .502 | | | | | | |

Tab. 43: Multiples lineares Regressionsmodell: Veränderung des Mittelsandanteils bei Abspülversuchen.
Abhängige Variable: DIFF16 = MITSAN (vor Test) - MITSAN (nach Test).

```
* * * * * * * * * * * * * * * * * * * * * *   M U L T I P L E    R E G R E S S I O N   * * * * * * * * * * * * * * * * * * * * * * *
DEPENDENT VARIABLE..   DIFF16
VARIABLE(S) ENTERED ON STEP NUMBER  17..   MITRAD0

MULTIPLE R          .78260         ANALYSIS OF VARIANCE    DF       SUM OF SQUARES    MEAN SQUARE             F      SIGNIFICANCE
R SQUARE            .61246         REGRESSION              17.        1245.55695         73.26806        3.62564         .000
ADJUSTED R SQUARE   .44354         RESIDUAL                39.         788.12340         20.20829
STD DEVIATION      4.49536         COEFF OF VARIABILITY   594.5 PCT

------------------ VARIABLES IN THE EQUATION ----------------------        --------- VARIABLES NOT IN THE EQUATION -----------

VARIABLE        B            STD ERROR B        F             BETA         VARIABLE     PARTIAL    TOLERANCE       F
                                            -----------    ----------                                          -----------
                                            SIGNIFICANCE   ELASTICITY                                          SIGNIFICANCE

CA0         2.5112444        .57074131     19.359733      1.5501573        ST           -.04080    .22283     .63363358E-01
                                                .000     -16.79795                                                  .803
SCH0         -.54095063      .23944001      5.1041312     -.6656960        GROBSIL1     -.08657    .24774     .28695897
                                                .030       8.32286                                                  .595
LEIT0        -.68214313E-04  .63845246E-04  1.1415472     -.2539515        MITSIL1      -.03748    .09815     .53445795E-01
                                                .292        .29772                                                  .818
SK          -2.9985670       .95376916      9.8841871     -.4359313        FEINSIL1      .11274    .22667     .48923283
                                                .003       9.32269                                                  .489
KURT0         .17930114      .19837945       .81690723     .1493984        SED110        .05072    .24882     .97994564E-01
                                                .372      -2.56072                                                  .756
MG0         -3.6707257      1.2481696       8.6488166     -.3723174        SCHIEF0       .02864    .18694     .31192966E-01
                                                .005       2.17178                                                  .861
PH0        -19.630464       7.6683840       6.5532002     -.6303745        MEDRAD0       .07870    .01873     .23684054
                                                .014     209.76358                                                  .629
FEINSAN1      .13610761      .10998061      1.5315547      .2550123
                                                .223      -6.53980
SC           3.5461183      7.7669016        .20845429     .0779414
                                                .651      -4.60749
KOERN0       -.38324479      .25301127      2.2944192     -.2861789
                                                .138       1.90297
GROBSAN1     -.98356057     1.1460766        .73650372    -.8237618
                                                .396       8.02595
S00          -.15684927      .75549939E-01  4.3101933     -.3925147
                                                .045       3.50192
NEIGU        2.2849274      1.6121474       2.0087904      .1888671
                                                .164      -7.31601
UN0           .61427960E-01  .36104717E-01  2.8947048      .3207572
                                                .097      -4.75757
ORGC0       -6.1225267      5.1360088       1.4210516     -.1830163
                                                .240       1.94614
MITSAN1      -.43910007      .27777637      2.4988283     -.5156900
                                                .122       7.05413
MITRAD0     73.995253       63.921867       1.3400124     1.2591716
                                                .254     -18.04866
(CONSTANT) 144.18201        62.835318       5.2651955
                                                .027
```

Tab. 44: Multiples lineares Regressionsmodell: Veränderung des Feinsandanteils bei Abspülversuchen.
Abhängige Variable: DIFF17 = FEINSAN (vor Test) - FEINSAN (nach Test).

```
* * * * * * * * * * * * * * * * * * * * * *   M U L T I P L E    R E G R E S S I O N   * * * * * * * * * * * * * * * * * * * * * * *
DEPENDENT VARIABLE..   DIFF17
VARIABBLE(S) ENTERED ON STEP NUMBER  14..   GROBSIL1

MULTIPLE R          .77102         ANALYSIS OF VARIANCE    DF       SUM OF SQUARES    MEAN SQUARE             F      SIGNIFICANCE
R SQUARE            .59447         REGRESSION              14.        5968.98009        426.35572        4.39764         .000
ADJUSTED R SQUARE   .45929         RESIDUAL                42.        4071.94026         96.95096
STD DEVIATION      9.84637         COEFF OF VARIABILITY   390.3 PCT

------------------ VARIABLES IN THE EQUATION ----------------------        --------- VARIABLES NOT IN THE EQUATION -----------

VARIABLE        B            STD ERROR B        F             BETA         VARIABLE     PARTIAL    TOLERANCE       F
                                            -----------    ----------                                          -----------
                                            SIGNIFICANCE   ELASTICITY                                          SIGNIFICANCE.

FEINSAN1      .61180592      .25115681      5.9338617      .5158779        MITSAN1      -.04416    .06460     .80119713E-01
                                                .019       8.81077                                                  .779
SK          -1.7795192      2.4424437        .53083095    -.1164291        MITSIL1       .04416    .03742     .80119713E-01
                                                .470      -1.65824                                                  .779
NEIGU        8.5791978      3.0936381       7.6904902      .3191428        PH0          -.01520    .40052     .94692683E-02
                                                .008       8.23317                                                  .923
SED110       -.41066361      .51634334       .63255062    -.2110768        SCH0         -.05228    .09380     .11235543
                                                .431      -2.20525                                                  .739
FEINSIL1      .95330025      .68516016      1.9358657      .2874936        ORGC0         .08467    .69436     .29606498
                                                .171       2.94675                                                  .589
SC          -1.3629579     13.468229         .10241037E-01 -.0134819       LEIT0        -.07012    .21395     .20258219
                                                .920       -.53078                                                  .655
ST          -1.8179950      1.5402622       1.3931441     -.2069721        S00          -.12208    .25865     .62022799
                                                .245      -2.49058                                                  .435
KOERN0       -.72973869      .40928306      3.1789756     -.2452355        KURT0        -.04759    .46759     .93074191E-01
                                                .082      -1.08603                                                  .762
UN0           .11340861      .64263722E-01  3.1142991      .2665084        SCHIEF0       .10575    .18899     .46366484
                                                .085       2.63259                                                  .500
CA0          1.1106719       .63489620      3.0603150      .3085512        MEDRAD0      -.03227    .05605     .42735306E-01
                                                .088       2.22675                                                  .837
MG0         -3.8306698      2.5035975       2.3411024     -.1748601
                                                .133       -.67929
GROBSAN1    -3.9818285      1.7671028       5.0774011    -1.5008513
                                                .030      -9.73859
MITRAD0    194.41808        91.899917       4.4755153     1.4889232
                                                .040      14.21334
GROBSIL1      .42194464      .39841355      1.1216122      .2059917
                                                .296       2.34564
(CONSTANT) -55.552835       26.450068       4.4112214
                                                .042
```

Tab. 45: Multiples lineares Regressionsmodell: Veränderung des Grobschluffanteils bei Abspülversuchen.
Abhängige Variable: DIFF18 = GROBSIL (vor Test) - GROBSIL (nach Test).

```
* * * * * * * * * * * * * * * * * * * * * *   M U L T I P L E    R E G R E S S I O N   * * * * * * * * * * * * * * * * * * * * * * *
DEPENDENT VARIABLE..    DIFF18

VARIABLE(S) ENTERED ON STEP NUMBER   10..    SED110

MULTIPLE R              .75503      ANALYSIS OF VARIANCE     DF       SUM OF SQUARES      MEAN SQUARE            F       SIGNIFICANCE
R SQUARE                .57007      REGRESSION               10.         1913.78878         191.37888         6.09939         .000
ADJUSTED R SQUARE       .47661      RESIDUAL                 46.         1443.33017          31.37674
STD DEVIATION          5.60149      COEFF OF VARIABILITY   1267.0 PCT
```

```
------------------- VARIABLES IN THE EQUATION --------------------      --------- VARIABLES NOT IN THE EQUATION -----------

VARIABLE          B            STD ERROR B         F              BETA         VARIABLE       PARTIAL     TOLERANCE        F
                                              ------------     ----------                                              ------------
                                              SIGNIFICANCE     ELASTICITY                                              SIGNIFICANCE

FEINSIL1      .25748122        .40902428      .39627157         .1342912      NEIGU           .09441       .62795      .40474561
                                                   .532        4.54168                                                     .528
PHO          8.5883715        6.3204814      1.8463810          .2146529      SC             -.01171       .85413      .61734494E-02
                                                   .181      156.95930                                                     .938
SCHO         -.89747380E-01    .15122051      .35222661        -.0859603      GROBSAN1       -.07816       .70047      .27657079
                                                   .556       -2.36164                                                     .602
MITSIL1      -.90894008        .20210432    20.226433          -1.0917043     MITSAN1         .08668       .19756      .34069701
                                                   .000      -20.51968                                                     .562
LEITO         .36972828E-03    .96230635E-04 14.761777          1.0713121     FEINSAN1        .00893       .32471      .35902590E-02
                                                   .000        2.75993                                                     .952
GROBSIL1      .83165199        .20004271    17.283743           .7021650      CAO             .10622       .08150      .51356031
                                                   .000       26.38185                                                     .477
KURTO        -.44263654        .18379696     5.7998646         -.2870570      MGO             .10474       .71696      .49919219
                                                   .020      -10.81192                                                     .483
SK           2.7968287        1.3066920      4.5812638          .3164668      ORGCO           .06281       .65664      .17821592
                                                   .038       14.87203                                                     .675
ST          -1.1781086         .76780884     2.3543142         -.2319572      SOO            -.06200       .48514      .17364413
                                                   .132       -9.20982                                                     .679
SED110        .31168747        .21772932     2.0492968          .2770620      UNO            -.11743       .59258      .62926732
                                                   .159        9.55099                                                     .432
(CONSTANT)  -75.671943        52.168865      2.1040061                        SCHIEFO         .01655       .35167      .12334300E-01
                                                   .154                                                                    .912
                                                                              KOERNO         -.11005       .48387      .55162618
                                                                                                                           .462
                                                                              MITRADO        -.09076       .50294      .37379006
                                                                                                                           .544
                                                                              MEDRADO        -.03293       .09311      .48861087E-01
                                                                                                                           .826
```

Tab. 46: Multiples lineares Regressionsmodell: Veränderung des Mittelschluffanteils bei Abspülversuchen.
Abhängige Variable: DIFF19 = MITSIL (vor Test) - MITSIL (nach Test).

```
* * * * * * * * * * * * * * * * * * * * * *   M U L T I P L E    R E G R E S S I O N   * * * * * * * * * * * * * * * * * * * * * * *
DEPENDENT VARIABLE..    DIFF19

VARIABLE(S) ENTERED ON STEP NUMBER    7..    FEINSIL1

MULTIPLE R              .87746      ANALYSIS OF VARIANCE     DF       SUM OF SQUARES      MEAN SQUARE            F       SIGNIFICANCE
R SQUARE                .76993      REGRESSION                7.         4998.97307         714.13901         23.42586         0
ADJUSTED R SQUARE       .73707      RESIDUAL                 49.         1493.76833          30.48507
STD DEVIATION          5.52133      COEFF OF VARIABILITY    379.6 PCT
```

```
------------------- VARIABLES IN THE EQUATION --------------------      --------- VARIABLES NOT IN THE EQUATION -----------

VARIABLE          B            STD ERROR B         F              BETA         VARIABLE       PARTIAL     TOLERANCE        F
                                              ------------     ----------                                              ------------
                                              SIGNIFICANCE     ELASTICITY                                              SIGNIFICANCE

MITSIL1      1.3199715         .11963240    121.73949          1.1399968      NEIGU           .11792       .77688      .67684048
                                                     0         9.05828                                                     .415
MITSAN1      1.1431332         .22830254     25.071030          .7513623      ST             -.05348       .71147      .13770270
                                                   .000        9.54771                                                     .712
SED110       1.0146193         .24062164     17.780210          .6485300      SK              .05383       .73772      .13950543
                                                   .000        9.45101                                                     .710
GROBSIL1      .37432483        .21377206     3.0661642          .2272561      SC             -.01253       .81877      .75346676E-02
                                                   .086        3.60959                                                     .931
SOO          -.17886384        .70470127E-01  6.4422119        -.2505089      GROBSAN1        .05261       .46394      .13323263
                                                   .014       -2.07620                                                     .717
SCHIEFO     -3.2118419        1.7801451      3.2553486         -.1828686      FEINSAN1       -.05261       .09271      .13323263
                                                   .077       -1.31186                                                     .717
FEINSIL1     -.46939887        .33178159     2.0016103         -.1760408      PHO             .05180       .48555      .12911819
                                                   .163       -2.51686                                                     .721
(CONSTANT) -36.013047         7.0681131     25.960482                         SCHO            .09419       .47260      .42969318
                                                   .000                                                                    .515
                                                                              CAO             .09742       .34851      .45991339
                                                                                                                           .501
                                                                              MGO             .14027       .86447      .96337966
                                                                                                                           .331
                                                                              ORGCO          -.20670       .96536     2.1423493
                                                                                                                           .150
                                                                              LEITO           .06105       .17131      .17956816
                                                                                                                           .674
                                                                              UNO            -.00710       .49016      .24224899E-02
                                                                                                                           .961
                                                                              KURTO           .08661       .88639      .36275646
                                                                                                                           .550
                                                                              KOERNO          .08695       .57595      .36570076
                                                                                                                           .548
                                                                              MITRADO         .07209       .31120      .25076709
                                                                                                                           .619
                                                                              MEDRADO         .08292       .05477      .33228266
                                                                                                                           .567
```

Tab. 47: Multiples lineares Regressionsmodell: Veränderung des Feinschluffanteils bei Abspülversuchen.
Abhängige Variable: DIFF20 = FEINSIL (vor Test) - FEINSIL (nach Test).

```
* * * * * * * * * * * * * * * * * * * * *  M U L T I P L E   R E G R E S S I O N  * * * * * * * * * * * * * * * * * * * * * *
DEPENDENT VARIABLE..    DIFF20

VARIABLE(S) ENTERED ON STEP NUMBER    4..   UNO        UNGLEICHFOERM. 0-5CM

MULTIPLE R           .92573      ANALYSIS OF VARIANCE     DF      SUM OF SQUARES     MEAN SQUARE              F      SIGNIFICANCE
R SQUARE             .85697      REGRESSION                4.         1791.65974        447.91493       77.88804          .000
ADJUSTED R SQUARE    .84596      RESIDUAL                 52.          299.03921          5.75075
STD DEVIATION       2.39807      COEFF OF VARIABILITY  279.5 PCT

------------------- VARIABLES IN THE EQUATION ---------------------     ---------- VARIABLES NOT IN THE EQUATION -----------

VARIABLE            B            STD ERROR B           F              BETA            VARIABLE    PARTIAL   TOLERANCE        F
                                                 -------------     ----------                                           -------------
                                                 SIGNIFICANCE      ELASTICITY                                           SIGNIFICANCE

LEITO         -.21478675E-03    .15424032E-04    193.91846         -.7886393          NEIGU        .09535     .93932     .46791221
                                                      0             -.82626                                                   .497
FEINSIL1       .61696720        .10514546         34.430483          .4077572          ST         -.16418     .79636    1.4127788
                                                       .000          5.60822                                                   .240
MITSAN1        .17883503        .58926826E-01      9.2104124          .2071445         SK         -.03557     .92632     .64606267E-01
                                                       .004          2.53222                                                   .800
UNO           -.21376263E-01    .10671197E-01      4.0127058         -.1100874         SC          .14338     .80467    1.0704994
                                                       .050         -1.45922                                                   .306
(CONSTANT)    -4.1650466        1.4804597          7.9149202                           GROBSAN1   -.19514     .56847    2.0188915
                                                       .007                                                                    .161
                                                                                       FEINSAN1    .06999     .49195     .25105872
                                                                                                                               .618
                                                                                       GROBSIL1    .04124     .40415     .86865657E-01
                                                                                                                               .769
                                                                                       MITSIL1     .03186     .22701     .51822467E-01
                                                                                                                               .821
                                                                                       SED110     -.03203     .31753     .52383818E-01
                                                                                                                               .820
                                                                                       PHO         .24016     .55912    3.1215592
                                                                                                                               .083
                                                                                       SCHO       -.02341     .56370     .27953507E-01
                                                                                                                               .868
                                                                                       CAO         .07967     .37080     .32578659
                                                                                                                               .571
                                                                                       MGO         .12369     .95868     .79234625
                                                                                                                               .378
                                                                                       ORGCO      -.18577     .86590    1.8229017
                                                                                                                               .183
                                                                                       SOO        -.07905     .62301     .32073446
                                                                                                                               .574
                                                                                       KURTO      -.06427     .95967     .21154922
                                                                                                                               .648
                                                                                       SCHIEFO    -.10909     .37336     .61422720
                                                                                                                               .437
                                                                                       KOERNO      .16678     .70597    1.4591317
                                                                                                                               .233
```

Tab. 48: Multiples lineares Regressionsmodell: Veränderung des Tonanteils bei Abspülversuchen.
Abhängige Variable: DIFF21 = SED110 (vor Test) - SED110 (nach Test).

```
* * * * * * * * * * * * * * * * * * * * *  M U L T I P L E   R E G R E S S I O N  * * * * * * * * * * * * * * * * * * * * * *
DEPENDENT VARIABLE..    DIFF21

VARIABLE(S) ENTERED ON STEP NUMBER   10..   PHO        PH-WERT AN OBERFLAECHE

MULTIPLE R           .77844      ANALYSIS OF VARIANCE     DF      SUM OF SQUARES     MEAN SQUARE              F      SIGNIFICANCE
R SQUARE             .60596      REGRESSION               10.         1217.61722        121.76172        7.07403          .000
ADJUSTED R SQUARE    .52030      RESIDUAL                 46.          791.77541         17.21251
STD DEVIATION       4.14880      COEFF OF VARIABILITY  117.3 PCT

------------------- VARIABLES IN THE EQUATION ---------------------     ---------- VARIABLES NOT IN THE EQUATION -----------

VARIABLE            B            STD ERROR B           F              BETA            VARIABLE    PARTIAL   TOLERANCE        F
                                                 -------------     ----------                                           -------------
                                                 SIGNIFICANCE      ELASTICITY                                           SIGNIFICANCE

SK             1.6406846        .71344420         5.2884715          .2399597          NEIGU       .13822     .76420     .87641232
                                                       .026          1.09053                                                   .354
FEINSIL1       .63431292E-01    .25799524         .60448248E-01       .0427618          ST         .06716     .35144     .20390665
                                                       .807         -.13986                                                   .654
SCHIEFO       -6.8499690        1.6228177         17.817129         -.7010599          FEINSAN1   -.12172     .32296     .67670622
                                                       .000         -1.15050                                                   .415
MITSAN1        .91832088        .20437349         20.190162          1.0849973         GROBSIL1    .13880     .21470     .88398636
                                                       .000          3.15399                                                   .352
MITRADO    -122.32933         42.780688           8.1764667         -2.0942119         MITSIL1     .06779     .32718     .20772175
                                                       .006         -6.37909                                                   .651
GROBSAN1       2.1148563        .76597534         7.6231091          1.7819287         SCHO        .03115     .49362     .43706993E-01
                                                       .008          3.68946                                                   .835
SED110         .62173922        .19212190         10.472800          .7143595          CAO         .01234     .41545     .68490258E-02
                                                       .002          2.38148                                                   .934
UNO           -.10211049        .33924073E-01     9.0599281         -.5364011          MGO         .04722     .71613     .10056151
                                                       .004         -1.69074                                                   .753
SC            13.991130        6.5880512          4.5101569          .3093691          ORGCO       .00600     .59743     .16175843E-02
                                                       .039          3.88642                                                   .968
PHO            8.3106348       4.3893732          3.5847872          .2684795          LEITO       .01628     .27781     .11932584E-01
                                                       .065         18.98543                                                   .914
(CONSTANT)   -81.725328       37.242022           4.8155604                            SOO        -.07887     .42563     .28170590
                                                       .033                                                                    .598
                                                                                       KURTO       .07084     .60140     .22695300
                                                                                                                               .636
                                                                                       KOERNO      .00594     .48793     .15899446E-02
                                                                                                                               .968
                                                                                       MEDRADO    -.06892     .14008     .21477285
                                                                                                                               .645
```

verändert sind. Die Auswirkungen werden deutlich, wenn man mit dem Regressionsmodell für MAS die Erodierbarkeit der Oberflächen vor und nach der Beregnung simuliert. Die Werte der Bodenchemie, Bodenoberfläche (d.h. Oberflächenverdichtungskruste, Steinpflasterdichte) sowie des Bodenskelettes wurden als konstant betrachtet, die Korngrößensummenkurven und ihre granulometrischen Parameter waren bekannt.

Die Rechnung lieferte in fast allen Fällen eine Zunahme der Erodierbarkeit, deren Ausmaß von der selektiven Feinsedimentauswaschung im ersten Testlauf abhängt. Zeigte das Substrat bereits vor der ersten Beregnung eine gute Sortierung, lagen z.B. also überwiegend Sande vor, so war die Veränderung des Substratgemisches und damit der Erodierbarkeit gering, z.T. auch vernachlässigbar. Die Erhöhung der Erodierbarkeit fand stets parallel mit einer Anreicherung der Sandfraktionen statt.

In einigen Sonderfällen ergab die Rechnung eine Verringerung der Erodierbarkeit. Der für die beregnete Fläche berechnete Wert von MAS lag also unter dem der Originaloberfläche. In diesen Fällen wies das Ausgangssubstrat einen sehr hohen Anteil an Schluff, besonders Mittelschluff, auf. Die verstärkte selektive Verspülung dieser zunächst dominierenden Fraktion im ersten Testlauf verursachte vorerst einmal eine günstigere Zusammensetzung des Oberflächensubstrates, in der die Sortierung schlechter ist. Bei weiterer selektiver Auswaschung nimmt aber auch hier die simulierbare Erodierbarkeit zu.

Die theoretischen Überlegungen gelten für Oberflächensegmente mit negativer Massenbilanz. Im Versuch verhinderte das die Testfläche begrenzende Blech die Materialzufuhr in den Testbereich. In der Natur ist dieses nur in den höheren Hangpositionen bzw. auf einer Kammlinie möglich. Wird dagegen aus höheren Hangpositionen mit gleichem Ursprungssubstrat Material entfernt und in tiefergelegenen Positionen zwischenakkumuliert, so können dadurch die an diesen vorliegenden Verluste der entsprechenden Fraktionen vermindert werden, die Änderung der Erodierbarkeit ist schwächer.

## 5.3 Ausweisung von Prozeßbereichen

### 5.3.1 Aktuelle Prozesse auf den Flächen

Die geringe Zahl der typischen Reliefelemente auf den Flächen des Beckens von Ouarzazate (vgl. 2.3.) läßt bereits auf eine relative Prozeßruhe schließen.

Die Spuren von Verspülungen, Rinnen- und Rillenspülungen deuten auf eine geringe Intensität der unter den geringen Hangneigungen ablaufenden aquatischen Abtragungsprozesse hin, die oft erst durch Laboruntersuchungen des Feinsedimentes nachgewiesen werden können.

Die Veränderung der Substratzusammensetzung in den Bodenprofilen mit zunehmender Tiefe zeigt die selektive Feinmaterialabspülung an. Es findet nur geringe Zwischenakkumulation von Schluffen und Tonen an der Oberfläche statt, vielmehr werden diese Fraktionen aus dem Glacisbereich in Suspensionsform entfernt. Die Veränderung der Substratzusammensetzung führt aber, wie die Ergebnisse der Abspülsimulationen zeigten, zu einer Veränderung der Oberflächenerodierbarkeit. Diese beeinflußt den ablaufenden Abtragungsprozeß quantitativ, nicht aber qualitativ. Die Flächen sind in erster Linie Bereiche denudativer Reliefüberprägung. Die auftretenden Rinnen und Rillen besitzen nur geringe geomorphodynamische Wirksamkeit.

Eine Änderung der Prozesse ist im Übergangsbereich zwischen den flächenhaften Reliefformen und den Oueds festzustellen. Die verstärkte linienhafte Erosion durch Zusammenfluß der Rinnen und Rillen wird auch durch die Vorfluternähe gesteuert. Gleichzeitig sorgen äolische Prozesse für Sandtransport aus den Oueds auf die benachbarten Flächenbereiche. Dieser macht sich zwar nur selten in Reliefelementen bemerkbar, wird aber bei morphoskopischen Untersuchungen der Sandfraktionen von Oberflächenproben deutlich. Die durchgeführten Untersuchungen zeigen eine deutliche Tendenz der Abnahme des Anteils rund-mattierter Quarzkörner und damit der äolischen Sandzufuhr mit steigender Entfernung vom Flußbett (Abb. 50). Voraussetzung ist aber, daß die relative Eintiefung des Oueds bzw. seine Randhöhe nicht größer ist als die für den Sandtransport maximale Höhe, um eine vollständige Akkumulation der sandigen Luftfracht als randliche Anhäufung auszuschliessen.

Die Wirkung des Windes bleibt auf den Glacisflächen ohne nennenswerte morphogenetische Wirksamkeit. Hierzu passen Beobachtungen während stürmischer Wetterlagen im November 1982 und März 1983. In Böen konnten mit einem Handanemometer in 2 m Höhe Spitzengeschwindigkeiten bis zu 30 m/s gemessen werden. Damit wurde die für den äolischen Sandtransport erforderliche kritische Geschwindigkeit überschritten (BAGNOLD 1973, CARSON 1971). Auf den Glacisflächen trat dennoch kein äolischer Sedimenttransport auf, während im Bereich der Oueds sowie des teilweise trockengefallenen Stausees bei Ouarzazate Staubwolken von der Windwirkung zeugten.

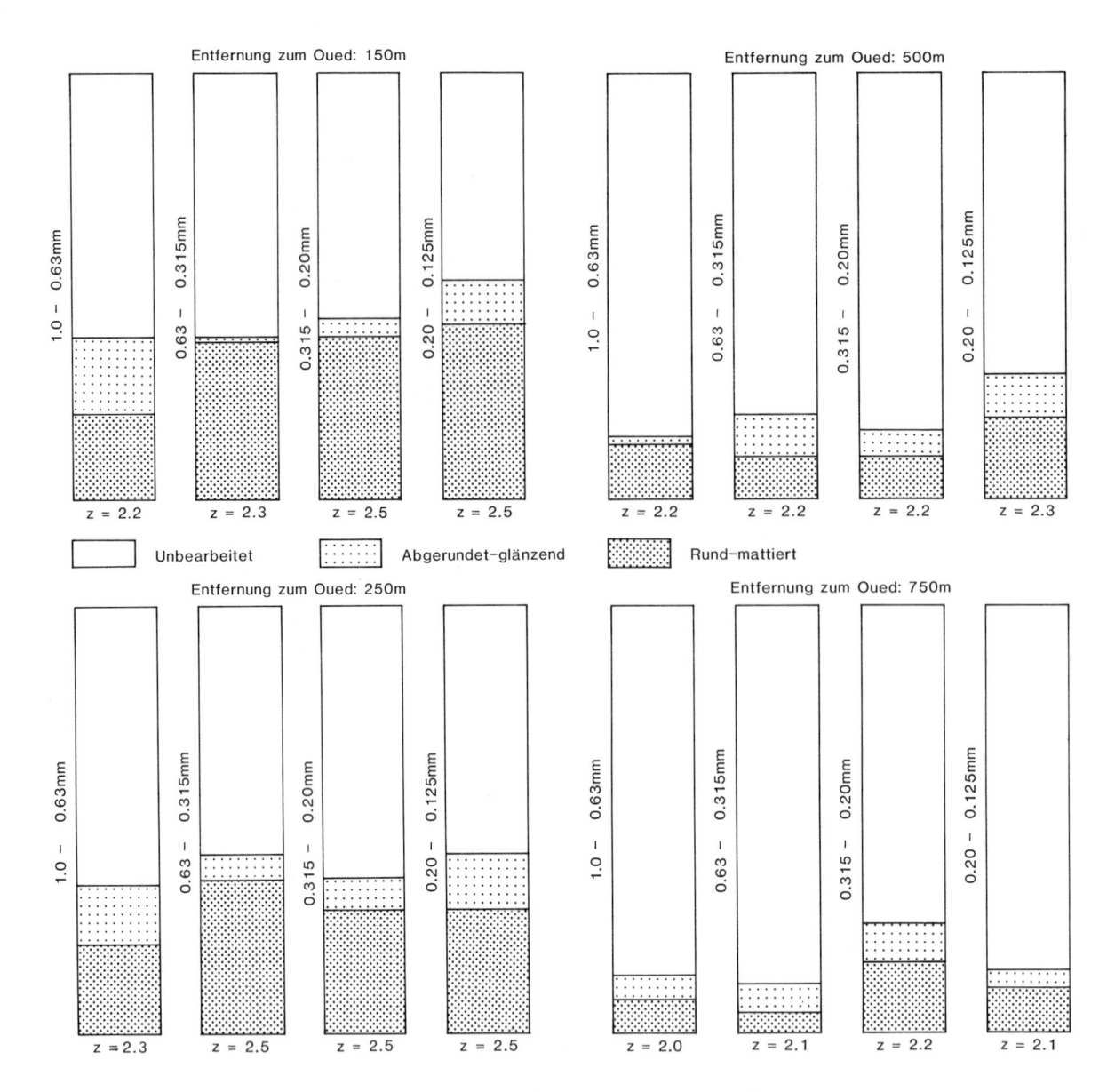

Abb. 50: Änderung der Quarzkornbearbeitung am Westufer des Assif el Mengoub auf q1.
Mit zunehmender Entfernung vom Oued nimmt der Anteil rund-mattierter (äolisch transportierter) Körner ab.

Der Grund für die Resistenz der Glacisoberflächen gegenüber der Deflation beruht weniger auf dem vorhandenen Steinpflaster, das auch den gegenteiligen Effekt haben kann (vgl. 3.1.3), als vielmehr auf der verbreiteten Oberflächenverdichtungskruste, welche das Glacissubstrat plombiert.

Spuren aktueller Tektonik auf Flächen des Beckens von Ouarzazate konnten nur an einem Standort westlich von Ouarzazate festgestellt werden (Lambert-Koordinaten: x = 347.7, y = 440.3). Hier ziehen sich durch anstehendes mpc-Konglomerat mehrere NE-SW-streichende Spalten. Sie passen sich damit der "atlassischen Richtung" an, einer tektonischen Leitlinie der alten variszischen Gebirgsbildung, die während der späteren Atlasgebirgsbildung wieder auflebte und sich im heutigen Landschaftsbild deutlich durchpaust (ANDRES 1977). Die Ränder der Spalten passen puzzleartig zusammen (Abb. 51, 52). Dieses schließt wie ihre parallele Anordnung quer zur Gefällsrichtung eine Entstehung durch intra- bzw. subkutane Abspülung und anschließenden Versturz der Oberfläche aus. Die Kluftbildungen deuten vielmehr auf einen Ausgleich von Spannungen im kompakten Konglomeratkörper als Folge rezenter tektonischer Bewegungen in diesem Teil des Becken-Südrandes hin.

Abb. 51: Standort mit tektonisch verursachter Spalte in mpc-Konglomerat (Lambert-Koordinaten: x = 347.7, y = 440.3).

Will man die Flächenbereiche durch einen Prozeßbereich im Sinne der geomorphologischen Detailkartierung (FRÄNZLE et al.1979, LESER & STÄBLEIN 1975) kennzeichnen, so entstehen Schwierigkeiten wegen der oft zeitlich nicht zusammenpassenden Kategorien. Prozesse, die zur Entstehung einer Reliefform beigetragen haben, können ihre Wirksamkeit verloren haben oder ganz verschwunden sein. Besonders schwierig erscheint die Klasse der aktuellen Prozesse, deren Unterscheidung von z.B. äolischen oder denudativen Bereichen nicht eindeutig vorgenommen werden kann.

Im folgenden soll zwischen Prozeßbereichen, die zur Entstehung einer Form beigetragen haben und den unter heutigen Bedingungen gültigen Kategorien unterschieden werden.

Die Glacisflächen sind in ihrem Ursprung Resultate aquatischer Abtragung und Aufschüttung (MENSCHING & RAYNAL 1954), aktuell können sie als "denudativ" gekennzeichnet werden. Entsprechendes gilt für die in mio-pliozänen Konglomeraten angelegten Flächen.

Abb. 52: Ränder der Spalte im Konglomerat.
Die Ränder passen puzzleartig zusammen.

### 5.3.2 Stufen in mio-pliozänem Untergrund

Von der stufenbildenden Konglomeratbank der mpc-Stufen brechen durch Unterschneidung als Folge der Verwitterung des darunter liegenden geomorphologisch weicheren Sandsteins bzw. Mergels Blöcke ab. Gefördert wird diese Entwicklung durch feine Kluftsysteme, die die Konglomeratmatrix durchziehen und so die Bruchlinien vorbestimmen (Abb. 53). Die Blöcke rollen oder gleiten (in Abhängigkeit von ihrer Größe) gravitativ hangabwärts. Eine Massenbewegung durch thixotrope Effekte, wie sie auf tonigem Untergrund humider Bereiche möglich sind (ACKERMANN 1948), kann dabei ausgeschlossen werden. Die Bewegung der Blöcke kommt ausschließlich gravitativ bzw. durch Unterspülung und Nachrutschen zustande. Sie findet auch unter heutigen Bedingungen statt.

Zwischen El Kelaa De Mgouna und Skoura konnte an mehreren Stellen beobachtet werden, daß auf der hangaufwärtigen Seite von im meist 15° geneigten Hangbereich liegenden Blöcken scharf begrenzte Spalten zwischen den Konglomeratstücken und dem

Abb. 53: Abbruch von mpc-Konglomeratblock an westexponiertem Hang im Bereich Tikniwine (Lambert-Koordinaten: x = 348.0, y = 442.1).

Der Abbruch erfolgt entlang von Kluftlinien durch Unterschneidung des Stufenbildners.

feinen Verwitterungsmaterial auftraten. Ihre Bewegung muß daher aktuell sein.

An der mpc-Stufe bei Sidi Abdallah (Lambert-Koordinaten: x = 336.5, y = 443.1; s. Abb. 54) ist der zwei bis drei Meter mächtige Stufenbildner nur noch in geringer Flächenausdehnung vorhanden. Im Sockel befinden sich Gipslagen, von denen eine die horizontale Fläche einer Schuttrampe plombiert, auf der nun Konglomeratblöcke ruhen. Die südöstlich dieser Rampe im Unterhang und Fußbereich liegenden Konglomeratblöcke stammen aus einer früheren Phase, als der Stufenbildner noch im Bereich der Schuttrampe lag. Sie sind wesentlich stärker verwittert als die direkt unterhalb des Stufenbildners liegenden Blöcke. Die Abtragung des mergeligen Stufensockels, die für eine Rückverlegung des Stufenbildners sorgt, verläuft also schneller als die Verwitterung der Konglomeratblöcke. Die Position einzelner Blöcke auf Sedimenten der unmittelbar südlich der Stufe anstehenden lehmigen unteren Niederterrasse zeugt davon, daß auch unter den gegenwärtigen Klimabedingungen Hangprozesse an den Schichtstufen stattfinden.

Abb. 54: Blick nach Norden auf mpc-Stufe bei Sidi Abdallah.

Unterhalb des Stufenbildners ist eine nach Osten exponierte Schuttrampe durch Gipslagen plombiert. Die Konglomeratblöcke liegen vereinzelt am Hangfuß im Niveau der lehmigen unteren Niederterrasse.

Im Verlauf der hangabwärtigen Bewegung verwittern die Blöcke und werden mechanisch zerkleinert, sorgen also für eine Bereitstellung von Hangschutt. Dieser wirkt nicht als Schutzfaktor bei Hangabfluß. Er kanalisiert ablaufendes Hangwasser und verstärkt so dessen erodierende Wirkung. Aus der im Hangbereich spärlichen Vegetation kann durch freigelegte Wurzelhälse von Pflanzen, die als Abtragsindikatoren dienen (CURRY 1967, HUECK 1951), auf Abtragsraten geschlossen werden, die bei den seltenen geomorphodynamisch wirksamen Starkregen im Zentimeterbereich liegen.

Die Steilheit der konkaven Hänge (charakteristische Neigungen: 25° im Oberhang unterhalb der stufenbildenden Konglomeratbank; 10° - 15° im Mittelhang; dann auf Glacisneigung mit 0° - 2° auslaufend) beschleunigt den Oberflächenabfluß und verringert dadurch die für die Infiltration zur Verfügung stehende Zeitspanne.

Eine Verringerung der Neigung im Ober- und Mittelhang tritt dort auf, wo wegen fazieller Unterschiede mpc-Schichten einer unterschiedlichen geomorphologischen Wertigkeit im Hang anstehen. Am Westrand des Beckens wird die Hangtreppung durch ausstreichende Gipslagen verursacht. In den mpc-Hängen zwischen Assif Mengoub und Assif Anatim werden Blöcke mit höherem Kalkgehalt herauspräpariert. Nach der Unterschneidung dieser Bänke bewegen sich Bruchstücke von ihnen gravitativ hangabwärts, wobei sie sich im Laufe der Bewegung bei ausreichender Hanglänge mit ihrer Längsachse in Gefällsrichtung orientieren.

Hangbereiche, in denen der mpc-Sandstein subaerisch ansteht und nicht durch Verwitterungsmaterial bedeckt ist, weisen charakteristische Formen der Wabenverwitterung durch Lösung des kalkigen Bindematerials auf (Abb. 55).

Südöstlich von Assermo hat sich durch Unterschneidung ein Bergsturz gebildet (Lambert-Koordinaten: x = 380.2, y = 458.1). Der Sandstein zeigt deutliche Spuren von Lösungsverwitterung (Karren). Im Hangbereich ist die Grenze zwischen dem gröberen Sandstein und dem unterlagernden feineren Mergel freigelegt. Hier setzt eine Unterschneidung des Sandsteins ein, die zum Abbruch größerer Blöcke geführt hat. Die Unterschneidung ist sicherlich nicht allein auf Abspülung zurückzuführen, in den schattigen Hohlkehlen ist mit einer verstärkten chemischen Verwitterung zu

Abb. 55: Wabenverwitterung am mpc-Sandstein nordwestlich von Skoura.

Nach Lösung des kalkigen Bindemittels kann das klastische Residualmaterial äolisch oder aquatisch entfernt werden.

rechnen. Das klastische Residualmaterial kann äolisch oder aquatisch entfernt werden.

Die Möglichkeit des Auftretens von Lösungsverwitterung wird auch durch die Picoformen an Kalkschottern und Kalkmatrix von abgebrochenen Konglomeratblöcken der mpc-Stufen belegt. Hier treten häufig Napf- und Rillenkarren auf.

Die mpc-Stufen weisen eine komplexe Vergesellschaftung von Prozeßbereichen auf. Die Gestalt der in ihrer Anlage strukturellen Formen wird unter den heutigen Bedingungen durch die gravitativen Massenbewegungen der abgebrochenen Konglomeratblöcke und die Abspülprozesse im Sandstein- und Mergelbereich geprägt. Die korrosiven Prozesse am Sockelbildner können die Stufendynamik unter günstigen Bedingungen verstärken, sind jedoch nicht formbildend.

5.3.3 Oueds

Die Oueds stellen Bereiche intensiver Geomorphodynamik dar. Während die Prozesse der anderen Reliefformen fast ausschließlich auf ein entsprechendes Wasserangebot angewiesen sind, gestatten die sandigen Feinsedimente hier auch das Eintreten äolischer Prozesse, deren Resultat die Entstehung der beschriebenen Reliefelemente (Windrippeln, Nebkas, Flugsanddecken) (Abb. 56) ist.

In einigen Flußbetten konnte eine geringe Verfestigung des fluvial geschütteten Sandmaterials festgestellt werden. Sie beruht auf der kompakten Lagerung, die wegen eines hohen Feinsandanteils möglich wird (Abb. 57, 58). Durch Windwirkung (Auswehung, Korrasion am Feinsedimentkörper) werden die Fließstrukturen der Ablagerung herauspräpariert.

Die Windwirkung ist jedoch ausschließlich im Maßstab der Reliefelemente von Bedeutung. Die Überprägung bzw. Weiterbildung der Reliefform bleibt aquatischen Prozessen vorbehalten.

Die fluvialen Aufschüttungen und Zerschneidungen beeinflussen wegen des für Trockengebiete typischen weitverzweigten Netzes der Abflußbahnen einen breiten Querschnitt. Auf die jüngsten Abflußbahnen ist die Zerrunsung der Uferhänge und damit die auf die benachbarten Flächenbereiche zurückgreifende linienhafte Zerschneidung eingestellt.

Abb. 56: Nebka im Bereich des Assif el Mengoub.
Die äolische Akkumulation ist durch die sedimentfallenartige Wirkung des *Zizyphus Lotus*-Bewuchses möglich.

Der pendelnde Stromstrich der Abflußbahnen führt zur Unterschneidung der Uferränder und zum Nachsturz von Material. Diese "seitliche Erosion" (WISSMANN 1951) stellt einen Motor der Zerstörung der randlichen Flächen dar und ist damit auch für den breiten Ouedquerschnitt verantwortlich. In vergangenen Klimaphasen sorgte sie für die Ausbildung der danach mit Glacismaterial verfüllten, in mpc-Gesteine eingetieften Bandtäler, für deren Genese ein Wechsel von Phasen linienhafter, eintiefender und flächenhafter (auch durch Seitenerosion wirksamer) Fließwasseraktivität vorausgesetzt wird (SEUFFERT 1983).

Die fluvial geschaffenen Aufschüttungen, Abflußbahnen und Randkerben werden durch aquatische Vorgänge bei Niederschlagsereignissen, bei denen es nicht zu das Flußbett ausfüllenden Abflüssen kommt, überformt. Rinnen- und Rillenspülungen, Verspülungen und Verstürze (durch Unterschneidung von Gullywänden), sogenannte "sidewall processes" (BLONG et al. 1982), überprägen aber nur die Reliefelemente, bleiben im Maßstab der Relieform dagegen unbedeutend.

Die Oueds sind in ihrer Anlage und aktuellen Weiterbildung dem fluvialen Prozeßbereich zuzuordnen.

Während der Trockenphasen kann Wind die vorhandenen Reliefelemente überprägen.

### 5.3.4 Junge Terrassenschüttungen

Die flußbegleitenden Terrassenbereiche können nur als fluvialer Prozeßbereich gekennzeichnet werden. Sie sind in erster Linie von aquatischen Vorgängen betroffen. Die von den Oueds ausgehende Gullyerosion (Abb. 59) kann zur Zerstörung dieses Feinsedimentbereiches führen, während den gleichzeitig auftretenden Rinnen und Rillenspülungen nur geringe geomorphodynamische Wirksamkeit zukommt. Häufig zerschneiden die Linearformen die Erdwälle nicht genutzter Anbauflächen und sind damit Spuren aktueller junger Dynamik.

### 5.3.5 Badlands

Die räumliche Anlehnung an Oueds sowie die vorherrschenden, formprägenden Gullies weisen die Sonderstandorte der Badlands als fluvial geprägte Bereiche aus. Die bereits bei den Oueds beschriebenen Gullywandprozesse ("sidewall processes") sind auch hier

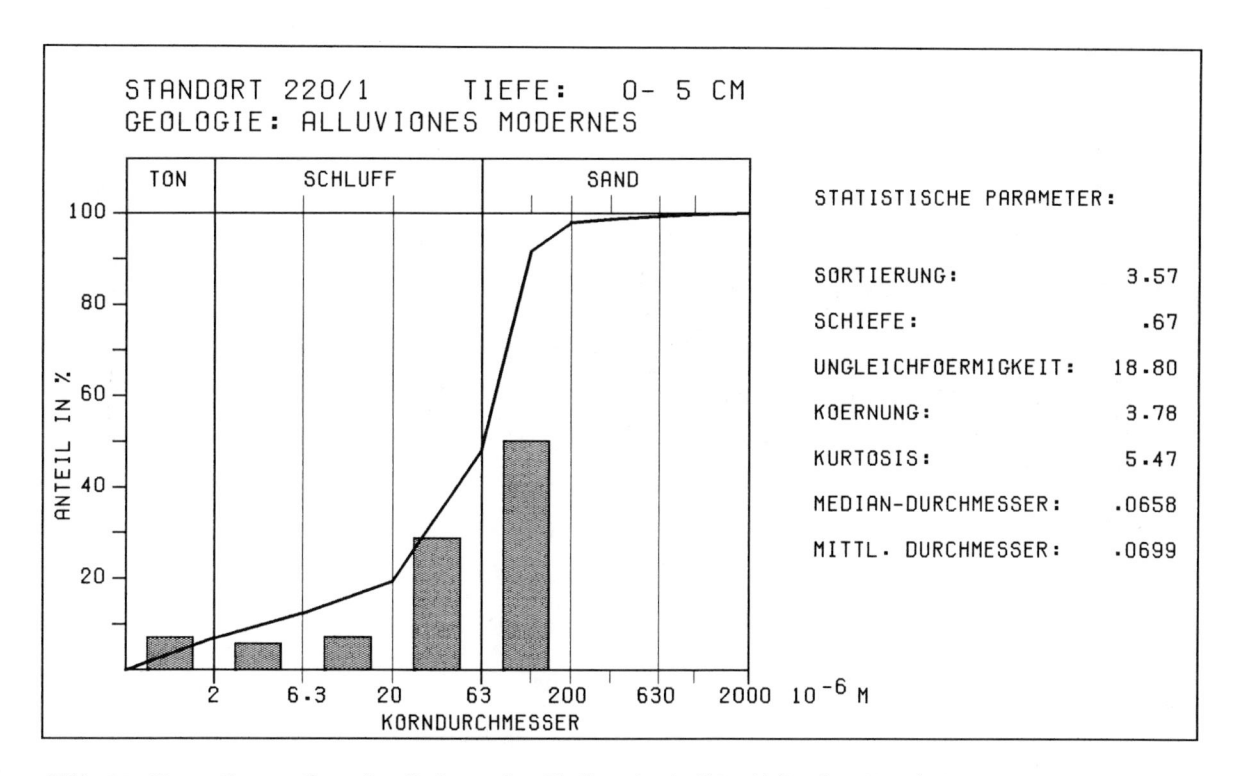

Abb. 57: Korngrößenverteilung einer Probe aus dem Flußbett des Assif Izerki (Lambert-Koordinaten: x = 367.3, y = 443.2). Der hohe Feinsandanteil ermöglicht eine kompakte Lagerung.

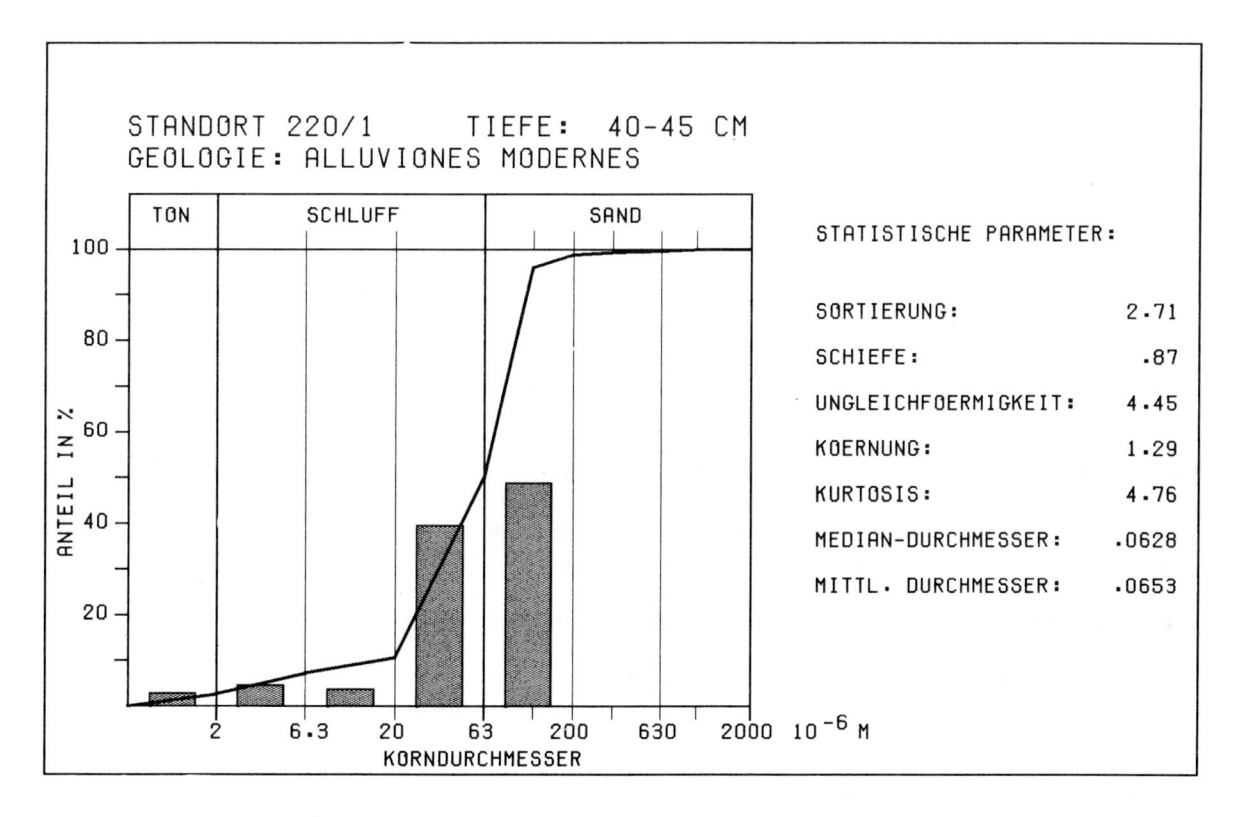

Abb. 58: Korngrößenverteilung einer Probe aus dem Flußbett des Assif Izerki (siehe auch Abb. 57).

Abb. 59: Badlandbildung in lehmiger unterer Niederterrasse am Ostufer des Assif Marghene.

wirksam, jedoch nicht formprägend. Die Badlands dehnen sich durch Piping im Randbereich aus.

## 5.4 Die räumliche Verteilung der Abtragungsdisposition

### 5.4.1 Der Abflußprozeß auf den Oberflächen

Um eine räumliche Verteilung der Abtragungsdisposition zu beurteilen, ist es notwendig, sich den unter den lokalen Randbedingungen ablaufenden Prozeß zu vergegenwärtigen. Die für andere Klimabereiche vorgestellten Flußdiagramme (RICHTER 1974, VAN ASCH 1980) messen der Vegetation als Einflußgröße eine Bedeutung bei, die nach den Ergebnissen der Geländearbeiten im Becken von Ouarzazate nicht übernommen werden kann. In dieser Region kommt den Pflanzen allenfalls die Funktion eines Abtragungsindikators zu.

In Abb. 60 wird ein kybernetisches Flußmodell für den regionalen aquatischen Abtragungsprozeß vorgestellt.

Die einer zu erodierenden Fläche zur Verfügung stehende Niederschlagsmenge wird bereits durch die Hangneigung $\alpha$ beeinflußt. Sie unterscheidet sich um den Faktor cos $\alpha$ von der auf eine gleich große ebene Fläche auftreffende Niederschlagsmenge N, man erhält also nur einen reduzierten Niederschlag $N_R$:

$$(45) \qquad N_R = N \cdot \cos\alpha$$

Ist die Substratoberfläche von einer Oberflächenverdichtungskruste plombiert, setzt bei entsprechender Neigung unmittelbar HORTON-Abfluß ein, wenn oberflächliche Speicher aufgefüllt sind. Infiltration beginnt erst nach Auflösung der Verdichtung bzw. erfolgt aus Oberflächenspeichern.

Fehlt die Oberflächenverdichtungskruste, so wird Infiltration möglich. Der Oberflächenabfluß beginnt, wenn die Infiltrationsrate kleiner als das Wasserangebot ist oder aber eine Sättigung des verfügbaren Bodenfeuchtespeichers erreicht wird.

Der Output des Prozeßsubsystems "Abfluß" erfährt durch die Größe des verfügbaren Einzugsgebietes eine Steigerung, bevor er zum Input des Subsystems "Abspülung" wird. Auf diesen wirkt der Relieffaktor Neigung wegen der Beschleunigung des Abflusses steigernd.

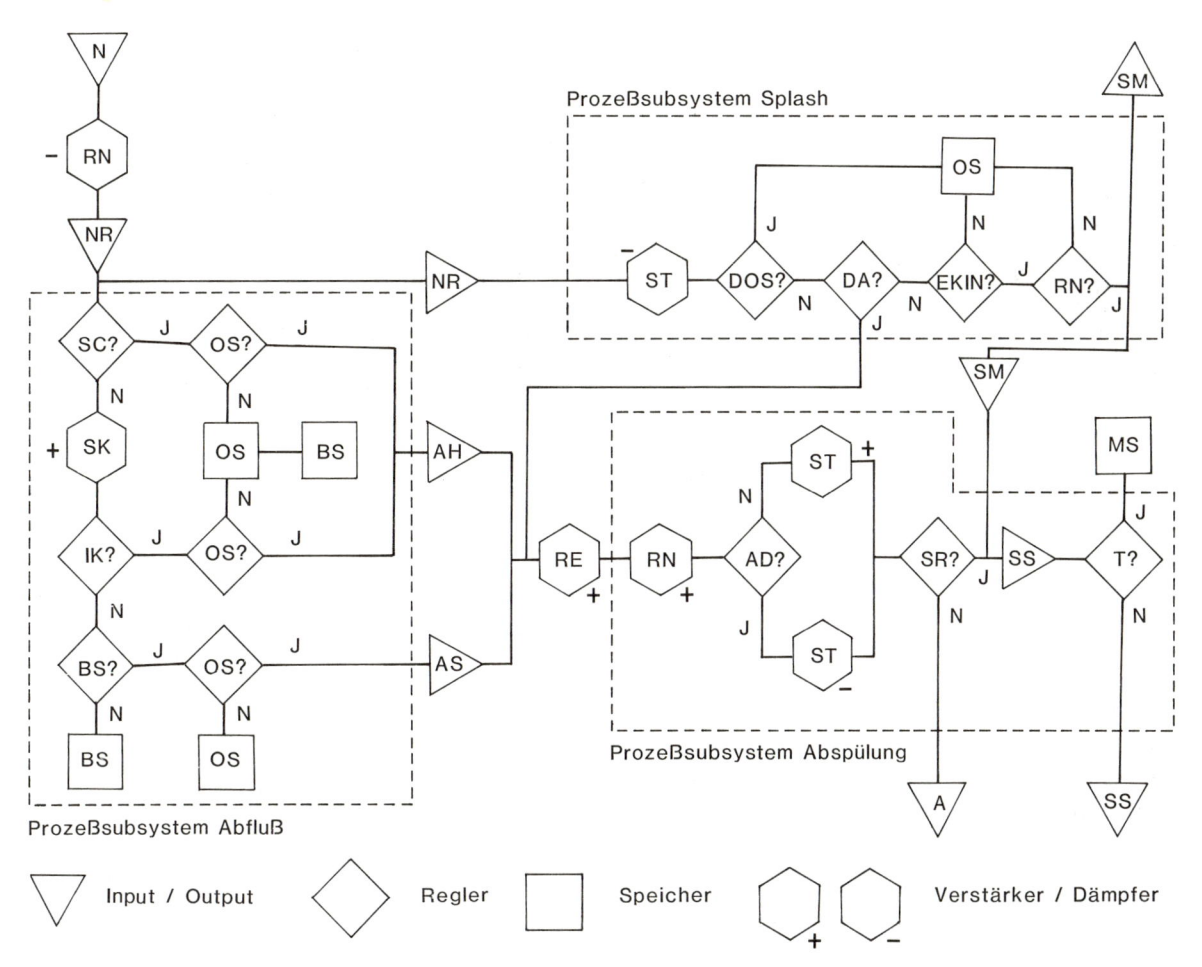

Abb.60: Flußmodell der aquatischen Abtragung im Becken von Ouarzazate.

Variablen und Regler des Flußmodells:

| | | | |
|---|---|---|---|
| N | Niederschlag | SC? | Oberflächenverdichtungskruste vorhanden? |
| NR | Reduzierter Niederschlag | BS? | Bodenfeuchtespeicher ausgefüllt? |
| | | OS? | Oberflächenspeicher ausgefüllt? |
| RN | Relieffaktor Neigung | IK? | Infiltrationskapazität überschritten? |
| RE | Relieffaktor Einzugsgebiet | AD? | Abfließender Wasserfilm mächtiger als Steinpflaster? |
| SC | Oberflächenverdichtungskruste | SR? | Resistenz des Substrates überwunden? |
| ST | Steinpflaster | T? | Transportkapazität überschritten? |
| SK | Bodenskelett | DOS? | Tiefe eines vorhandenen Oberflächenspeichers größer als dreifacher Tropfendurchmesser? |
| MS | Massenspeicher | DA? | Tiefe eines abfließenden Wasserfilms größer als dreifacher Tropfendurchmesser? |
| BS | Bodenfeuchtespeicher | | |
| OS | Oberflächenspeicher | EKIN? | Kinetische Energie des Tropfens ausreichend für Materialtransport? |
| A | Abfluß | RN? | Gestattet Neigung des Untergrundes Splashtransport? |
| AH | HORTON-Abfluß | | |
| AS | Sättigungsabfluß | | |
| SS | Abfließende Suspension | | |
| SM | Splashmaterial | | |

Der ambivalente Einfluß des Steinpflasters ist von der Dicke des Wasserfilms abhängig. Es kann die erodierende Wasserwirkung durch die Tendenz zum Linearabfluß steigern (Oberfläche des Wasserfilms liegt unter Steinpflasterobergrenze), aber durch den Einfluß der Oberflächenrauhigkeit auch mindern (Steinpflaster liegt vollständig unter Wasser). Reicht die Schubspannung des Abflusses für einen Sedimenttransport aus, so kommt es zur Ausbildung einer abfließenden Suspension, aus der in Abhängigkeit von der Transportkapazität Feinsediment ausgeschieden werden kann, oder aber als Output das Gesamtsystem verläßt.

Als Input des Prozeßsubsystems "Splash" dient ebenfalls der reduzierte Niederschlag $N_R$. Das Steinpflaster übt einen abschwächenden Einfluß auf den Prozeß aus, der Splashmaterial in das Subsystem "Abspülung" überführt oder aus dem Gesamtsystem entfernt.

Setzt man als Reglergrößen des Flußmodells die realen Eigenschaften der Oberflächen ein, so wird eine Beurteilung der regionalen Abtragungsdisposition möglich.

Auf den Glacisflächen sorgt die geringe Neigung dafür, daß der wirksame reduzierte Niederschlag praktisch der unter Standardbedingungen meßbaren Menge N entspricht. Die Oberflächenverdichtungskruste und die auch nach ihrer eventuellen Auflösung, welche allerdings in den Abspülversuchen nur selten beobachtet werden konnte, geringe Infiltrationskapazität führen zum Eintreten des HORTON-Abflusses, der im Prozeßsubsystem "Abspülung" für einen von den äußeren Bedingungen abhängigen Output an Suspension sorgt. Durch die geringen Neigungswerte entspricht die Hierarchie der Suspensions-Output-Werte der als Ergebnis der Abspülversuche festgestellten (vgl. 5.2.2).

Das Prozeßsubsystem "Splash" bleibt auf den Glacis ohne Bedeutung. Die geringen Werte der Hangneigung lassen die beim Splashtransport zurückgelegten Strecken gegen Null gehen. Durch die gleichsinnig gestreckte Form bleibt die Splashwirkung geomorphodynamisch unwirksam, zumal durch das Steinpflaster die splashempfindliche Oberfläche reduziert wird. Für oberflächlich anstehende Schichten des mpc-Konglomerates gelten die entsprechenden Überlegungen.

Auf den in verwitterten Sandsteinen und Mergeln angelegten Hängen erfährt das Prozeßsystem Änderungen. Unter den charakteristischen Neigungen (Oberhang: 25°, Mittelhang: 10° - 15°) beträgt der reduzierte Niederschlag 91% bzw. 97–98 % der unter Standardbedingungen gemessenen Regenmenge. Im Ober- und Mittelhang fehlen Oberflächenspeicher bzw. besitzen reliefbedingt eine geringe Kapazität, so daß bei geringer Infiltration unmittelbar HORTON-Abfluß einsetzt, der durch die Neigungen eine erhebliche Beschleunigung erfährt. Die zudem hohe Erodierbarkeit des Untergrundes läßt den Output verspülten Materials im Hangbereich erheblich werden.

Das Prozeßsubsystem "Splash" bleibt auf die nicht schuttbedeckten Hangbereiche beschränkt. Hier aber erreicht es wegen der Reliefgeometrie eine größere Effizienz als auf den Flächen. Die Neigungswerte lassen den Splashtransport über größere Distanz zu. Die konvexen Oberflächen der Schuttrampen erfahren eine Verstärkung durch Splashwirkung, die damit neben Spülprozessen zur Abschneidung der Rampen vom rückwärtigen Hangsystem beitragen kann.

In der Gesamtbilanz kommt allerdings im Hangbereich den Spülprozessen die Hauptwirkung zu. Der Splash spielt nur in den kleinen Teileinzugsgebieten der Schuttrampen eine reliefelementprägende Rolle.

In den Oueds, deren Sohle horizontal ist, sorgen die sandigen Substrate für Infiltration. Der bei anhaltenden Niederschlägen einsetzende Abfluß ist auf die Funktion als Wassersammler eines flächenhaften Einzugsgebietes zurückzuführen. Der Abfluß und seine geomorphodynamische Wirksamkeit lassen sich nur bedingt durch die lokalen Standortfaktoren der Reliefform Oued erklären, sondern werden über den Einfluß des zugehörigen Einzugsgebietes und seines Reliefs gesteuert.

5.4.2 Der Einfluß vorhandener Reliefformen und Reliefelemente auf den Abspülungsprozeß

Der Einfluß eines vorhandenen Reliefs auf den Abspülprozeß wird bereits im Maßstab des Mikro- und Nanoreliefs deutlich. Auf einer geneigten glatten Fläche erfolgt der Abfluß flächenhaft. Auch wenn er zum Feinsedimenttransport in der Lage ist, stellt das Resultat ebenfalls wieder eine Fläche dar, der Prozeß wirkte flächenerhaltend.

Kommt es durch Unebenheiten der Oberfläche zu turbulentem Fließverhalten, so entstehen durch den Spülprozeß Abflußbahnen. Sie wirken bei nachfolgenden Ereignissen als Wassersammler für ein bebestimmtes Einzugsgebiet. Die Abflußkonzentration führt zu verstärkter Einschneidung in der vorgebenen Linearform.

Die Linearerosion bzw. die Tendenz zu turbulentem Fließen wird bei einer Zunahme der Flächenneigung deutlich verstärkt. Hat sich die Initialrinne bis in eine gewisse Tiefe eingeschnitten, so wird linienhafte Abspülung im Bereich ihrer Ränder möglich, was eine Vergrößerung des Einzugsgebietes und damit erneute Verstärkung der Einschneidung zur Folge hat. Diese Rückkoppelung stellt, übertragen auf das Relief des Beckens von Ouarzazate, den entscheidenden Motor der aktuellen Flächenüberprägung dar.

Mit dem Ende des Soltanien (Jung-Pleistozän) war das Gewässernetz der größeren Oueds praktisch vorgeprägt, was durch die Glacisschüttungen in den betreffenden Talformen bestätigt wird. Es kam danach zur

Akkumulation der lehmigen unteren Niederterrassen und der jüngsten Terrassensedimente. Seit dieser Zeit führt die Abflußkonzentration bei entsprechendem Wasserangebot in den Trockentälern zu einer Einschneidung, die wiederum randliche Kerbenerosion auslöst. In der Nachbarschaft der Oueds wird diese durch die hier anstehenden, leicht erodierbaren Oberflächen gefördert. Der Wirkungsbereich der Oued-Prozesse kann durch Seitenerosion ausgedehnt werden.

Auf den Flächen sorgen die vorgegebenen Reliefbedingungen für Flächenerhaltung. Die ablaufenden Prozesse wirken denudativ, da selbst in den vorhandenen Rinnen und Rillen wegen der jeweiligen kleinen Einzugsgebiete sowie der geringen gravitativen Abflußbeschleunigung kaum eingeschnitten wird.

Beobachtungen während der Geländearbeiten bestätigen diese Aussagen. Im Bereich des Imassine konnten in ouednahen Rinnen und Rillen als Folge eines einzigen Starkregenereignisses Eintiefungen bis zu 30 cm festgestellt werden. Auf weiter entfernten Flächenbereichen fand in den entsprechenden Formen dagegen nur der Abfluß von Bodensuspension statt, ohne daß nach dem Ende des Abflusses in den vorgegebenen Reliefelementen Einschneidung nachweisbar war.

Die Abtragungsprozesse an den mpc-Stufen führen zu einer Rückverlegung des Stufenhanges auch unter den heutigen Bedingungen.

Im Bereich des Assif Anatim klaffen zwischen den auf q1-Niveau auslaufenden Schuttrampen der mpc-Stufen und dem heutigen Stufenhang stellenweise Lükken von 40–50 m. Da die klimatisch bedingten Hangformen während des Jung-Pleistozäns nicht bekannt sind, kann man zwar keine Aussage über Rückwanderungsbeträge des Stufenbildners (mpc-Konglomerat) machen, dennoch von einer entsprechenden Rückverlegung des Stufenhanges um diese Beträge während des Holozäns ausgehen.

Während durch die Stufenprozesse so die Schichtfläche verkleinert wird, dehnt sich die Fläche im Fußbereich aus. Dabei sind es aber nicht "die morphodynamischen Prozesse der Flächenbildung, die gegen die Stufen vorrücken, vielmehr bildet die aktive Abtragung an den Stufen selbst den 'Motor', der eine Ausdehnung der Flächenteile des Reliefs ermöglicht" (MENSCHING 1968: 70/71).

Die Reliefentwicklung des Beckens von Ouarzazate umfaßt auch unter den aktuellen klimatischen Bedingungen ein gleichzeitiges Wirken flächenerhaltender, flächenzerstörender und flächenausdehnender Prozesse. Ihr Auftreten ist im Sinne der "Gesamtrelief-Influenz" (BÜDEL 1971) an die Rückkoppelung mit dem bereits vorhandenen Relief gebunden (Abb. 61).

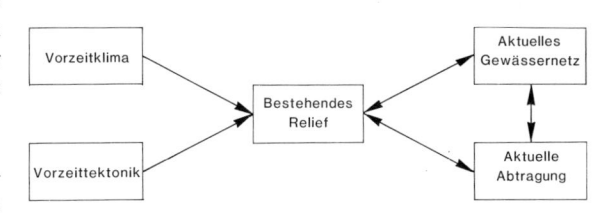

Abb. 61: Einfluß des Vorzeitreliefs auf die aktuellen geomorphologischen Prozesse.

Das durch Vorzeitklima und Vorzeittektonik geprägte bestehende Relief steht hinsichtlich seiner aktuellen Überprägung in Rückkoppelung mit dem Gewässernetz und den Abtragungsprozessen.

5.4.3 Der Einfluß des Menschen auf die aktuelle Reliefentwicklung

Während in Mitteleuropa der anthropogene Einfluß auf die aktuell ablaufenden Prozesse sehr groß ist, nimmt er im Becken von Ouarzazate wegen des verschwindend kleinen Anteils der bewirtschafteten Fläche an der Gesamtfläche einen deutlich geringeren Stellenwert ein und ist nur dort von Bedeutung, wo eine direkte Beeinflussung des Gewässernetzes stattfindet.

Hier muß an erster Stelle die Anlage des Stausees Mansour Eddahbi genannt werden. Durch seinen Bau wurden 1000 ha landwirtschaftlicher Nutzfläche überflutet (RISER 1973). Die geringen Niederschläge der letzten Jahre haben die Ausdehnung der Wasserfläche verglichen mit dem Maximalstand erheblich reduziert. Die früheren Seestände lassen sich im trockengefallenen Bereich durch treppenartige Feinsedimentablagerungen sowie die vielfache isohypsenparallele Anordnung unterschiedlich alter Tamarisken gut verfolgen (Abb. 62).

Auf die sedimentfallenartige Wirkung des Stauseebeckens wurde bereits hingewiesen. Seit seiner Anlage wird der überwiegende Teil der Suspensionsfracht nicht mehr wie in früheren Jahren aus dem Becken von Ouarzazate entfernt, sondern vorher abgelagert. Die Korngrößenzusammensetzung solcher Stauseeablagerungen unterscheidet sich durch den deutlich geringeren Sandanteil von den Substraten des Einzugsgebietes (LEROUX & ROOS 1983). Durch die Absenkung des Wasserspiegels sind nun aber die feinen Schluffe und Tone der Windwirkung ausgesetzt. Es ist ein Zuliefergebiet von Luftfrachtmaterial entstanden, das sich bei Sturm durch dichte Staubwolken auszeichnet.

Anthropogene Eingriffe sind auch dort zu vermerken, wo Pisten auf Dämmen die größeren Oueds queren. Sind in den Damm Rohre eingebaut, so konzentriert sich der Abfluß auf schmale Bahnen, und es erfolgt verstärkte Eintiefung im Flußbett. Fehlen derartige Rohre, so sorgt der Rückstaueffekt des Straßendammes für verstärkte Feinsedimentakkumulation im Strömungsluv. Bei den entsprechenden Pisten hat diese Aufschüttung dazu geführt, daß Straßenniveau und Fließrinnen in gleicher Höhe liegen. Bei Abflußereignissen wird die Piste überschwemmt. Die Gefahr der Straßenunterbrechung besteht nicht (Abb. 63).

Die Prozeßbeeinflussung durch Anlage landwirtschaftlicher Nutzflächen kann wegen deren hydrographisch/klimatisch bedingten geringen Ausdehnung vernachlässigt werden.

5.4.4 Die räumliche Verteilung der Reliefentwicklung

Die räumliche Varianz der Reliefentwicklung wird aus der Verteilung der Reliefformen deutlich (Karte 1).

Im östlich von Boumalne gelegenen Beckenteil hat die Wasserscheide zwischen Dadès-Dra- und Todhra-Rheris-System die Ausbildung eines deutlich eingetieften Gewässernetzes verhindert. Die für aktuelle Prozesse vorgebenen Reliefbedingungen weisen diesen Bereich als eine Zone der Flächenerhaltung aus, bei der im Prozeßgefüge der Abtragung denudative Prozesse überwiegen.

Zwischen dem Dadès und dem Oued Mgoun hat die Wasserscheide zwischen beiden ebenfalls in der Vergangenheit eine deutlich ausgeprägte Reliefdifferenzierung verhindert. Die daraus resultierende Zone vorherrschender Flächenkonservierung reicht über den Oued Mgoun nach Westen bis zum Issil Marghene. Zwischen diesem und dem Assif Labied hat die fluviale Linearerosion zur verstärkten Ausbildung stufenförmiger Hänge in mio-pliozänem Untergrund bzw. zu mpc-Schichtstufen geführt. Die an ihnen ablaufenden Prozesse führen zur Flächenausdehnung im Fußbereich, während gleichzeitig die von den Oueds ausgehende Kerbenerosion flächenzerstörend wirkt.

Im Bereich des westlich gelegenen, weitverzweigten Systems des Assif Toundoute, von dem in Karte 1 nur die während der Geländearbeiten am deutlichsten ausgeprägte Fließlinie eingetragen ist, hat das Netz der allerdings nur gering eingetieften Abflußbahnen die vorgegebene Fläche zerschnitten und ist auch heute entsprechend wirksam, während auf den Flächenresten denudative Vorgänge stattfinden.

Zwischen dem Assif Toundoute und dem Issil Tililit spannt sich ein weiter Bereich der Prozeßruhe und Flächenerhaltung. Die Einschneidung der Oueds führt nur zu geringer randlicher Flächenzerstörung, und auch der zwischen Oued Idami und Oued Idelsane gelegene Zerschneidungsbereich ist ein Sonderstandort.

Westlich des Issil Tililit beginnt ein Beckenbereich, in dem relativ kleinräumig flächenausdehnende Stufenhangprozesse, flächenzerstörende Fluvialerosion und flächenerhaltende Denudation wechseln. Das relativ dichte Gewässernetz hat durch Einschneidung in den tertiären Untergrund zahlreiche in mpc-Material angelegte Hänge geschaffen, deren Neigungen die Abtragungsprozesse beschleunigen, was noch durch die im Hangbereich anstehenden verwitterten Sandsteine und Mergel gefördert wird.

Nimmt man die Dichte der größeren Abflußbahnen sowie die Häufigkeit von im Relief deutlich ausgeprägten Stufenhängen als Indikator für die aktuelle geomorphodynamische Aktivität in einem Beckenteil, so ist der Bereich zwischen dem Issil Tililit und der westlich des Assif el Mengoub ausgebildeten mpc-Stufe diejenige Zone, in der auch heute noch, gefördert durch das seit dem Ende des Soltanien (Jung-Pleistozän) überlieferte Relief, die intensivste Überprägung der vorgegebenen Reliefformen stattfindet.

Westlich dieser Stufe ist bis zum Beckenrand von weitgehender Flächenerhaltung auszugehen.

Die räumliche Beurteilung der in der Gesamtfläche vorherrschenden denudativen Prozeßbereiche wird durch die Verbreitung der unterschiedlich erodierbaren Oberflächen möglich. Hierzu wurden die in Tab. 34 dargestellten Ergebnisse der Abspülsimulationen (Werte von MAS für die einzelnen geologischen Einheiten) in Gruppen zusammengefaßt:

— Stufe 1 (0–300): Glacis q4;
— Stufe 2 (300–600): Glacis q3, Glacis q5, mpc-Konglomerate;
— Stufe 3 (600–900): Glacis q2, mpc-Sandstein, Anti-Atlas-Gesteine;
— Stufe 4 (900–1200): Glacis q6, jüngste Terrassensedimente;
— Stufe 5 (1200–1500): Glacis q1, mpc-Mergel;
— Stufe 6 (mehr als 1500): lehmige untere Niederterrassen. mpc-Mergel.

Abb. 62: Ehemalige Seespiegelstände im trockengefallenen Teil des Stausees Mansour Eddahbi. Isohypsenparallele Terrassen markieren die ehemaligen Wasserstände.

Abb. 63: Wasserführung des Oued Imassine nach Starkregen am Nachmittag des 23.3.1983.

Da im Gelände eine Unterscheidung der Bereiche miopliozäner Konglomerate (mpc) und pliozäner Konglomerate (Ps) nur durch einen direkten Vergleich in einer Aufschlußwand, nicht aber auf der Oberfläche möglich war, wurden die in der geologischen Karte als Ps ausgewiesenen Bereiche wie mpc-Konglomerate behandelt.

Karte 2, die auf der Grundlage der geologischen Karte die Verbreitung der geologischen Einheiten für ihre Arealgrenzen berücksichtigt, zeigt die räumliche Verteilung der Oberflächenerodierbarkeit. Es überwiegen die Stufen 2 und 3, während Stufe 1 wegen der geringen Verbreitung des Glacisniveaus q4 gegenüber den beiden erstgenannten Stufen zurücktritt. Sie werden von schmalen Zonen abspülungsanfälliger Oberflächen durchzogen, deren räumliche Verbreitung eng an das bestehende Netz der größeren Trockentäler und Abflußbahnen angelegt ist und sind daher zugleich Bereiche verstärkter Linearerosion. Aus dem Zusammenwirken der Einflußgrößen Relief/Hydrographie sowie Oberflächenerodierbarkeit können sie als Zonen der regional wirksamsten Geomorphodynamik gekennzeichnet werden und markieren die Verbreitung der flächenzerstörenden Prozesse.

Die ebenfalls verstärkt erodierbaren mpc-Mergel (Stufe 5), die im Hangbereich der mpc-Stufen anstehen, können wegen ihrer geringen flächenhaften Ausdehnung im gewählten Maßstab nicht dargestellt werden. Aus der in Karte 1 dargestellten Lage der Stufen läßt sich aber auf die Verbreitung subaerisch anstehender Mergel und Sandsteine schließen.

Die Überlegungen führen zu einer Kausalkette von dem durch klimatische und strukturell-tektonische Impulse geprägten Vorzeitrelief zur heute ablaufenden Reliefüberprägung und der hiermit zusammenhängenden Abtragungsdisposition. Da die Reliefdifferenzierung des Beckens von Ouarzazate auf lokaltektonische Unterschiede zurückgeführt werden kann, pausen sich die endogenen Srukturen auch in den aktuellen geomorphologischen Prozeßbereichen und Prozeßintensitäten durch, wenngleich die aktuelle Tektonik vernachlässigbar geringe Auswirkungen hat.

# 6. Quellenverzeichnis

## 6.1 Literatur

ACKERMANN, E. 1948: Thixotropie und Fließeigenschaften feinkörniger Böden. — Geol. Rdsch., 36: 10-29, Stuttgart.

AMBOS, R. 1977: Untersuchungen zur pleistozänen Reliefentwicklung im Oberen Todhragebiet am Südrand des Hohen Atlas (SE-Marokko). — Mainzer Geogr. St. 12: 1-140, Mainz.

ANDERSON, H.W. 1951: Physical characteristics of soils related to erosion. — J. Soil and Water Conservation, 19: 129-133, Des Moines.

ANDRES, W. 1977: Studien zur jungquartären Reliefentwicklung des südwestlichen Anti-Atlas und seines saharischen Vorlandes (Marokko). — Mainzer Geogr. St., 9: 1-147, Mainz.

ARNOLDUS, H.M.J. 1977: Methodology used to determine the maximum potential average annual soil loss due to sheet and rill erosion in Morocco. — FAO Soils Bull., 34: 39-48, Rom.

AYRES, Q.C. 1936: Soil erosion and its control. — 1-365, New York, London.

BAGNOLD, R.A. 1973: The physics of blown sand and desert dunes. — 4. Aufl.: 1-265, London.

BAHRENBERG, G. & GIESE, E. 1975: Statistische Methoden und ihre Anwendung in der Geographie. — 1-308, Stuttgart.

BALCI, A.N. 1972: Influence of parent material and slope exposure on properties related to erodibility in North Central Anatolia. — Z. Pflanzenern., Bodenkde., 131: 42-55, Weinheim.

BARGON, E. 1962: Bodenerosion, ihr Auftreten, ihre Erkennung und Darstellung. — Geol. Jb., 79: 479-492, Stuttgart.

BARNER, J. 1978: Rekultivierung zerstörter Landschaften. — 1-220, Stuttgart.

BARSCH, D. & STÄBLEIN, G. 1978: EDV-gerechter Symbolschlüssel für die geomorphologische Detailaufnahme. — Berliner Geogr. Abh., 30: 63-78, Berlin.

BEAUDET, G. 1971: Le Quaternaire marocain: état des études. — Rév. Géogr. Maroc, 20: 3-56, Rabat.

BEAUDET, G., MORTIN, J. & MAURER, G. 1964: Remarques sur quelques facteurs de l'érosion des sols. — Rév. Géogr. Maroc, 6: 65-72, Rabat.

BECKER, E. 1970: Technische Strömungslehre. — 2. Aufl.: 1-142, Stuttgart.

BERMANAKUSUMAH, R. 1975: Untersuchungen über Bodenverlagerung und Erodierbarkeit einiger Mittelgebirgsböden Hessens. — Diss. Tropeninst. Justus-Liebig-Univ., Abt. Bodenkde. und Bodenerhaltung: 1-129, Giessen.

BESLER, H. 1977: Fluviale und äolische Formung zwischen Schott und Erg. — Stuttgarter Geogr. St., 91: 19-82, Stuttgart.

BESLER, H. 1979: Salinitätsmessungen an Sanden als Hilfsmittel zur Rekonstruktion fossiler Gewässernetze in ariden Räumen. — Z. Geomorph., N.F. 23(2): 192-198, Berlin, Stuttgart.

BESLER, H. 1980: Die Dünen-Namib: Entstehung eines Ergs. – Stuttgarter Geogr. St., 96: 1-208, Stuttgart.
BEST, A.C. 1950: The size distribution of raindrops. – Quart. J. Royal Meteor. Soc., 76: 16-36, London.
BEUTEL, P., KÜFNER, H. & SCHUBÖ, W. 1980: SPSS 8. – 1-300, Stuttgart.
BIROT, P. 1969: The cycle of erosion in different climates. – 1-144, London.
BISAL, F. & HSIEH, J. 1966: Influence of moisture on erodibility of soil by wind. – Soil Sci., 102: 143-146, Baltimore.
BLONG, R.J., GRAHAM, O.P. & VENESS, J.A. 1982: The role of sidewall processes in gully development. – Earth Surface Processes and Landforms, 7: 381-385, Chichester
BLUME, H. 1971: Probleme der Schichtstufenlandschaft. – Ertr. d. Forsch., 5: 1-117, Darmstadt.
BLUME, H. & BARTH, H.K. 1972: Rampenstufen und Schuttrampen als Abtragungsform in ariden Schichtstufenlandschaften. – Erdkde, 26: 108-116, Bonn.
BLÜMEL, W.D. 1976: Kalkkrustenvorkommen in Südwestafrika. – Mitt. Baseler Afrika Bibliogr., 15: 18-50, Basel.
BLÜMEL, W.D. 1979: Zur Struktur, Reliefgebundenheit und Genese südwestafrikanischer und südostspanischer Kalkkrusten. – Z. Geomorph., Suppl. 33: 154-167, Berlin, Stuttgart.
BLÜMEL, W.D. & HÜSER, K. 1974: Jüngere Sedimente in der südlichen Vorderpfalz. Ein weiterer Beitrag zur Pleistozänstratigraphie des Oberrheingrabens. – Karlsruher Geogr. H., 6: 31-69, Karlsruhe.
BOLLINE, A. 1978: Study of the importance of splash and wash on cultivated loamy soils of Hesbaye (Belgium). – Earth Surface Processes, 3: 71-84, Chichester.
BOODT, M. & GABRIELS, D. (Hg) 1980: Assessment of erosion. – 1-563, New York.
BORCHERT, H. 1961: Einfluß der Bodenerosion auf die Bodenstruktur und Methoden zu ihrer Kennzeichnung. – Geol. Jb., 78: 439-502, Hannover.
BORK, H.R. 1980: Oberflächenabfluß und Infiltritation. – Landschaftsgenese, Landschaftsökol., 6: 1-94, Cremlingen-Destedt.
BRIEM, E. 1977: Beiträge zur Genese und Morphodynamik des ariden Formenschatzes unter besonderer Berücksichtigung des Problems der Flächenbildung. – Berliner Geogr. Abh., 26: 1-89, Berlin.
BRYAN, R.B. 1967: On rainfall simulation. – Rév. Géomorph. Dyn., 17(4): 184-185, Paris.
BRYAN, R.B. 1968: The development, use and efficiency of indices of soil erodibility. – Geoderma, 2: 5-26, Amsterdam.
BRYAN, R.B. 1974a: Water erosion by splash and wash and the erodibility of Albertan soils. – Geogr. Ann., 56: 159-181, Stockholm.
BRYAN, R.B. 1974b: A simulated rainfall test for the prediction of erodibility. – Z. Geomorph., Suppl. 21: 138-150, Berlin, Stuttgart.
BRYAN, R.B. 1976: Considerations of soil erodibility indices and sheetwash. – Catena, 3: 99-111, Giessen.
BRYAN, R.B. 1979: The influence of slope angle on entrainment by sheetwash and rainplash. – Earth Surf. Processes, 4: 43-58, Chichester.
BÜDEL, J. 1969: Das System der klima-genetischen Geomorphologie. – Erdkunde, 23: 165-183, Bonn.
BÜDEL, J. 1971: Das natürliche System der Geomorphologie. – Würzburger Geogr. Arb., 34: 1-152, Würzburg.
BÜDEL, J. 1977: Klima-Geomorphologie. – 1-304, Berlin, Stuttgart.
BUOL, S.W. 1965: Present soil-forming factors and processes in arid and semiarid regions. – Soil Sci., 99: 45-49, Baltimore.

CALVET, C. 1972: Variation séculaire et distribution des précipitations au Maroc. – Rév. Géogr. Maroc, 21: 79-84, Rabat.
CAMPBELL, J.A. 1974: Measurement of erosion on badland surfaces. – Z. Geomorph., Suppl. 21: 122-137, Berlin, Stuttgart.
CAQUOT, A. 1967: Grundzüge der Bodenmechanik. – 1-461, Berlin.
CARSON, M.A. 1971: The mechanics of erosion. – 1-174, London.
CARSON, M.A. & KIRKBY, M.J. 1972: Hillslope form and processes. – 1-475, Cambridge.
CHAMAYOU, J. & RUHARD, J.-P. 1977: Sillon Préafricain à l'est du Siroua: les bassins de Ouarzazate et de Errachidia (Ksar-Es-Souk) - Boudenib. – Notes Mém. Serv. Géol., 231: 224-242, Rabat.
CHEPIL, W.S. 1950a: Properties of soil which influence wind erosion: 1. The governing principle of surface roughness. – Soil Sci., 69: 149-162, Baltimore.
CHEPIL, W.S. 1950b: Properties of soil which influence wind erosion: 2. Dry aggregate structure as an index of erodibility. – Soil Sci., 69: 403-414, Baltimore.
CHEPIL, W.S. 1959: Wind erodibility of farm fields. – J. Soil and Water Conservation, 14: 214-219, Des Moines.
CHEPIL, W.S., SIDDOWAY, F.H. & ARMBRUST, D.V. 1962: Climatic factor for estimating wind erodibility of farm fields. – J. Soil and Water Conservation, 17: 162-165, Des Moines.
CHEPIL, W.S. & WOODRUFF, N.P. 1954: Estimations of wind erodibility of field surfaces. – J. Soil and Water Conservation, 9: 257-265, Des Moines.
CHEPIL, W.S. & WOODRUFF, N.P. 1963: The physics of wind erosion and its control. – Adv. Agron., 15: 211-302, New York, London.
CHOUBERT, G. 1948: Au sujet des croûtes calcaires quaternaires. – C.R. Acad. Sci., 226(20): 1630-1631, Paris.
CHOUBERT, G. 1956: Essai du Quaternaire continental du Maroc. – C.R. Acad. Sci., 243(5): 504-506, Paris.
CHOUBERT, G. 1961: Quaternaire du Maroc. – Biuletyn Peryglacjalny, 10: 9-29, Lodz.
CHOUBERT, G. 1965: Evolution de la connaissance du Quaternaire au Maroc. – Notes Mém. Serv. Géol., 185: 9-27, Rabat.
CHOUBERT, G. & FAURE-MURET, A. 1962: Evolution du domaine atlasique marocaine depuis les temps paléozoiques. – Livre-mém. P. Fallot, 1: 447-527, Paris.
COUBERT, G. & FAURE-MURET, A. 1965: Manifestations tectoniques au cours du Quaternaire dans le Sillon Préafricain (Maroc). – Notes Mém. Serv. Géol., 185: 57-62, Rabat.
COOKE, R.U. & WARREN, A. 1973: Geomorphology in deserts. – 1-374, Berkeley/Los Angeles.
COTE, M. & LEGRAS, J. 1966: La variabilité pluviométrique interannuelle au Maroc. – Rév. Géogr. Maroc, 10: 19-30, Rabat.
COURBOULEIX, S., DELPONT, G. & DESTEUCQ, C.H. 1981: Un grand décrochement est-ouest au nord du Maroc à l'origine des structures plissés atlasiques. Arguments géologiques et expérimentaux. – Bull. Soc. Géol. France, VII, 23: 33-43, Paris.
COUVREUR, G. 1981: Essai sur l'évolution morphologique du Haut Atlas Central Calcaire (Maroc). – Thèse présentée devant l'Univers. Strasbourg le 3.2.1978: 1-877, Lille, Paris.
COUVREUR-LARAICHI, F. 1972: Les précipitations dans quelques stations littoral de la mer d'Alboran. – Rév. Géogr. Maroc, 21: 85-103, Rabat.

CURRY, R. 1967: On use of vegetation to date land surfaces. – Rév. Géomorph. Dyn., 17(4): 168-169, Paris.
DESPOIS, J. & RAYNAL, R. 1967: Géographie de l'Afrique du nord-ouest. – 1-570, Paris.
DREGNE, H.E. 1976: Soils of arid regions. – Devel. Soil Sci., 6: 1-237, Amsterdam, New York.
DRESCH, J. 1952a: Le Haut Atlas Occidental. – Notes Mém. Serv. Géol., 96: 107-121, Casablanca.
DRESCH, J. 1952b: La morphologie du Maroc. – Notes Mém. Serv. Géol., 96: 9-21, Casablanca.
DUMAS, J. 1965: Relation entre l'érodibilité des sols et leurs caractéristiques analytiques. – Cah. O.R.S.T.O.M., Sér. Pédol., 3(4): 307-333, Paris.
EMMETT, W.W. 1978: Overland flow. – In: KIRKBY, M.J. (Hg): Hillslope hydrology. – 145-176, Chichester, New York.
EPSTEIN, E. & GRANT, W.J. 1967: Soil losses and crust formation as related to some soil physical properties. – Soil Sci. Soc. Ameri. Proc., 31: 547-550, Madison.
EPSTEIN, E. & GRANT, W.J. 1973: Soil crust formation as affected by raindrop impact. – Ecol. Stud., 4: 195-201, Berlin, Heidelberg.
FAN, L.T. & DISRUD, L.A. 1977: Transient wind erosion: a study of the nonstationary effect on rate of wind erosion. – Soil Sci., 124: 61-65, Baltimore.
FARRES, P. 1978: The role of time and aggregate size in the crusting process. – Earth Surface Processes, 3: 243-254, Chichester.
FLORET, C. & PONTANIER, R. 1982: L'aridité en Tunisie Présaharienne. – Trav. Doc. l' O.R.S.T.O.M., 150: 1-544, Paris.
FOOD AND AGRICULTURE ORGANIZATION OF THE UNITED NATIONS 1960: Soil erosion by wind and measures for its control in agricultural lands. – FAO Agricultural Development Paper, 71: 1-88, Rom.
FOOD AND AGRICULTURE ORGANIZATION OF THE UNITED NATIONS 1965: Soil erosion by water. Some measures for its control on cultivated lands. – FAO Development Paper, 81: 1-284, Rom.
FOURNIER, F. 1960: Climat et érosion. – 1-201, Paris.
FRÄNZLE, O., BARSCH, D., LESER, H., LIEDTKE, H. & STÄBLEIN, G. 1979: Legendenentwurf für die geomorphologische Karte 1:100 000 GMK 100. – Heidelberger Geogr. Arb., 65: 1-18, Heidelberg.
FREE, G.R. 1952: Soil movement by raindrops. – Agricultural Engineering, 33: 491-496, St. Joseph.
FREE, G.R. 1960: Erosion characteristics of rainfall. – Agricultural Engineering, 41: 447-449, 455, St. Joseph.
FÜCHTBAUER, H. & MÜLLER, G. 1977: Sedimente und Sedimentgesteine. Sediment-Petrologie, Teil 2. – 3. Aufl.: 1-784, Stuttgart.
GANSSEN, R. 1968: Trockengebiete. Böden, Bodennutzung, Bodenkultivierung, Bodengefährdung. – 1-186, Mannheim, Zürich.
GAUTHIER, H. 1950: Sur le Pliocène et le Quaternaire de la région d'Ouarzazate (versant sud du Haut Atlas). – C.R. Acad. Sci., 231 (25): 1519-1521, Paris.
GAUTHIER, H. 1960: Contribution à l'étude géologique des formations post-liasiques des bassins du Dadès et du Haut Todra (Maroc méridional). – Notes Mém. Serv. Géol., 119: 1-212, Rabat.
GAUTHIER, H. & HINDERMEYER, J. 1953: Travertins quaternaires au N de la vallée du Dadès entre Ouarzazate et Skoura (Anti-Atlas). – Notes Mém. Serv. Géol., 117: 89-94, Rabat.
GEHRENKEMPER, K. 1981: Rezenter Hangabtrag und geoökologische Faktoren in den Montes de Toledo, Zentralspanien. – Berliner Geogr. Abh., 34: 1-78, Berlin.
GELLERT, J.F. 1981: Geomorphologische Erdkarten und weitere Probleme einer globalen Geomorphologie. – Studia Geographica, 78: 1-144, Brno.

GIESSNER, K. 1977: Hydrometrische Erosionsbestimmungen und morphodynamische Prozeßanalyse in Nordafrika. – Mitt. Basler Afrika Bibliogr., 19: 45-80, Basel.
GIGOUT, M. 1958: Sur le mode de formation des limons et croûtes calcaires du Maroc. – C.R. Acad. Sci., 247(1): 97-100, Paris.
GILLETTE, D.A. & WALKER, T.R. 1977: Characteristics of airborne particles produced by wind erosion of sandy soil, high plaines of West Texas. – Soil Sci., 123: 96-110, Baltimore.
GOODALL, D.W. & PERRY, R.A. (Hg) 1979: Arid land ecosystems: structure, functioning and management. Vol. 1. – 1-881, Cambridge.
GOUDIE, A. 1972: On the definition of calcrete deposits. – Z. Geomorph., N.F., 16(4): 464-468, Berlin, Stuttgart.
GOUDIE, A. 1982: Arid geomorphology. – Progress in Physical Geography, 6: 446-451, London.
GRIEVE, I.C. 1979: Soil aggregate stability tests for the geomorphologist. – British Geomorph. Res. Group, Techn. Bull., 25: 1-28, Norwich.
GUNN, R. & KINZER, G.D. 1949: The terminal velocity of fall for water droplets in stagnant air. – J. Meteor., 6: 243-248, Lancaster.
GUTSCHICK, G. 1972: Bodenerosion - ihre Entstehung und Eindämmung an Beispielen aus Nordafrika. – Natur u. Landsch., 47(8): 225-230, Bonn.
HAGEDORN, H. 1968: Über äolische Abtragung und Formung in der Südost-Sahara. – Erdkde., 22: 257-259, Bonn.
HAGEDORN, H. 1971: Untersuchungen über Relieftypen arider Räume an Beispielen aus dem Tibesti-Gebirge und seiner Umgebung. – Z. Geomorph., Suppl. 11: 1-251, Berlin, Stuttgart.
HAGEDORN, J. & POSER, H. 1974: Räumliche Ordnung der rezenten geomorphologischen Prozesse und Prozeßkombinationen auf der Erde. – Abh. Akad. Wiss. Göttingen, Math.-Phys. Kl., 3(29): 426-439, Göttingen.
HARTGE, K.H. 1971: Die physikalische Untersuchung von Böden. – 1-168, Stuttgart.
HARTGE, K.H. 1978: Einführung in die Bodenphysik. – 1-364, Stuttgart.
HEUSCH, R. 1971: Estimation et contrôle de l'érosion hydraulique. – C. R. Séances Mens. Soc. Sci. Nat. Phys. Maroc, 37: 41-54, Rabat.
HILLS, E.S. (Hg) 1966: Arid lands. A geographical appraisal. – 1-461, London.
HUDSON, N. 1971: Soil conservation. – 1-320, Ithaca/New York.
HUECK, K. 1951: Eine biologische Methode zum Messen der erodierenden Tätigkeit des Windes und des Wassers. – Ber. Dt. Bot. Ges., 64: 53-56, Stuttgart.
HURNI, H. 1975: Bodenerosion in Semien-Äthiopien. – Geographica Helvetica, 30: 157-168, Bern.
IMESON, A.C. 1977: A simple field-portable rainfall simulator for difficult terrain. – Earth Surface Processes, 2: 431-436, Chichester.
IMESON, A.C. 1983: Studies of erosion thresholds in semi-arid areas: field measurements of soil loss and infiltration in northern Morocco. – Catena, Suppl. 4: 79-89, Braunschweig.
IMESON, A.C. & KWAAD, F.J.P.M. 1982: Field measurements of infiltration in the Rif Mountains of northern Morocco. – Studia Geomorphologica Carpatho-Balcanica, 15: 19-30, Krakau.
IONESCO, T. 1964: Considerations générales concernant les relations entre l'érosion et la végétation du Maroc. – Rév. Géogr. Maroc, 6: 17-28, Rabat.
JANSSON, M.B. 1982: Landerosion by water in different climates. – UNGI Rapp., 57: 1-151, Uppsala.

JENNY, J. 1983: Les décrochements de l'Atlas de Demnat (Haut Atlas central, Maro): prolongation orientale de la zone de décrochement du Tizi-n-Test et clef de la compréhension de la tectonique atlasique. — Eclogae Geol. Helv. 76: 243-251, Basel.

JENNY, J., LE MARREC, A. & MONBARON, M. 1981: Les couches rouges du Jurassique moyen du Haut-Atlas central (Maroc): correlations lithostratigraphiques, éléments de datation et cadre-tectono-sédimentaire. — Bull. Soc. Géol. France, 7(23): 627-639, Paris.

JOLY, F. 1952: Le Sillon Sud-Atlasique. — Notes Mém. Serv. Géol., 96: 93-106, Casablanca.

JOLY, F. 1962: Etudes sur le relief du sud-est marocain. — Trav. Inst. Sci. Chér., Sér. Géol. Géogr. Phys., 10: 1-578, Rabat.

JOLY, F. 1965: Remarques sur l'emboitement des formes quaternaires continentales dans le sud-est marocain. — Not. Mém. Serv. Géol., 185: 71-77, Rabat.

KELLER, R. 1962: Gewässer und Wasserhaushalt des Festlandes. — 1-520, Leipzig.

KERENY, A. 1981: A study of the dynamics of drop erosion under laboratory conditions. — IAHS Publ., 133: 365-372, Washington.

KING, C.A.M. 1966: Techniques in geomorphology. — 1-342, London.

KIRKBY, A.V.T. & KIRKBY, M.J. 1974: Surface wash at semi-arid break in slope. — Z. Geomorph., Suppl. 21: 151-176, Berlin, Stuttgart.

KIRKBY, M.J. & MORGAN, R.P.C. 1980: Soil erosion. — 1-312, New York.

KNEALE, W.R. 1982: Field measurements of rainfall dropsize distribution, and the relationships between rainfall parameters and soil movement by rainsplash. — Earth Surface Processes and Landforms, 7: 499-502, Chichester.

KORTABA, A. 1980: Splash transport in the steppe zone of Mongolia. — Z. Geomorph., Suppl. 35: 92-102, Berlin, Stuttgart.

KURON, H. & JUNG, L. 1957: Über die Erodierbarkeit einiger Böden. — Int. Ass, Sci. Hydrol., Gen. Ass. Toronto, 1: 161-165, Gentbrugge.

LAL, R. 1976: Soil erosion on alfisols in Western Nigeria, III. Effects of rainfall characteristics. — Geoderma, 16: 389-401, Amsterdam.

LANGBEIN, W.B. & SCHUMM, S.A. 1958: Yield of Sediment in relation to mean annual precipitation. — Trans. Amer. Geophys. Union, 39: 1076-1084, Washington.

LAWS, J.O. 1941: Measurements of the fall velocity of waterdrops and raindrops. — Trans. Amer. Geophys. Union, 22: 709-721, Washington.

LAVILLE, E., LESAGE, J.-L. & SEGURET, M. 1977: Géometrie cinématique (dynamique) de la tectonique atlassique sur le versant sud du Haut Atlas marocain. Apercu sur les tectoniques hercyniennes et tardi-hercyniennes. — Bull. Soc. Géol. France, 7(19): 527-539, Paris.

LAWS, J.O. & PARSONS, D.A. 1943: The relation of raindrop-size to intensity. — Trans. Amer. Geophys. Union, 24: 452-460, Washington.

LEMOS, P. & LUTZ, J.F. 1957: Soil crusting and some factors affecting it. — Soil Sci. Soc. Amer. Proc., 21: 485-491, Madison.

LEROUX, J.A. & ROOS, Z.N. 1983: The relationship between top soil particles in the catchment of Wuras Dam and the particle sizes of the accumulated sediment in the reservoir. — Z. Geomorph., N.F., 27(2): 161-170, Berlin, Stuttgart.

LESER, H. 1977: Feld- und Labormethoden der Geomorphologie. — 1-446, Berlin, New York.

LESER, H. & PANZER, W. 1981: Geomorphologie. — 1-216, Braunschweig.

LESER, H. & STÄBLEIN, G. (Hg) 1975: Geomorphologische Kartierung. Richtlinien zur Herstellung geomorphologischer Karten 1 : 25 000. — 2. veränderte Aufl., Berliner Geogr. Abh., Sonderh.: 1-39, Berlin.

LEOPOLD, L.B. & EMMET, W.W. 1972: Some rates of geomorphological processes. — Geographica Polonica, 23: 27-35, Warschau.

LOGIE, M. 1981: Wind tunnel experiments on dune sands. — Earth Surface Processes and Landforms, 6: 365-374, Chichester.

LOGIE, M. 1982: Influence of roughness elements and soil moisture on the resistance of sand to wind erosion. — Catena, Suppl. 1: 161-174, Braunschweig.

LOUIS, H. & FISCHER, K. 1979: Allgemeine Geomorphologie. — 4. Aufl.: 1-814, Berlin, New York.

LUK, S.H. 1977: Rainfall erosion of some Alberta soils - A laboratory simulation study. — Catena, 3: 295-309, Giessen.

LUK, S.H. 1979: Effect of soil properties on erosion by wash and splash. — Earth Surface Processes, 4: 241-255, Chichester.

LUK, S.H. 1982: Variability of rainwash erosion within small sample areas. — In: THORN, C.E. (Hg): Space and time in geomorphology: 243-268, London.

LUK, S.H. 1983: Effect of aggregate size and microtopography on rainwash and rainsplash erosion. — Z. Geomorph., N.F., 27(3): 283-295, Berlin, Stuttgart.

LYLES, L. & SCHRANDT, R.L. 1972: Winderodibility as influenced by rainfall and soil salinity. — Soil Sci., 114: 367-372, Baltimore.

MATTAUER, M., TAPPONIER, P. & PROUST, F. 1977: Sur le mécanisme de formation des chaines intracontinentales. L'exemple des chaines atlassiques du Maroc. — Bull. Soc. Géol. France, 7(19): 521-526, Paris.

McCALLA, T.M. 1944: Water-drop method of determining stability of soil structure. — Soil Sci., 58: 117-121, Baltimore.

McINTYRE, D.S. 1958: Soil splash and the formation of surface crusts by raindrop impact. — Soil Sci., 85: 261-266, Baltimore.

MENSCHING, H. 1953: Morphologische Studien im Hohen Atlas von Marokko. — Würzburger Geogr. Arb., 1: 1-104, Würzburg.

MENSCHING, H. 1957: Marokko. — 1-254, Heidelberg.

MENSCHING, H. 1958: Glacis - Fußfläche - Pediment. — Z. Geomorph., N.F., 2(3): 165-186, Berlin.

MENSCHING, H. 1964: Zur Geomorphologie Südtunesiens. — Z. Geomorph., N.F., 8(4): 424-439, Berlin.

MENSCHING, H. 1968: Bergfußflächen und das System der Flächenbildung in den ariden Subtropen und Tropen. — Geol. Rdsch., 58: 62-82, Stuttgart.

MENSCHING, H. 1976: Fluviale und äolische Formungsprozesse arider Morphodynamik an Stufen des saharischen Hammada-Reliefs. — Z. Geomorph., Suppl. 24: 120-127, Berlin, Suttgart.

MENSCHING, H. & RAYNAL, R. 1954: Fußflächen in Marokko. — Petermanns Geogr. Mitt., 98: 171-176, Gotha.

MERCK, E. (o.J.): Kompexometrische Bestimmungsmethoden mit Titriplex. — 1-111, Darmstadt.

MICHARD, A. 1976: Elements de Géologie Marocain. — Notes Mém. Serv. Géol., 252: 1-408, Rabat.

MÖLLER, K., STÄBLEIN, G., WAGNER, P. & ZILLBACH, K. 1983: Georelief, Abtragung und Gefügemuster an einem aktiven Kontinentalrand - Berichte zum Forschungsprojekt in Süd-Marokko. — Die Erde, 114: 309-331, Berlin.

MOEYERSONS, J. & PLOEY, J. de 1976: Quantitative data on splash erosion, simulated on unvegetated slopes. — Z. Geomorph., Suppl. 25: 120-131, Berlin, Stuttgart.

MORGAN, C. 1983: The non-independence of rainfall erosivity and soil erodibility. — Earth Surface Processes and Landforms, 8: 323-338, Chichester.

MORGAN, R.P.C. 1978: Field studies of rainsplash erosion. — Earth Surface Processes, 3: 295-299, Chichster.

MORGAN, R.P.C. 1979: Soil erosion - Topics in Applied Geography. — 1-113, London, New York.

MORGAN, R.P.C. 1981: Field measurements of splash erosion. — IAHS Publ., 133: 373-382, Washington.

MORTENSEN, H. 1927: Der Formenschatz der nordchilenischen Wüste. — Abh. Ges. Wiss. Göttingen, Math.-Phys. Kl., N.F., 12: 1-191, Berlin.

MOSLEY, P. 1973: Rainsplash and the convexity of badland divides. — Z. Geomorph., Suppl. 18: 10-25, Berlin, Stuttgart.

MÜLLER, G. 1964: Methoden der Sedimentuntersuchung. Sediment-Petrologie, 1. — 1-303, Stuttgart.

MÜLLER-HOHENSTEIN, K. 1979: Die Landschaftsgürtel der Erde. — 1-204, Stuttgart.

NARIN, A.E.M., NOLTIMIER, H.C. & NAIRN, B. 1980: Surface magnetic survey of the Souss Basin, Southwestern Morocco: evaluation of the tectonic role postulated for the Agadir and Tarfaya fault zones and the South Atlas flexure. — Tectonophysics, 64: 235-248, Amsterdam.

NIE, H.H. et al. 1975: SPSS. — 1-675, New York.

OLIVA, P. 1972: Aspects et problèmes géomorphologiques de l'Anti-Atlas occidental. — Rév. Géogr. Maroc, 21: 43-78, Rabat.

PACHUR, H.-J. 1966: Untersuchungen zur morphologischen Sandanalyse. — Berliner Geogr. Abh., 4: 1-35, Berlin.

PALMER, R.S. 1964: The influence of a thin water layer on waterdrop impact forces. — Int. Ass. Sci. Hydrol. Publ., 65: 141-148, Lourain.

PLETSCH, A. 1971: Strukturwandlungen in der Oase Dra. — Marburger Geogr. Schr., 46: 1-259, Marburg.

PLOEY, J. de 1971: Liquefaction and rainwash erosion. — Z. Geomorph., N.F., 15(4): 491-496, Berlin, Stuttgart.

PLOEY, J. de 1974: Mechanical properties of hillslopes and their relation to gullying in central semi-arid Tunisia. — Z. Geomorph., Suppl. 21: 177-190, Berlin, Stuttgart.

PLOEY, J. de 1980: Some field measurements and experimental data on wind-blown sands. — In: BOODT, M. & GABRIELS, D. (Hg): Assessment of erosion: 541-542, New York.

PLOEY, J. de 1983: Runoff and rill generation on sandy and loamy topsoils. — Z. Geomorph., Suppl. 46: 15-23, Berlin, Stuttgart.

PLOEY, J. de. & SAVAT, J. 1968: Contribution à l'étude de l'érosion par le splash. — Z. Geomorph., N.F., 12(2): 174-193, Berlin, Stuttgart.

PLOEY, J. de & SAVAT, J. 1976: The differential impact of some soil loss factors on flow, runoff creep and rainwash. — Earth Surface Processes, 1: 151-161, Chichester.

PUJOS, A. & RAYNAL, R. 1959: La géomorphologie appliquée au Maroc. — Rév. Géomorph. Dyn., 5-6, 11-12: 103-105, Paris.

RAYNAL, R. 1957: Bodenerosion in Marokko. — Wiss. Ztschr. Univ. Halle, Math. Nat., 6: 885-894, Halle.

RAYNAL, R. 1962: Pédologie et géomorphologie au Maroc. — Rév. Géogr. Maroc, 1/2: 19-21, Rabat.

RAYNAL, R. 1965: Morphologie des piedmonts et tectonique quaternaire au Maroc oriental. — Notes Mém. Serv. Géol., 185: 87-90, Rabat.

REEVE, I.J. 1982: A splash transport model and its application to geomorphic measurements. — Z. Geomorph. N.F., 26(1): 55-71, Berlin, Stuttgart.

RICHTER, G. 1965: Bodenerosion. Schäden und gefährdete Gebiete in der Bundesrepublik Deutschland. — Forsch. Dt. Landeskde., 152: 1-593, Bad Godesberg.

RICHTER, G. 1974: Zur Erfassung und Messung des Prozeßgefüges der Bodenabspülung im Kulturland Mitteleuropas. — Abh. Akad. Wiss. Göttingen, Math.-Phys. Kl., 3(29): 426-439, Göttingen.

RICHTER, W. & LILLICH, W. 1975: Abriß der Hydrogeologie. — 1-281, Stuttgart.

RIQUIER, J. 1977: Soil degradation map of Morocco. — FAO Soil Bull., 34: 49-51, Rom.

RISER, J. 1973: Le barrage de Mansour Eddahbi et les aménagements agricoles du Dra Moyen. — Rév. Géogr. Maroc, 23/24: 167-177, Rabat.

ROBINSON, R.B. 1977: SPSS Subprogram NONLINEAR. Manual No. 433. — 1-27, Evanston.

RÖMER, W. & WILKE, H. 1981: SPSS - ONLINE. — 1-109, Berlin.

ROSCHKE, G. 1971: Linearerosion bei beschleunigtem Wasserabfluß. — Z. Geomorph., N.F., 15(4): 479-490, Berlin, Stuttgart.

RUELLAN, A. 1967: Individualisation et accumulation du calcaire dans les sols et les dépots quaternaires du Maroc. — Cah. O.R.S.T.O.M., Sér. Pédol., 5: 421-462, Paris.

RUELLAN, A. 1969: Quelques réflexions sur le rôle des sols dans l'interprétation des variations bioclimatiques du Pleistocène marocain. — Rév. Géogr. Maroc, 15: 129-140, Rabat.

SAUNDERS, I. & YOUNG, A. 1983: Rates of surface processes on slopes, slope retreat and denudation. — Earth Surface Processes and Landforms, 8: 473-501, Chichester.

SAVAT, J. 1975: Discharge and total erosion of a calcareous loess: a comparison between pluvial and terminal runoff. — Rév. Géomorph. Dyn., 24(4): 113-122, Paris.

SAVAT, J. 1977: The hydraulics of sheet flow on a smooth surface and the evffect of simulated rainfall. — Earth Surface Processes, 2: 125-140, Chichester.

SAVAT, J. 1981: Work done by splash: laboratory experiments. — Earth Surface Processes and Landforms, 6: 275-283, Chichester.

SAVAT, J. 1982: Common and uncommon selectivity in the process of fluid transportation: field observations and laboratory experiments on bare surfaces. — Catena, Suppl. 1: 139-160, Braunschweig.

SCHEFFER, F. & SCHACHTSCHABEL, P. 1976: Lehrbuch der Bodenkunde. — 9. Aufl.: 1-394, Stuttgart.

SCHIEBER, M. 1983: Bodenerosion in Südafrika. Vergleichende Untersuchungen zur Erodierbarkeit subtropischer Böden und zur Erosivität der Niederschläge im Sommerregengebiet Südafrikas. — Giessener Geogr. Schr., 51: 1-143, Giessen.

SCHLICHTING, E. & BLUME, H.-P. 1966: Bodenkundliches Praktikum. — 1-209, Hamburg, Berlin.

SCHMIDT, R.G. 1979: Probleme der Erfassung und Quantifizierung von Ausmaß und Prozessen der aktuellen Bodenerosion (Abspülung) auf Ackerflächen. — Physiogeographica, 1: 1-240, Basel.

SCHMIDT, R.G. 1982: Bodenerosionsversuche unter künstlicher Beregnung. — Z. Geomorph., Suppl. 43: 67-79, Berlin, Stuttgart.

SCHREIBER, H. 1955: Untersuchungen über den Einfluß von synthetischen Bodenverbesserern auf verschiedene physikalische Eigenschaften. — Unveröff. Inaugural-Diss. Landw. Fak. Justus-Liebig-Univ. Giessen: 1-131, Giessen.

SEUFFERT, O. 1983: Zur Theorie der Fließwassererosion. – Dt. Geographentag Mannheim, Tagungsber. u. wiss. Abh.: 151-154, Wiesbaden.
SKIDMORE, E.L. 1977: Criteria for assessing wind erosion. – FAO Soils Bull., 34: 52-64, Rom.
STÄBLEIN, G. 1968: Reliefgenerationen der Vorderpfalz. – Würzburger Geogr. Arb., 23: 1-191, Würzburg.
STÄBLEIN, G. 1972: Räumliche und zeitliche Bewegungen. Methodische und regionale Beiträge zur Erfassung komplexer Räume. – Würzburger Geogr. Arb., 37: 67-93, Würzburg.
STETS, J. & WURSTER, P. 1981: Zur Strukturgeschichte des Hohen Atlas in Marokko. – Geol. Rdsch., 70: 801-841, Stuttgart.
SUMMER, R. M. 1982: Field and laboratory studies on alpine soil erodibility, southern Rocky Mountains, Colorado. – Earth Surface Processes and Landforms, 7: 253-266, Chichester.
VAN ASCH, T.W.J. 1980: Water erosion on slopes and landsliding in a mediterranean landscape. – Utrechtse Geogr. St., 20: 1-238, Utrecht.
WALGER, E. 1962: Die Korngrößenverteilung von Einzellagen sandiger Sedimente und ihre genetische Bedeutung. – Geol. Rdsch., 51: 494-507, Stuttgart.
WALGER, E. 1965: Zur Darstellung von Korngrößenverteilungen. – Geol. Rdsch., 54: 976-1002, Stuttgart.
WALTER, H. 1973: Die Vegetation der Erde. Band 1. Die tropischen und subtropischen Zonen. – 3. Aufl.: 1-743, Stuttgart.
WALTER, H. & LIETH, H. 1960/67: Klimadiagramm-Weltatlas. – 9000 Diagramme, 33 Haupt- und 22 Nebenkarten, Jena.
WEBBER, L.R. 1964: Soil physical properties and erosion control. – J. Soil and Water Conservation, 6: 28-30, Des Moines.
WILHELM, F. 1976: Hydrologie/Glaziologie. – 1-201, Braunschweig.
WILHELMY, H. 1974: Klimageomorphologie in Stichworten. – 1-375, Kiel.
WISCHMEIER, W.H. 1959: A rainfall erosion index for a universal soil-loss equation. – Soil Sci. Soc. Amer. Proc., 23: 246-249, Madison.
WISCHMEIER, W.H. 1962: Storms and soil conservation. – J. Soil and Water Conservation, 17: 55-59, Des Moines.
WISCHMEIER, W.H. 1976: Use and misuse of the universal soil loss equation. – J. Soil and Water Conservation, 31: 5-9, Ankeny.
WISCHMEIER, W.H., JOHNSON, C.B. & CROSS, B.V. 1971: A soil erodibility nomograph for farmland and construction sites. – J. Soil and Water Conservation, 26: 189-193, Ankeny.
WISCHMEIER, W.H. & SMITH, D.D. 1958: Rainfall energy and its relationship to soil loss. – Trans. Amer. Geophys. Union, 39: 285-291, Washington.
WISSMANN, H. v. 1951: Über seitliche Erosion. – Coll. Geographicum, 1: 1-71, Bonn.
YAALON, D.H. & KALMAR, D. 1972: Vertical movement in an undisturbed soil: continuous measurement of swelling and shrinkage with a sensitive apparatus. – Geoderma, 8: 231-240, Amsterdam.
YAALON, D.H. & KALMAR, D. 1978: Dynamics of cracking and swelling clay soils: displacement of skeletal grains, optimum depth of slickensides, and rate of intra-pedonic turbation. – Earth Surface Processes, 3: 31-42, Chichester.

## 6.2 Karten

DIRECTION DE LA CONSERVATION FONCIERE ET DES TRAVAUX TOPOGRAPHIQUES: Carte du Maroc 1 : 100 000, Rabat:
Feuille NH-29-XXIV-1, Skoura
Feuille NH-29-XVIII-4, Agdz
Feuille NH-30-XIX-1, Boumalne
Feuille NH-29-XVII-4, Tazenakht
Feuille NH-29-XXIII-2, Telouat
Feuille NH-29-XXIV-2, Qalaa't Mgouna
Feuille NH-29-XVIII-3, Ouarzazate.
SERVICE GEOLOGIQUE DU MAROC 1966: Carte géologique de l'Anti-Atlas central et de la zone synclinale de Ouarzazate. – Carte géologique 1: 200 000 No. 138, Rabat.
SERVICE GEOLOGIQUE DU MAROC 1966: Carte géologique de l'Anti-Atlas oriental feuille de Dadès et Jbel Sarhro. – Carte Géologique 1 : 200 000 Nr. 161, Rabat.

# Kurzfassung / Summary / Résumé

*Rezente Abtragung und geomorphologische Bedingungen im Becken von Ouarzazate (Süd-Marokko)*

K u r z f a s s u n g : Die Untersuchungen der aktuellen Abtragungsdynamik und ihrer geomorphologischen Randfaktoren im Bereich des Beckens von Ouarzazate zeigten die hier geltende große Bedeutung des vorgegebenen Reliefs für Ablauf und Intensität der heutigen reliefüberprägenden Prozesse. Daneben spielt die Widerständigkeit des anstehenden Materials gegenüber der Verwitterung und Abtragung eine wesentliche Rolle. Einschränkend wirkt das klimatisch bedingte geringe Wasserangebot bei den insgesamt nur selten auftretenden geomorphodynamisch wirksamen Starkregen. Die Vegetation kann wegen ihrer sehr geringen Dichte als Steuergröße des Prozeßgefüges der Abtragung vernachlässigt werden.

Auf den schwach geneigten Flächen kann von relativer Prozeßruhe ausgegangen werden. Die vorhandenen Rinnen- und Rillenspülungen wirken nicht flächenzerstörend. Eine Differenzierung der Abspülungsanfälligkeit der Oberflächen der einzelnen geologischen

Einheiten konnte durch Simulationsversuche nachgewiesen werden. Es ergab sich die folgende Hierarchie (von hoher zu niedriger Abtragungsdisposition):

(10) Lehmige untere Niederterrassen (Frühholozän);
(9) tiefste Glacisniveaus q1 (Jung-Pleistozän);
(8) Oberflächen der mio-pliozänen Mergel und höchste (ältest-pleistozäne) Glacisniveaus q6;
(7) jüngste Terrassensedimente (Spätholozän);
(6) Bereiche mio-pliozäner Sandsteine;
(5) Verwitterungsflächen auf kristallinen Anti-Atlas-Gesteinen;
(4) mittlere Glacisniveaus q2 (Mittel-Pleistozän);
(3) mittlere Glacisniveaus q3 (Mittel-Pleistozän);
(2) obere (ältest-pleistozäne) Glacisniveaus q5 sowie Schicht- und Schnittflächen in mio-pliozänen Konglomeraten;
(1) höhere Glacisniveaus q4 (Alt-Pleistozän).

Äolische Prozesse werden auf den Flächen durch das auftretende Steinpflaster und die Wirkung der Oberflächenverdichtungskruste verhindert.

Die Schichtstufen im Beckenbereich, deren Stufenbildner aus mio-pliozänen Konglomeraten (mpc) über einem Sockel tertiärer Sandsteine und Mergel bestehen, sind Bereiche einer verstärkten aktuellen Geomorphodynamik. Durch Zurückwittern der wenig resistenten Sockelgesteine und ihre Abspülung in den stark geneigten Hängen resultiert auch unter den heutigen Klimabedingungen eine Unterschneidung des Stufenbildners. Die entlang von Kluftlinien abbrechenden kalkhaltigen Konglomeratblöcke werden im Hangbereich unterspült und rutschen gravitativ abwärts. An ihrer Verwitterung sind neben mechanischen auch korrosive Prozesse beteiligt.

Im Bereich der Oueds führt die bei entsprechendem Wasserangebot intensivierte Geomorphodynamik durch Tiefenerosion im Flußbett und die daraus resultierende Verstärkung der randlichen Kerbenerosion zu aktueller Flächenzerstörung. Die Ränder werden durch Seitenerosion auf Kosten der begrenzenden Flächen verschoben. Während der Trockenphasen ermöglichen die sandigen Sedimente der Oueds das Wirken äolischer Prozesse.

Die lehmigen unteren Niederterrassen sind wegen ihrer wenig resistenten Oberflächen und Substrate sowie der engen Nachbarschaft zu den Oueds Bereiche verstärkter linienhafter Abspülung, die bei Hochwasser auch auf die hier gelegenen agrarisch genutzten Flächen übergreifen kann.

Im Becken von Ouarzazate konnte die linienhafte Abtragung nur westlich von Skoura zur Ausbildung eines Zerschneidungsbereiches (Badlands) führen. Sein Auftreten wurde durch die abflußkonzentrierende, auf den Dadès als Vorfluter zielende Wirkung eines in Anti-Atlas-Gesteinen angelegten prämiozänen Reliefs möglich.

Die Vergesellschaftung der Reliefformen und Reliefelemente zeugt von dem gleichzeitigen Auftreten flächenerhaltender (auf den Glacis), flächenzerstörender (von den Oueds ausgehender) und hangformend/flächenerweiternder (durch eine Abtragung der Schichtstufen) Prozesse, deren Eintreten durch die klimatisch bedingte Wasserverfügbarkeit gesteuert wird.

Eine Bewertung der aktuellen Reliefentwicklung im Becken von Ouarzazate wird durch das räumlich differenzierte Auftreten von Tertiärkonglomerat-Stufenhängen und Oueds möglich, von denen die aktuellen reliefverändernden Prozesse ausgehen. Teilt man das Becken entlang einer Linie Skoura-Toundoute, so kann man für den östlich gelegenen Beckenteil von relativer Relieferhaltung ausgehen. Nach Westen nimmt die Dichte des Gewässernetzes und der Tertiärkonglomerat-Stufen, also jenen Bereichen erhöhter Geomorphodynamik, deutlich zu. Daraus resultiert die Tendenz zur stärkeren aktuellen Reliefüberprägung.

Erste Rückschlüsse auf die aktuelle Massenbilanz des Beckens von Ouarzazate werden durch Messungen im Bereich des Stausees Mansour Eddahbi möglich. Aus der Sedimentation seit seiner Anlage konnte auf eine Abtragungsrate von maximal 310 m$^3$/km$^2$/a bzw. 0.3 mm pro Jahr geschlossen werden. Dies entspricht einer langjährigen Rate von 300 Bubnoff und liegt damit deutlich höher als die für kontinental-gemäßigte Klimazonen angenommenen Abtragungsintensitäten von maximal 200 Bubnoff.

*Current ersosional processes and their geomorphological boundary factors in the Ouarzazate basin*

S u m m a r y: Investigations into current erosional processes and their geomorphological boundary factors in the Ouarzazate basin show the significant influence here of local relief on the course and intensity of relief-modifying processes. The bedrock's resistance to weathering and erosion is also important. A limiting factor is the scarcity of water due to the rare (geomorphodynamically effective) heavy rainstorms. The influence of the extremely sparse vegetation as a controlling factor in the erosional process is negligible.

There is relatively little erosional activity on the gently inclined plains. The existing rills and rill wash do not destroy the plains. On the basis of simulation runs the surfaces of the individual geological units were classified in the order given below (starting with the surface most prone to erosion):

(10) loamy bottom lower terrace (Early Holocene)
(9) lowest glacis level q1 (Late Pleistocene)
(8) Mio-Pliocene marl surfaces and top glacis levels q6 (Oldest Pleistocene)
(7) youngest terrace sediments (Late Holocene)
(6) areas of Mio-Pliocene sandstones
(5) Weathering surfaces on Pre-Cambrian Anti-Atlas-Rocks
(4) middle glacis level q2 (Mid-Pleistocene)
(3) middle glacis level q3 (Mid-Pleistocene)
(2) upper (Oldest-Pleistocene) glacis level q5; structural and erosion surfaces in Mio-Pliocene conglomerates
(1) higher glacis levels q4 (Early Pleistocene)

Aeolian processes on the plains are prevented by the presence of boulder pavements and the effect of the surface crust.

The cuestas in the Ouarzazate basin consist of a caprock of Mio-Pliocene conglomerates (mpc) overlying a basement of Tertiary sandstone and marl and are presently subject to increased geodynamic activity. Even under prevailing arid conditions weathering and transportation of the conglomerate's debris down the steep slopes may result in undercutting of the resistant caprock. The calcareous blocks on conglomerate break off allong joints, are undercut on the slopes and moved downwards by the force of gravity. They are weathered by both mechanical and chemical processes.

In the wadis intensified geomorphodynamic processes caused by an increase in water supply currently lead to erosion of the plains following downcutting of the river bed and the resulting increased undercutting of the banks. Lateral erosion widens the wadi beds. During arid periods aeolian activity is facilitated by the mobile sandy sediments of the wadis.

Owing to their erosion-prone surfaces and subsoils and their proximity to the wadis the loamy bottom lower terraces are subject to increased linear erosion which also affects nearby agricultral land during the rare flood phases.

In the Ouarzazate basin linear erosion has led to the formation of badlands only in the area west of Skoura, owing to the influence of the pre-Miocene relief of Anti-Atlas rock which channels runoff into the river Dades.

These coexisting relief forms and elements are evidence that processes of preservation (on glacis), erosion (by wadis) and extension of plains (due to cuesta erosion) occur simultaneously and are governed by the climatically controlled availability of water.

Knowledge of the regional variations in the wadis and the Tertiary conglomerate scarps of the Ouarzazate basin makes it possible to assess current relief development. East of Assif Toundoute the relief is relatively well preserved. To the west the fluvial network is denser and the Tertiary conglomerate scarps are more frequent; therefore relief modification tends to be more effective.

First conclusions about the current mass balance of the Ouarzazate basin were drawn from data recorded at the Mansour Eddahbi reservoir. The amount of sedimentation since the construction of the reservoir indicates a rate of erosion of max. 310 $m^3/km^2/yr$ or 0.3 mm/yr. This corresponds to a longterm rate of erosion of 300 Bubnoff and is distinctly higher than the assumed rate of max. 200 Bubnoff for continental-temperate climatic zones.

*La dynamique actuelle d'érosion et de ses facteurs limitrophes géomorphologiques au bassin d'Ouarzazate*

R é s u m é: Les recherches de la dynamique actuelle d'érosion et de ses facteurs limitrophes géomorphologiques au bassin d'Ouarzazate montrent la grande importance du relief donné pour le cours et l'intensité des processus géomorphologiques. Un autre facteur important est la résistance des roches en place à la délitescence et à l'érosion. Le climat aride limite l'évolution du relief par la rareté des pluies fortes. On peu négliger l'influence de la végétation parce que la surface couverte de plantes est minimé.

Les plaines faiblement penchées ne sont presque pas deblayées. Les rigoles formées par l'érosion fluviale ne détruisent pas les surfaces. Pour justifier une différenciation de l'érodibilite des surfaces par périodes géologiques on a fait des experiences de simulation de précipitations fortes. On oblenait l'hierarchie suivante d'une érodibilité relativement forte à une érodibilité faible:

(10) Basses-basses terrasses limoneuses (Rharbien)
 (9) Glacis les plus bas q1 (Soltanien)
 (8) Surfaces des marnes mio-pliocènes et des glacis les plus hautes q6 (Moulouyen)
 (7) Alluviones modernes
 (6) Surfaces des grès mio-pliocènes
 (5) Surfaces des roches précambriens de l'Anti-Atlas
 (4) Glacis moyens q2 (Tensiftien)
 (3) Glacis q3 (Amirien)
 (2) Glacis les plus élevés q5 (Moulouyen) et surfaces stratifiées et sectionées des conglomérates mio-pliocènes
 (1) Glacis supérieurs q4 (Salétien)

Le pavage desertique et le plombage de la surface par la concentration du substratum empêchent des processus éoliens (déflation) sur les plaines.

Les côtes du bassin d'Ouarzazate sont composées d'une couronnement des conglomérats mio-pliocènes sur un socle de grès et de marnes. Elles montrent une géomorphodynamique renforcée. Bien que le climat soit aride il est possible que les conglomérats soient écrêtés par la décomposition et le lavage des roches du socle. Les conglomérats calcaires rompent aux fissures, ils sont minés par l'eau et s'éboulent sur les pentes par la gravitation. L'érosion des blocs conglomératiques est provoquée par les processus mecaniques, chimiques et corrosifs.

Aux oueds on peu constater une déstruction actuelle des plaines. Elle est causée par l'érosion linéaire renforcée aux bords resultant de l'érosion aux lits. Les bords sont deplacés par l'érosion laterale. Durant les phases arides il y a des processus éoliens parce que les sédiments sablonneux ne sont pas protégé par un plombage de la surface.

Les basses-basses terrasses limoneuses sont soumises à une érosion renforcée parce que l'érodibilité de leurs surfaces et de leurs sédiments est forte. Ici on trouve des superficies agraires erodées par les rigoles provenant des oueds voisins durant les inondations rares.

A l'ouest de Skoura un relief pré-miocène a produit une concentration des cours d'eau visants le Dadès au fonction du régime des eaux. Elle est responsable de la formation d'une paysage de bad-lands.

L'existance des formes et des éléments du relief prouve que des processus de conservation des plaines (sur les glacis), de destruction des plaines (provoqué par les oueds) et des processus de formation de pentes et extension des plaines (par l'érosion de la surface des versants des côtes) se sont ecoulées en même temps.

Connaissant les différences régionales des oueds et des côtes de conglomerat tertiaire au bassin d'Ouarzazate on peu porter un jugement sur le développement actuel du relief. A l'est de l'Assif Toundoute le relief est relativement bien conservé. A l'ouest la tendence au changement du relief est plus grande causée par le réseau hydographique plus dense et une distribution des côtes plus serrée.

En mesurant la sédimentation au Barrage Mansour Eddahbi on a calcule une bilance actuelle des masses (du bassin versant) de 310 m$^3$/km$^2$/a ou 0.3 mm/a. Cette quote-part de 300 Bubnoff est plus élevée que l'intensité de l'érosion à la surface aux climats continental-tempérés avec un maximum de 200 Bubnoff.

## Berliner Geographische Abhandlungen

Im Selbstverlag des Instituts für Physische Geographie der Freien Universität Berlin, Altensteinstraße 19, D-1000 Berlin 33 (Preise zuzüglich Versandspesen)

Heft 1: HIERSEMENZEL, Sigrid-Elisabeth (1964)
Britische Agrarlandschaften im Rhythmus des landwirtschaftlichen Arbeitsjahres, untersucht an 7 Einzelbeispielen. – 46 S., 7 Ktn., 10 Diagramme.
ISBN 3-88009-000-9 (DM 5,–)

Heft 2: ERGENZINGER, Peter (1965)
Morphologische Untersuchungen im Einzugsgebiet der Ilz (Bayerischer Wald). – 48 S., 62 Abb.
ISBN 3-88009-001-7 (*vergriffen*)

Heft 3: ABDUL-SALAM, Adel (1966)
Morphologische Studien in der Syrischen Wüste und dem Antilibanon. – 52 S., 27 Abb. im Text, 4 Skizzen, 2 Profile, 2 Karten, 36 Bilder im Anhang.
ISBN 3-88009-002-5 (*vergriffen*)

Heft 4: PACHUR, Hans-Joachim (1966)
Untersuchungen zur morphoskopischen Sandanalyse. – 35 S., 37 Diagramme, 2 Tab., 21 Abb.
ISBN 3-88009-003-3 (*vergriffen*)

Heft 5: Arbeitsberichte aus der Forschungsstation Bardai/Tibesti. I. Feldarbeiten 1964/65 (1967)
65 S., 34 Abb., 1 Kte.
ISBN 3-88009-004-1 (*vergriffen*)

Heft 6: ROSTANKOWSKI, Peter (1969)
Siedlungsentwicklung und Siedlungsformen in den Ländern der russischen Kosakenheere. – 84 S., 15 Abb., 16 Bilder, 2 Karten.
ISBN 3-88009-005-X (DM 15,–)

Heft 7: SCHULZ, Georg (1969)
Versuch einer optimalen geographischen Inhaltsgestaltung der topographischen Karte 1:25 000 am Beispiel eines Kartenausschnittes. – 28 S., 6 Abb. im Text, 1 Kte. im Anhang.
ISBN 3-88009-006-8 (DM 10,–)

Heft 8: Arbeitsberichte aus der Forschungsstation Bardai/Tibesti. II. Feldarbeiten 1965/66 (1969)
82 S., 15 Abb., 27 Fig., 13 Taf., 11 Karten.
ISBN 3-88009-007-6 (DM 15,–)

Heft 9: JANNSEN, Gert (1970)
Morphologische Untersuchungen im nördlichen Tarso Voon (Zentrales Tibesti). – 66 S., 12 S. Abb., 41 Bilder, 3 Karten.
ISBN 3-88009-008-4 (DM 15,–)

Heft 10: JÄKEL, Dieter (1971)
Erosion und Akkumulation im Enneri Bardague-Araye des Tibesti-Gebirges (zentrale Sahara) während des Pleistozäns und Holozäns. – Arbeit aus der Forschungsstation Bardai/Tibesti, 55 S., 13 Abb., 54 Bilder, 3 Tabellen, 1 Nivellement (4 Teile), 60 Profile, 3 Karten (6 Teile).
ISBN 3-88009-009-2 (20,–)

Heft 11: MÜLLER, Konrad (1971)
Arbeitsaufwand und Arbeitsrhythmus in den Agrarlandschaften Süd- und Südostfrankreichs: Les Dombes bis Bouches-du-Rhone. – 64 S., 18 Karten, 26 Diagramme, 10 Fig., zahlreiche Tabellen.
ISBN 3-88009-010-6 (DM 25,–)

## Berliner Geographische Abhandlungen
Im Selbstverlag des Instituts für Physische Geographie der Freien Universität Berlin,
Altensteinstraße 19, D-1000 Berlin 33 (Preise zuzüglich Versandspesen)

Heft 12: OBENAUF, K. Peter (1971)
Die Enneris Gonoa, Toudoufou, Oudingueur und Nemagayesko im nordwestlichen Tibesti. Beobachtungen zu Formen und Formung in den Tälern eines ariden Gebirges. – Arbeit aus der Forschungsstation Bardai/Tibesti. 70 S., 6 Abb., 10 Tab., 21 Photos, 34 Querprofile, 1 Längsprofil, 9 Karten.
ISBN 3-88009-011-4 (DM 20,–)

Heft 13: MOLLE, Hans-Georg (1971)
Gliederung und Aufbau fluviatiler Terrassenakkumulation im Gebiet des Enneri Zoumri (Tibesti-Gebirge). – Arbeit aus der Forschungsstation Bardai/Tibesti. 53 S., 26 Photos, 28 Fig., 11 Profile, 5 Tab., 2 Karten.
ISBN 3-88009-012-2 (DM 10,–)

Heft 14: STOCK, Peter (1972)
Photogeologische und tektonische Untersuchungen am Nordrand des Tibesti-Gebirges, Zentral-Sahara, Tchad. – Arbeit aus der Forschungsstation Bardai/Tibesti. 73 S., 47 Abb., 4 Karten.
ISBN 3-88009-013-0 (DM 15,–)

Heft 15: BIEWALD, Dieter (1973)
Die Bestimmungen eiszeitlicher Meeresoberflächentemperaturen mit der Ansatztiefe typischer Korallenriffe. – 40 S., 16 Abb., 26 Seiten Fiuren und Karten.
ISBN 3-88009-015-7 (DM 10,–)

Heft 16: Arbeitsberichte aus der Forschungsstation Bardai/Tibesti. III. Feldarbeiten 1966/67 (1972)
156 S., 133 Abb., 41 Fig., 34 Tab., 1 Karte.
ISBN 3-88009-014-9 (DM 45,–)

Heft 17: PACHUR, Hans-Joachim (1973)
Geomorphologische Untersuchungen im Raum der Serir Tibesti (Zentralsahara). – Arbeit aus der Forschungsstation Bardai/Tibesti. 58 S., 39 Photos, 16 Fig. und Profile, 9 Tabellen, 1 Karte.
ISBN 3-88009-016-5 (DM 25,–)

Heft 18: BUSCHE, Detlef (1973)
Die Entstehung von Pedimenten und ihre Überformung, untersucht an Beispielen aus dem Tibesti-Gebirge, Republique du Tchad. – Arbeit aus der Forschungsstation Bardai/Tibesti. 130 S., 57 Abb., 22 Fig., 1 Tab., 6 Karten.
ISBN 3-88009-017-3 (DM 40,–)

Heft 19: ROLAND, Norbert W. (1973)
Anwendung der Photointerpretation zur Lösung stratigraphischer und tektonischer Probleme im Bereich von Bardai und Aozou (Tibesti-Gebirge, Zentral-Sahara). – Arbeit aus der Forschungsstation Bardai/Tibesti. 48 S., 35 Abb., 10 Fig., 4 Tab., 2 Karten.
ISBN 3-88009-018-1 (DM 20,–)

Heft 20: SCHULZ, Georg (1974)
Die Atlaskartographie in Vergangenheit und Gegenwart und die darauf aufbauende Entwicklung eines neuen Erdatlas. – 59 S., 3 Abb., 8 Fig., 23 Tab., 8 Karten.
ISBN 3-88009-019-X (DM 35,–)

Heft 21: HABERLAND, Wolfram (1975)
Untersuchungen an Krusten, Wüstenlacken und Polituren auf Gesteinsoberflächen der nördlichen und mittleren Sahara (Libyen und Tchad). – Arbeit aus der Forschungsstation Bardai/Tibesti. 71 S., 62 Abb., 24 Fig., 10 Tab.
ISBN 3-88009-020-3 (DM 50,–)

## Berliner Geographische Abhandlungen

Im Selbstverlag des Instituts für Physische Geographie der Freien Universität Berlin,
Altensteinstraße 19, D-1000 Berlin 33 (Preise zuzüglich Versandspesen)

Heft 22: GRUNERT, Jörg (1975)
Beiträge zum Problem der Talbildung in ariden Gebieten, am Beispiel des zentralen Tibesti-Gebirges (Rep. du Tchad). — Arbeit aus der Forschungsstation Bardai/Tibesti. 96 S., 3 Tab., 6 Fig., 58 Profile, 41 Abb., 2 Karten.
ISBN 3-88009-021-1 (DM 35,—)

Heft 23: ERGENZINGER, Peter Jürgen (1978)
Das Gebiet des Enneri Misky im Tibesti-Gebirge, Republique du Tchad — Erläuterungen zu einer geomorphologischen Karte 1:200 000. — Arbeit aus der Forschungsstation Bardai/Tibesti. 60 S., 6 Tabellen, 24 Fig., 24 Photos, 2 Karten.
ISBN 3-88009-022-X (DM 40,—)

Heft 24: Arbeitsberichte aus der Forschungsstation Bardai/Tibesti. IV. Feldarbeiten 1967/68, 1969/70, 1974 (1976)
24 Fig., 79 Abb., 12 Tab., 2 Karten.
ISBN 3-88009-023-8 (DM 30,—)

Heft 25: MOLLE, Hans-Georg (1979)
Untersuchungen zur Entwicklung der vorzeitlichen Morphodynamik im Tibesti-Gebirge (Zentral-Sahara) und in Tunesien. — Arbeit aus der Forschungsstation Bardai/Tibesti. 104 S., 22 Abb., 40 Fig., 15 Tab., 3 Karten.
ISBN 3-88009-024-6 (DM 35,—)

Heft 26: BRIEM, Elmar (1977)
Beiträge zur Genese und Morphodynamik des ariden Formenschatzes unter besonderer Berücksichtigung des Problems der Flächenbildung am Beispiel der Sandschwemmebenen in der östlichen Zentralsahara. — Arbeit aus der Forschungsstation Bardai/Tibesti. 89 S., 38 Abb., 23 Fig., 8 Tab., 155 Diagramme, 2 Karten.
ISBN 3-88009-025-4 (DM 25,—)

Heft 27: GABRIEL, Baldur (1977)
Zum ökologischen Wandel im Neolithikum der östlichen Zentralsahara. — Arbeit aus der Forschungsstation Bardai/Tibesti. 111 S., 9 Tab., 32 Fig., 41 Photos, 2 Karten.
ISBN 3-88009-026-2 (DM 35,—)

Heft 28: BÖSE, Margot (1979)
Die geomorphologische Entwicklung im westlichen Berlin nach neueren stratigraphischen Untersuchungen. — 46 S., 3 Tab., 14 Abb., 25 Photos, 1 Karte.
ISBN 3-88009-027-0 (DM 14,—)

Heft 29: GEHRENKEMPER, Johannes (1978)
Rañas und Reliefgenerationen der Montes de Toledo in Zentralspanien. — S., 68 Abb., 3 Tab., 32 Photos, 2 Karten.
ISBN 3-88009-028-9 (DM 20,—)

Heft 30: STÄBLEIN, Gerhard (Hrsg.) (1978)
Geomorphologische Detailaufnahme. Beiträge zum GMK-Schwerpunktprogramm I. — 90 S., 38 Abb. und Beilagen, 17 Tab.
ISBN 3-88009-029-7 (DM 18,—)

Heft 31: BARSCH, Dietrich & LIEDTKE, Herbert (Hrsg.) (1980)
Methoden und Andwendbarkeit geomorphologischer Detailkarten. Beiträge zum GMK-Schwerpunktprogramm II. — 104 S., 25 Abb., 5 Tab.
ISBN 3-88009-030-5 (DM 17,—)

## Berliner Geographische Abhandlungen

Im Selbstverlag des Instituts für Physische Geographie der Freien Universität Berlin, Altensteinstraße 19, D-1000 Berlin 33 (Preise zuzüglich Versandspesen)

Heft 32: Arbeitsberichte aus der Forschungsstation Bardai/Tibesti. V. Abschlußbericht (1982)
182 S., 63 Fig. und Abb., 84 Photos, 4 Tab. 5 Karten.
ISBN 3-88009-031-3 (DM 60,–)

Heft 33: TRETER, Uwe (1981)
Zum Wasserhaushalt schleswig-holsteinischer Seengebiete. – 168 s., 102 Abb., 57 Tab.
ISBN 3-88009-032-3 (DM 40,–)

Heft 34: GEHRENKEMPER, Kirsten (1981)
Rezenter Hangabtrag und geoökologische Faktoren in den Montes de Toledo. Zentralspanien. – 78 S., 39 Abb., 13 Tab., 24 Photos, 4 Karten.
ISBN 3-88009-033-5 (DM 20,–)

Heft 35: BARSCH, Dietrich & STÄBLEIN, Gerhard (Hrsg.) (1982)
Erträge und Fortschritte der geomorphologischen Detailkartierung. Beiträge zum GMK-Schwerpunktprogramm III. – 134 S., 23 Abb., 5 Tab., 5 Beilagen.
ISBN 3-88009-034-8 (DM 30,–)

Heft 36: STÄBLEIN, Gerhard (Hrsg.) (1984)
Regionale Beiträge zur Geomorphologie. Vorträge des Ferdinand von Richthofen-Symposiums, Berlin 1983. – 140 S., 67 Abb., 6 Tabellen.
ISBN 3-88009-035-1 (DM35,–)

Heft 37: ZILLBACH, Käthe (1984)
Geoökologische Gefügemuster in Süd-Marokko. Arbeit im Forschungsprojekt Mobilität aktiver Kontinentalränder. – 95 S., 61 Abb., 2 Tab., 3 Karten.
ISBN 3-88009-036-X (DM 18,–)

Heft 38: WAGNER, Peter (1984)
Rezente Abtragung und geomorphologische Bedingungen im Becken von Ouarzazate (Süd-Marokko). Arbeit im Forschungsprojekt Mobilität aktiver Kontinentalränder. – 112 Seiten, 63 Abb., 48 Tab., 3 Karten.
ISBN 3-88009-037-8 (DM 18,–)